U0353671

环保公益性行业科研专项经费项目系列丛书

西藏地区生态承载力与可持续发展研究

沈渭寿　赵卫　王小丹　徐琳瑜　等著

中国环境出版社·北京

图书在版编目（CIP）数据

西藏地区生态承载力与可持续发展研究/沈渭寿等著. —北京：中国环境出版社，2015.2

ISBN 978 - 7 - 5111 - 2259 - 9

Ⅰ.①西…　Ⅱ.①沈…　Ⅲ.①区域生态环境—环境承载力—研究—西藏 ②区域生态环境—可持续性发展—研究—西藏　Ⅳ.①X321.275

中国版本图书馆 CIP 数据核字（2015）第 037339 号

出 版 人　王新程
策划编辑　王素娟
责任编辑　赵　艳
责任校对　尹　芳
封面设计　宋　瑞

出版发行　**中国环境出版社**
　　　　　（100062　北京市东城区广渠门内大街 16 号）
　　　　　网　　　址：http://www.cesp.com.cn
　　　　　电子邮箱：bjg1@cesp.com.cn
　　　　　联系电话：010 - 67112765 编辑管理部
　　　　　　　　　　010 - 67162011 生态（水利水电）图书出版中心
　　　　　发行热线：010 - 67125803　010 - 67113405（传真）
印　　刷　北京中科印刷有限公司
经　　销　各地新华书店
版　　次　2015 年 3 月第 1 版
印　　次　2015 年 3 月第 1 次印刷
开　　本　787 × 1092　1/16
印　　张　14.75
字　　数　332 千字
定　　价　98 元

《环保公益性行业科研专项经费项目系列丛书》
编委会

总　序

我国作为一个发展中的人口大国，资源环境问题是长期制约经济社会可持续发展的重大问题。党中央、国务院高度重视环境保护工作，提出了建设生态文明、建设资源节约型与环境友好型社会、推进环境保护历史性转变、让江河湖泊休养生息、节能减排是转方式调结构的重要抓手、环境保护是重大民生问题、探索中国环保新道路等一系列新理念新举措。在科学发展观的指导下，环境保护工作成效显著，在经济增长超过预期的情况下，主要污染物减排任务超额完成，环境质量持续改善。

随着当前经济的高速增长，资源环境约束进一步强化，环境保护正处于负重爬坡的艰难阶段。治污减排的压力有增无减，环境质量改善的压力不断加大，防范环境风险的压力持续增加，确保核与辐射安全的压力继续加大，应对全球环境问题的压力急剧加大。要破解发展经济与保护环境的难点，解决影响可持续发展和群众健康的突出环境问题，确保环保工作不断上台阶出亮点，必须充分依靠科技创新和科技进步，构建强大坚实的科技支撑体系。

2006年，我国发布了《国家中长期科学和技术发展规划纲要（2006—2020年）》（以下简称《规划纲要》），提出了建设创新型国家战略，科技事业进入了发展的快车道，环保科技也迎来了蓬勃发展的春天。为适应环境保护历史性转变和创新型国家建设的要求，原国家环境保护总局于2006年召开了第一次全国环保科技大会，出台了《关于增强环境科技创新能力的若干意见》，确立了科技兴环保战略；2012年，环境保护部召开第二次全国环保科技大会，出台了《关于加快完善环保科技标准体系的意见》，全面实施科技兴环保战略，建设满足环境优化经济发展需要、符合我国基本国情和世界环保事业发展趋势的环境科技创新体系、环保标准体系、环境技术管理体系、环保产业培育体系和科技支撑保障体系。几年来，在广大环境科技工作者的努力下，水体污染控制与治理科技重大专项实施顺利，科技投入持续增加，科技创新能力显著增强；现行国家标准达1 300余项，环境标准体系建设实现了跨越式发展；完成了100余项环保技术文件的制修订工作，确立了技术指导、评估和示范为主要内容的管理框架。环境科技为全面完成环保规划的各项任务起到了重要的引领和支撑作用。

为优化中央财政科技投入结构，支持市场机制不能有效配置资源的社会公益研究活动，"十一五"期间国家设立了公益性行业科研专项经费。根据财政部、科技部的总体部署，环保公益性行业科研专项紧密围绕《规划纲要》和《国家环境保护科技发展规划》确定的重点领域和优先主题，立足环境管理中的科技需求，积极开展应急性、培育性、基础性科学研究。"十一五"以来，环境保护部组织实施了公益性行业科研专项项目439项，涉及大气、水、生态、土壤、固废、核与辐射等领域，共有包括中央级科研院所、高等院校、地方环保科研单位和企业等几百家单位参与，逐步形成了优势互补、团结协作、良性竞争、共同发展的环保科技"统一战线"。目前，专项取得了重要研究成果，提出了一系列控制污染和改善环境质量技术方案，形成一批环境监测预警和监督管理技术体系，研发出一批与生态环境保护、国际履约、核与辐射安全相关的关键技术，提出了一系列环境标准、指南和技术规范建议，为解决我国环境保护和环境管理中急需的成套技术和政策制定提供了重要的科技支撑。

为广泛共享"十一五"以来环保公益性行业科研专项项目研究成果，及时总结项目组织管理经验，环境保护部科技标准司组织出版环保公益性行业科研专项经费系列丛书。该丛书汇集了一批专项研究的代表性成果，具有较强的学术性和实用性，可以说是环境领域不可多得的资料文献。丛书的组织出版，在科技管理上也是一次很好的尝试，我们希望通过这一尝试，能够进一步活跃环保科技的学术氛围，促进科技成果的转化与应用，为探索中国环保新道路提供有力的科技支撑。

中华人民共和国环境保护部副部长

吴晓青

2011 年 10 月

序　一

西藏地区作为世界上最为独特的地域单元,孕育了亚洲主要的大江大河以及独特而丰富的生态系统和生物资源,在亚洲乃至北半球气候变化调节、东亚东南亚及中亚河流水文调节和水源涵养、全球生物多样性保护等方面具有重要地位。因此,西藏地区是我国乃至亚洲生态安全的重要屏障,其生态环境变化不仅关系到西藏自身的生态安全、经济社会可持续发展,而且事关国家生态安全,以及中国在国际社会的影响力和负责任大国的形象。但是由于大部分国土面积处于寒冻和冰雪作用极为强烈的高寒环境中,加之高原特殊气候变化的影响,西藏的生态环境极为脆弱,一旦遭到破坏便很难恢复。在全球变暖和日趋增强的人类活动干扰的影响下,西藏地区生态安全屏障面临的威胁不断加剧。

我国政府历来高度重视西藏地区环境保护和生态建设工作,近年来国务院及其相关部门先后出台了《西藏生态安全屏障保护与建设规划(2008—2030年)》《全国主体功能区规划》《青藏高原区域生态建设与环境保护规划(2011—2030年)》等规划,在强调国家生态安全屏障建设的同时,也反复强调把生态环境承载能力作为发展经济、开发资源的先决条件和基本依据。西藏地区人地关系研究始终是学术界关注的热点问题,在环境变化、资源开发、可持续发展等领域开展了一系列研究,以强化生态环境承载能力对各类开发活动的约束作用并逐渐得到国内外科学家的普遍认可。

《西藏地区生态承载力与可持续发展研究》系统展示了沈渭寿研究员带领的研究团队历时十余年在西藏地区生态承载力及可持续发展方面取得的成果。他们从生态系统的自身特性和保护需求出发,建立了基于遥感与空间技术的生态承载力评价技术体系,以及重点资源开发利用生态适宜性评价技术体系,具有较强的推广价值和示范效应,同时也为加强对各类开发活动空间、规模的环境监管提供了科学依据;他们既明确了草地畜牧业、种植业、矿产资源开发、水资源开发等的适宜区域,也从重点产业、重点区域和整个西藏地区三个层面提出了以协调人地关系、提高资源利用效率和实现资源有效配置等为目标的优化调控方案,这对西藏地区优化国土空间开发格局、维护国家生态安全屏障、推动经济社会跨越式发展等具有重要的指导意义。对他们取得的研究成果,在此我谨表祝贺。希望这一专著的出版不仅对西藏地区生态承载力给出科学评估,也对西藏地区可持续发展模式的优化以及环境保护和生态建设起到科学指导作用。

中国科学院院士

2014年12月29日

序　二

　　作为全球"第三极"青藏高原的重要组成部分,西藏地区分布着独特而丰富的森林、草地、湿地等生态系统,具有重要的气候调节、水源涵养、水土保持、生物多样性维护等生态服务功能,是我国乃至亚洲地区重要的生态安全屏障。同时,西藏地区还拥有丰富的矿产资源、水能资源等自然资源,是我国重要的战略资源储备基地。高寒的自然地理条件使西藏地区生态环境极其脆弱,生态系统易遭破坏且难以恢复,进而对当地乃至更广泛地区的生态安全、经济社会可持续发展等构成严重威胁。

　　中央第五次西藏工作座谈会高度重视良好生态环境对西藏实现跨越式发展和长治久安的重要性,将确保生态环境良好纳入西藏工作的指导思想。国务院及相关部门颁布实施了《青藏高原区域生态建设与环境保护规划(2011—2030 年)》《西藏生态安全屏障保护与建设规划(2008—2030 年)》等规划,将西藏生态安全屏障保护与建设工程确定为国家重点生态工程,强调科学合理有序地开发矿产资源和水能资源。西藏自治区人民政府坚持把生态环境承载能力作为发展经济、开发资源的先决条件和基本依据,提出了构筑重要的生态安全屏障和建设生态西藏的战略目标。总体上,西藏环境保护和生态建设工作已得到国家、地方政府及相关部门的高度重视,生态环境承载能力成为环境保护优化经济发展、正确处理保护与开发关系、构筑重要生态安全屏障和实现跨越式发展的重要抓手。

　　沈渭寿研究员所带领的研究团队历时十余年,系统开展了西藏地区生态承载力和可持续发展研究。他们坚持生态保护优先原则,综合利用遥感与 GIS 空间技术,提出了基于空间与规模的生态承载力评价技术体系,以及基于生态适宜性的自然资源适度开发评价技术体系,具有一定的创新性、前瞻性和宏观性。他们以国土空间为载体,划定了草地畜牧业、种植业等农业开发和矿产、水能等资源开发的适宜空间,明确了草地载畜量、后备耕地资源、水电开发的适宜规模,为西藏地区优化国土空间开发格局、引导自然资源科学合理有序开发等提供了科学基础和决策依据。在生态承载力和资源开发生态适宜性的基础上,他们从重点产业、重点区域和全区三个层面提出了经济社会发展的优化方案,具有较强的可行性和可操作性,对于推进西藏跨越式发展、实现全面建设小康社会的奋斗目标具有重要的指导作用和实际意义。《西藏地区生态承载力与可持续发展研究》正是他们多年研究成果的集中体现,在此我谨表祝贺。希望这一专著的出版可以对西藏地区构筑国家生态安全屏障、加强资源开发环境监管、实现可持续发展等起到科技支撑作用。

中国工程院院士

2014 年 12 月 22 日　于拉萨

前　　言

  作为青藏高原的主体,西藏地区既是世界上山地冰川最发育、河流发育最多的地区,也是全球生物多样性保护的重点地区,在水源涵养、水文调节、生物多样性维护以及水土保持、防风固沙等方面具有重要的战略意义。中央第五次西藏工作座谈会、《西藏生态安全屏障保护与建设规划(2008—2030年)》《青藏高原区域生态建设与环境保护规划(2011—2030年)》均强调加大西藏生态环境保护和建设力度,使西藏成为重要的生态安全屏障。西藏生态安全屏障保护和建设由此上升为国家战略。在资源开发利用方面,西藏既是我国五大牧区之一,也是我国重要的矿产资源战略储备基地。丰富的矿产、水能、草地等自然资源为西藏乃至全国经济社会发展奠定了坚实的物质基础。

  从生态环境脆弱性和生态保护需求出发,开展西藏地区生态系统支持能力和重点资源适度开发利用研究,明确生态适宜性约束的各类开发活动的控制阈值和合理布局,探索经济社会的可持续发展模式,推进经济、社会与生态系统、自然资源的协调发展,既具有重要的科学意义,也是推进西藏跨越式发展、构筑国家生态安全屏障亟需解决的重点问题。

  本书利用各类历史调查资料、现场监测资料、遥感数据、气象资料、社会经济统计资料等,一方面通过自然生态系统支持能力研究,优化与发展了生态承载力评价方法,确定了西藏地区草地畜牧业和种植业发展的适宜区域与合理规模,评估了雅鲁藏布大峡谷森林生态系统的生态安全保障能力;另一方面以那曲地区、拉萨河流域和雅江源区为典型区域,构建了矿产资源、水能资源和草地资源适度开发利用的评价方法,明确了西藏典型区域矿产开发、水电开发和草地资源利用的适宜区域与合理强度。在此基础上,从重点产业、重点地区和西藏全区三个层面,研究提出了经济社会的可持续发展模式,为该区生态环境保护、跨越式发展等相关政策、措施的制定提供科学依据。

  本书的研究成果是沈渭寿研究员及其所带领的研究团队多年来在西藏地区生态承载力和可持续发展研究方面的成果。本书各篇执笔人如下:第一篇由沈渭寿、赵卫、杨春艳、刘波执笔;第二篇由沈渭寿、赵卫、徐琳瑜、陈圣宾、王烜执笔;第三篇由王小丹、周伟、李祥妹执笔;全书结构和内容由沈渭寿和赵卫拟定,沈渭寿和赵卫完成统稿和定稿。本书的数据处理、图表绘制和实地调查、样品测试等工作由林乃峰、王涛、张锦、于冰、崔冠楠、李筱金、张锦芬、苏洁琼、雍城、毛筱娜、肖碧微、景俊芳、王慧、杜渐等完成。

  本书的研究工作由国家环保公益性行业科研专项经费项目"西藏地区生态承载力与可持续发展模式研究"(201209032)、国家自然科学基金项目"基于高光谱遥感的雅鲁藏布江源区草地退化及其对全球变化响应敏感性研究"(41201456)资助,得到了环境保护部、西藏自治区环境保护厅等部门的大力支持。在本书出版之际,对环境保护部科技标准司熊跃辉司长、刘志全巡视员兼副司长、禹军处长、陈胜副处长、刘海波副调研员,自然生态保护司侯代军副司长、张文国处长、刘玉平处长、房志处长,西藏自治区环境保护厅张天华副厅长、庄红翔副厅长、普布旦巴处长、严官隅副处长、李佳承工程师,西藏自治区水利厅巩同梁副厅长,环境保护部南京环境科学研究所高吉喜所长,以及拉萨市、日喀则地区、那曲地区、山南地区、林芝地区等地环保部门的大力支持表示衷心感谢!

　　本书虽然做了大量的实地调查和研究工作,但难免存在一些不足,有待于我们今后在该领域的继续深入研究和不断探索中改正。

沈渭寿

2014 年 11 月

目　　录

第一篇　西藏地区自然生态系统支持能力研究

第二篇　西藏地区重点资源适度开发利用研究

第三篇　西藏地区经济社会可持续发展模式研究

第一篇

西藏地区自然生态系统支持能力研究

第1章

西藏自治区概况

内容提要：在地理位置、地形地貌、河流湖泊、气候等自然地理特征的基础上，利用西藏自治区38个气象站的气象资料研究了该区气温、降水等气候要素时空变化特征，利用调查资料和遥感数据等分析了西藏自治区草地、森林生态系统结构、空间和地域分布特点，同时分析了西藏自治区水资源、矿产资源等重点资源的储量、开发利用潜力等，为自然生态系统支持能力评估、重点资源适度开发利用以及经济社会可持续发展模式研究等奠定基础。

1.1 自然地理

1.1.1 地理位置

西藏自治区地处中国西南边疆，西起78°24′E，东至90°06′E，南起26°52′N，北到36°53′N。东西长约1 900 km，南北宽约1 000 km。面积约122万 km²，占全国总面积的1/8，仅次于新疆维吾尔自治区，居全国第二位（西藏年鉴编辑委员会，2010）。

西藏自治区位于青藏高原的主体区域，北与新疆维吾尔自治区、青海省毗邻，东隔金沙江和四川省相望，东南部在横断山区和云南省相连，西部和南部与印度、尼泊尔、不丹、缅甸等国以及克什米尔地区接壤，边境线长约4 000 km，是中国西南边陲的重要门户。

1.1.2 地形地貌

青藏高原是印度板块和欧亚板块相互作用下形成的一个巨大的块状隆起区，是世界上最年轻的地质构造单元。作为青藏高原的主体，西藏地区平均海拔4 000 m以上，自然环境复杂，地形地貌多样，基本上可分为极高山、高山、中山、低山、丘陵和平原等6种类型，该地区还有冰缘地貌、岩溶地貌、风沙地貌、火山地貌等，奇特多样，千姿百态。根据境内地势变化和地貌类型组合特点，西藏地区可分为三个阶梯：

（1）藏北羌塘高原

藏北羌塘高原平均海拔4 500 m以上，位于昆仑山、唐古拉山和冈底斯山、念青唐古拉山之间，占全自治区面积的 2/3。藏北羌塘高原地域辽阔，是由许多坡度和缓的高原丘陵山地和湖盆宽谷所构成的高海拔高原，高原面形态保存完整，在高原面上及其边缘分布有一系列的绵延耸立的高大山脉。根据山脉走向，大体可分为东西向和南北向两组：东西向山脉从北到南有昆仑山、喀喇昆仑山、唐古拉山、冈底斯山—念青唐古拉山和喜马拉雅山；南北向山脉自西向东有伯舒拉岭—高黎贡山、他念他翁山—怒山、宁静山—云岭。南北向山脉与南北向深谷相间排列，自西向东分别有怒江深谷、澜沧江深谷和金沙江深谷。高山深谷南北延伸、相间排列引起的气候生态效应十分典型和独特。

（2）藏南谷地

藏南谷地平均海拔约 3 500 m，位于冈底斯山和喜马拉雅山之间。该区宽谷发育，平地面积大，长度较长和宽度较大的宽谷平地主要分布于雅鲁藏布江干流中游及其主要支流拉萨河、年楚河、尼洋河等中下游，其次为朋曲、雄曲、狮泉河、象泉河等中游。

（3）藏东高山峡谷区

西藏东部和东南部发育了世界上罕见的幽深狭窄的峡谷地貌类型，其中雅鲁藏布大峡谷为世界上最著名的峡谷。藏东高山峡谷区平均海拔 3 500 m 以下，为一系列由东西走向逐渐转为南北走向的高山深谷，系横断山脉的一部分。

1.1.3　河流与湖泊

西藏地区河流众多，境内河流流域面积大于 1 万 km² 的有 20 余条，大于 2 000 km² 的有 100 条以上。西藏河流分为外流河和内流河两种。该区外流水系主要包括雅鲁藏布江、金沙江、澜沧江、怒江、狮泉河、朋曲、察隅曲等，流域面积约 58.88 万 km²，约占西藏地区总面积的 49%。外流河按其归宿分属太平洋水系和印度洋水系，主要分布在东、南、西部的边缘地区。其中，雅鲁藏布江是世界上海拔最高的大河之一，发源于西藏桑木张以西喜马拉雅山北麓的杰玛央宗冰川，全长 2 506 km，流域面积约 23.92 万 km²。雅鲁藏布江绕南迦巴瓦峰后，形成了世界上最大的峡谷——雅鲁藏布大峡谷。内流河主要分布在藏北高原，多是以高山雪水为水源、以内陆湖泊为中心的短小向心水系，大部分为季节性流水，下游或消失在荒漠中，或在低地潴水成湖。

西藏是中国湖泊最多的地区，全区大小湖泊共 2 000 多个，湖泊总面积约 2.4 万 km²，占全国湖泊总面积的 30% 以上，其中面积超过 100 km² 的湖泊有 47 个。面积 1 000 km² 以上的有西藏三大湖泊纳木错、色林错、扎日南木措，均分布于藏北，著名的羊卓雍错在藏南。从湖泊类型来看，西藏湖泊类型多样，几乎包含了中国湖泊的所有特征。区属湖泊中，淡水湖泊少，咸水湖多，初步查明的各类盐湖大约有 251 个，总面积约 8 000 km²，盐湖的周围多有丰饶的牧场，也是多种珍贵野生动物经常成群结队出没之地。

1.1.4　气候特点

由于西藏高原独有的地形地貌和高空大气环境以及天气系统的影响，形成了复杂多样的独特高原气候带。不仅具有西北严寒干燥到南亚湿热气候分布特点，还有多种多样的局地和区域小气候特点，尤其是高原高山的垂直气候带谱分布十分明显。西藏地区是全国气候类型最多的地区之一，在全国气候区划中属青藏高原气候区，其基本特点是太阳辐射强烈、日照时间长、气温低、空气稀薄、大气干洁、干湿季分明、冬春季多大风。

西藏地区气温地域差异明显，高原东南部河谷地区气温高，并表现出明显的垂直变化。温度最高的地方分布于雅鲁藏布江大拐弯以南低山区和横断山脉地区的"三江"并流区，年均气温分别在16℃和10℃以上，最热月均温分别在22℃和15℃以上。藏西北高原温度低，多数地区年均气温0℃以下，最冷月均气温低于−10℃，极端最低温度达−44.6℃，一年中月均气温在0℃以下的月份长达6~7个月以上，大部分地区无霜期只有10~20天。西藏地区气温年较差较小，但从东南往西北有增大趋势。气温日较差大，表现出一天中升温和降温迅速，在冬季尤为显著，藏北高原1月平均日较差达10℃以上。

西藏地区降水主要受暖湿西南季风所支配，形成年降水量的空间变化规律如下：藏东南低山平原区年降水量达4 000 mm以上，是我国降水量最多的地区之一。由此向高原西北地区逐渐减少，藏北羌塘高原为100~300 mm，藏西北改则、日土县北部不足100 mm，局部地区只有50 mm左右。西藏地区降水季节分配不均，雨季、旱季非常明显。雨季内各地雨量非常集中，一般要占全年总降水量的90%左右，每年4—9月为雨季。每年10月至次年3月，降水量少，被称为"干季"。

此外，从气压看，西藏地区气压年平均大都在625 hPa以下，仅为海平面气压的一半。空气平均为海平面空气密度的60%~70%。西藏高原空气含氧量比海平面减少35%~40%，水的沸点大部分地区在84~87℃。从日照看，西藏地区的纬度低，海拔高，空气稀薄，所含杂质和水汽少，透明度好，当阳光透过大气层时能量损失少，太阳直接辐射可占大气上界太阳辐射的50%，是全国太阳辐射量最多的地区，呈现东南低，西北高的特点。从降水看，总体上，西藏地区气候具有西北严寒干燥、东南温暖湿润的特点。西藏地区不仅大风多、强度大，而且连续出现的时间长，那曲、申扎、改则和狮泉河年均大风（≥8级）出现日数均在100 d以上。

1.2　气候变化

为了全面反映西藏高原气候变化趋势，本研究选取西藏高原日照时数、平均气温、年降水量、平均风速、相对湿度5个气象要素，对不同地貌类型区域气候变化的空间差异进行深入分析，揭示近50年来西藏高原气候变化特征及其区域差异。通过累积距平曲线和M-K检验发现，西藏地区平均气温和年降水均呈现1990年前后由偏低期到偏高期的转变，为了研究近50年平均气温和降水量在不同时段的变化差异，尤其是了解近年来气候变化的趋势，本研究将1961—2010年分为两个时段，对比分析1961—1990年（时段Ⅰ）及1991—2010年（时段Ⅱ）两个时段的变化情况。采用气候倾向率及GIS空间插值方法，对比分析了1990年前后两个时段平均气温和降水的时空变化特征，以期为深入了解西藏高原气候特征，减轻气候变化对农业生产及社会活动的影响，合理制订发展规划提供参考。

1.2.1　气象数据

气象数据包括西藏自治区 38 个气象站 1961—2010 年逐月日照时数、平均气温、降水量等气象资料。对每个站点的气象数据进行整理，站点年日照时数、平均气温、平均风速、相对湿度采用各月平均值得到，年降水量采用全年各月降水量求和得到，计算得到各站点 1961—2010 年日照时数、平均气温、降水量、平均风速和相对湿度时间序列，根据等权平均法得到西藏各气候要素时间序列，进行变化趋势分析，根据地貌分区统计得到西藏各气候要素空间分布情况，如图 1.1 所示。图 1.2 为西藏地区年平均气温距平、气温累积距平及年降水量距平、降水量累积距平。

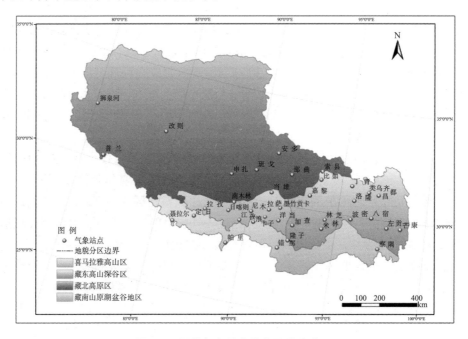

图 1.1　西藏气象站点分布及地貌分区

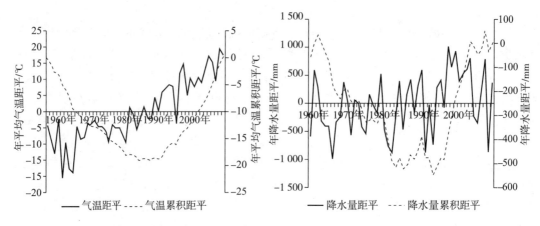

图 1.2　西藏地区年平均气温距平、气温累积距平及年降水量距平、降水量累积距平

1.2.2 研究方法

采用气候倾向率法分析变化趋势，累积距平法分析阶段变化（魏凤英，2007），Mann-Kendall 趋势检验法来检验西藏高原日照时数、平均气温、降水量、平均风速和相对湿度的长期变化趋势，如图 1.3 所示。

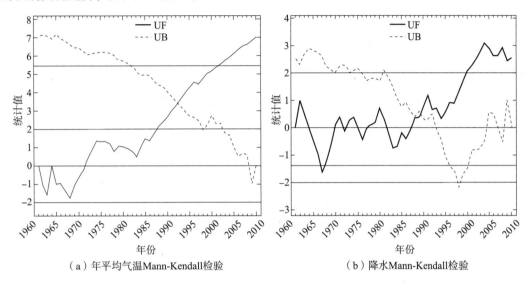

（a）年平均气温Mann-Kendall检验　　　　　　（b）降水Mann-Kendall检验

图 1.3　西藏地区年平均气温、降水 Mann-Kendall 检验

气候倾向率计算公式为：

$$Y = at + b$$

式中，Y 为气象要素，t 为时间，a 为线性趋势项，把 $a \times 10$ 年作为气候倾向率。

对于序列 x，其某一时刻 t 的累积距平表示为：

$$\hat{x}_t = \sum_{i=1}^{t} (x_i - \bar{x})$$

式中，$t = 1$，2，$\cdots$，n，其中，$\bar{x} = \dfrac{1}{n} \sum_{i=1}^{n} x_i$

将 n 个时刻的累积距平值全部算出，即可绘出累积距平曲线进行阶段变化分析。空间分析采用距离反比权重法，对各阶段气温、降水均值及气候倾向率进行插值，生成空间数据，进行比较分析，空间分布结果用 ArcGIS 软件表达。

1.2.3 结果分析

近 50 年来，西藏地区呈现出日照略增、温度升高、降水增加、风速减小、平均相对湿度略有上升的趋势，尤其是 20 世纪 90 年代以来，西藏地区气候向暖湿型方向发展，但各区域气候要素的时间变化和空间分布存在差异。

（1）年日照时数变化趋势

近 50 年，西藏地区年平均日照时数呈略增长态势，近 40 年呈现显著的减少趋势，在空间分布上呈现从西北向东南减少趋势，藏北高原区年平均日照时数最长，但呈减少趋势，藏东高山深谷区最短，增加趋势明显。除喜马拉雅高山区年日照时数 1961—1968 年高于多年平均日照时数，从 1968 年开始低于年平均日照时数外，西藏地区及其他分区年日照时数均呈现由偏短期到偏长期、再到偏短期的转变态势。

（2）年平均气温变化特征

研究期间，所有区域年平均气温均呈上升趋势，空间分布上呈现东南高、西北低的态势，气温的高值区逐渐北扩、西伸，藏北高原区升温速率最快。西藏地区及各区年平均气温累积距平均表现为先下降后上升，对应着年平均气温由偏低期进入到偏高期。其中，喜马拉雅高山区是各区的先导，于 1971 年开始进入高温期，西藏全区于 1990 年发生低温期到高温期的转变，如表 1.1 所示。

表 1.1　1961—2010 年西藏全区及不同地貌区各气象要素均值

	年日照时数/h	年平均气温/℃	年降水量/mm	年平均风速/（m/s）	年平均相对湿度/%
西藏全区	2 709.53	3.95	448.11	2.50	51.62
喜马拉雅高山区	2 638.92	3.65	445.62	3.04	60.25
藏北高原区	3 042.47	−0.25	278.17	3.52	43.41
藏南山原湖盆谷地区	3 038.55	6.26	400.64	2.07	44.35
藏东高山深谷区	2 261.67	5.23	612.51	1.65	58.04

（3）年降水量变化特征

西藏地区降水量呈现波动态势，总体表现为增加趋势，年降水量倾向率为 12.48 mm/10 a，空间分布呈现由林芝、波密地区的高值向东西两个方向逐渐递减的态势，降水量的高值区有向西扩展的趋势。西藏地区年降水量累积距平曲线以 1994 年为界，由降水偏少期进入偏多期。各分区中，除藏东高山深谷区年降水量累积距平曲线先波动上升后波动下降外，其他地区均为先下降后上升趋势，喜马拉雅高山区年降水量累积距平曲线最早发生变化。

（4）年平均风速变化特征

所有区域的平均风速均表现为减小趋势，其中藏南山原湖盆谷地区减小最明显，空间分布上呈西北大、东南小的态势，平均风速的高值区范围逐渐缩小。除藏南山原湖盆谷地区平均风速累积距平曲线呈现以 1989 年为界先波动上升后下降外，西藏地区及其他各分区年平均风速累积距平曲线呈现 1961—1969 年下降、1970—1990 年上升、1990 年之后下降的趋势，对应着年平均风速减小期—增大期—减小期的更替模式，如表 1.2 所示。

表 1.2　1961—2010 年西藏全区及不同地貌区各气象要素气候倾向率

	年日照时数/（h/10 a）	年平均气温/（℃/10 a）	年降水量/（mm/10 a）	年平均风速/［m/（s·10 a）］	年平均相对湿度/（%/10 a）
西藏全区	3.04	0.58	12.48	−0.13	0.1
喜马拉雅高山区	−32.79	0.5	2.58	−0.044	0.514
藏北高原区	10.32	0.57	5.17	−0.097	0.36
藏南山原湖盆谷地区	17.98	0.43	8.44	−0.18	0.2
藏东高山深谷区	41.69	0.42	−4.36	−0.036	0.482

（5）年平均相对湿度变化特征

1961—2010 年，西藏全区及所有区域年平均相对湿度呈逐渐增加趋势，且喜马拉雅高山区和藏东高山深谷区增速最大，在空间分布上主要表现为从藏北高原区向喜马拉雅高山区和藏东高山深谷区增大。除东部高山深谷区平均相对湿度累积距平曲线呈现以 2005 年为界先波动上升后下降外，西藏及其他各分区年平均相对湿度累积距平曲线表现为先下降、后上升、再下降的趋势，且均于 2005 年左右开始新一轮的下降，其中喜马拉雅高山区上升阶段开始得最早，于 1967 年进入上升阶段，如图 1.4 所示。

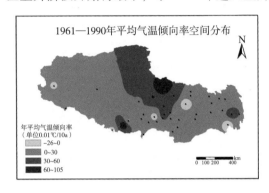
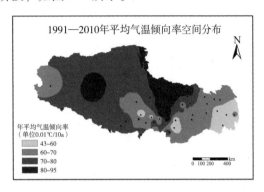

图 1.4　1961—1990 年、1991—2010 年平均气温倾向率空间分布

（6）水热组合变化趋势

西藏大部分地区两个阶段的气温倾向率的差值为正，表明气温的增温速率有所增加，且以西部地区增温速率最高，安多、定日的差值为负，气温的增温速率有所减缓。西藏西北大部分地区两个阶段降水倾向率的差值为正，降水的变化速率有所增加，改则地区增加速率最大。东南部和南部地区倾向率的差值多为负值，降水的变化速率呈下降趋势，波密站由时段Ⅰ的正值转变为时段Ⅱ的负值，降水减少速率最大。

气温和降水距平有四种组合类型，分别是暖湿型、暖干型、冷湿型和冷干型，有研究表明，在干旱地区暖湿型的气候有利于农牧业的发展（姚玉璧等，2004）。

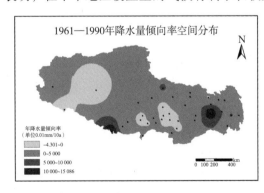
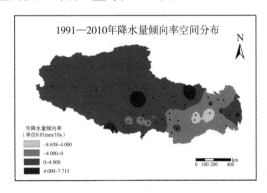

图 1.5　1961—1990 年、1991—2010 年降水量倾向率空间分布

喜马拉雅高山区从 20 世纪 70 年代已开始向暖湿方向发展，西藏及其主要农区藏南山原湖盆谷地区 20 世纪 90 年代以来，气候由冷干类型转变为暖湿类型，藏东高山深谷区 20 世纪 90 年代以来，气候由冷湿型向暖干型方向发展，藏北高原区则经历了冷干—暖干

—暖湿的不同发展阶段，且从 2000 年之后才开始进入暖湿阶段，如表 1.3 所示。

表 1.3　西藏各区 20 世纪 60 年代以后的气温和降水组合变化趋势

	60 年代	70 年代	80 年代	90 年代	2000 年以后
西藏全区	冷干	冷干	冷干	暖湿	暖湿
喜马拉雅高山区	冷干	暖湿	暖湿	暖湿	暖湿
藏北高原区	冷干	冷干	暖干	暖干	暖湿
藏南山原湖盆谷地区	冷湿	冷干	冷干	暖湿	暖湿
藏东高山深谷区	冷湿	冷湿	冷湿	暖干	暖干

1.3　生态系统

草地是西藏地区分布最广泛的生态系统，对西藏地区生态系统的评价以草地生态系统为主要内容。

（1）草地生态系统状况总体评价

遥感监测与实地调查表明，草地是西藏地区分布最广泛的生态系统，面积达 83.26 万 km^2，占西藏国土面积的 67.78%。一方面，草地生态系统是西藏地区畜牧业赖以生存和发展的物质基础，也是野生动物栖息繁衍的场所。另一方面，草地生态系统还具有防风固沙、防治水土流失、涵养水源、土壤养分保持、调节小气候、净化空气等多种生态功能，是西藏地区国家生态安全屏障的重要组成部分。

由于特殊的地理位置、多样的生态环境和复杂的气候类型，西藏地区草地类型复杂多样。在全国划定的 18 个草地类型中，除干热稀树灌草丛外，其他 17 个草地类型在西藏地区均有分布。可以说，西藏地区是我国草地类型分布最复杂的省区，西藏的草地类型是我国草地类型的缩影。但是各类草地分布、面积等存在显著差异。

（2）草地生态系统结构及其空间分布

在西藏地区 17 个草地类型中，高寒草原、高寒草甸、高寒荒漠草原、高寒草甸草原和高寒荒漠是该区分布较广泛的草地类，上述 5 类草地面积达 78.52 万 km^2，约占全区草地总面积的 94.32%。

高寒草原是西藏地区分布最广、面积最大的草地类，面积达 30.77 万 km^2，占全区草地总面积的 36.95%。该类草地广泛分布于藏北羌塘高原内陆湖盆区、藏南山原湖盆、宽谷区和雅鲁藏布江中游河谷区。高寒草原中起重要作用的丛生禾草主要包括紫花针茅、羽柱针茅、昆仑针茅、沙生针茅等，根茎禾草有固沙草，根茎薹草有青藏薹草、珠峰薹草等，蒿类半灌木有藏沙蒿、藏白蒿等，上述植物常以优势种或次优势种出现在草地中，有毒植物较少，是西藏重要的畜牧业生产基地。

高寒草甸是西藏第二大草地类型，面积达 25.66 万 km^2，占全区草地总面积的 30.82%。该类草地还具有耐践踏、适口性好、营养价值高等特征，是发展畜牧业的优良草地类型。但是受海拔、地势、交通等因素影响,高寒草甸的开发、利用不平衡现象较突出。其中,部分高寒草甸由于海拔高、交通不便等因素影响,还没有充分利用或根本没有利用;部分高寒草甸由于地势较平缓、交通条件优越,过牧严重,已出现不同程度的退化现象。西藏地区草地类型及其所占比例如图1.6所示。

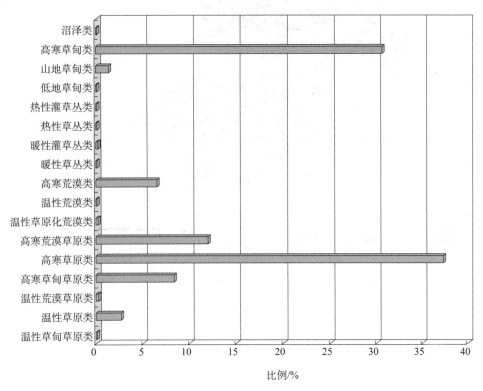

图1.6 西藏地区草地类型及其所占比例

高寒荒漠草原、高寒草甸草原分别是高寒荒漠、高寒草甸与高寒草原之间的过渡类型,合占全区草地总面积的20.14%。其中,高寒荒漠草原主要分布于阿里地区的改则、革吉、日土、噶尔等县,以及那曲地区双湖办事处境内的高原湖盆外缘、山地宽谷、干山坡、古冰碛平台和洪积扇上。高寒草甸草原在西藏分布较为广泛,主要分布于羌塘高原南部、藏南山原湖盆及阿里地区西南部,常占据海拔4 300~5 000(5 200)m的高原面、宽谷、河流高阶地、冰碛台地、湖盆外缘及山体中上部等。高寒荒漠草原和高寒草甸草原不仅分布广,还具有牧草营养较丰富、适口性好、耐牧性强等优势,为当地畜牧业发展提供了重要的饲料资源和物质基础。其中,垫状驼绒藜、变色锦鸡儿等还是当地重要的薪柴资源。因此,高寒荒漠草原和高寒草甸草原对于西藏地区当地生产、生活都具有十分重要的意义。

高寒荒漠也是西藏地区分布较广泛的草地类型之一,面积5.34万km²,其面积仅次于高寒草原、高寒草甸、高寒荒漠草原和高寒草甸草原4类草地。高寒荒漠集中分布在藏北高原和西藏西部湖盆、宽谷之中,处于日土县北部、改则县西北部。由于气候条件严酷,该类草地生长稀疏,盖度小,产量低,是西藏也是全国产草量最低的草地类,但分布面积大,草地植物营养成分中等偏下,在当地仍然是草食家畜及野生动物可利用的草地。西藏地区草地类型分布如图1.7所示。

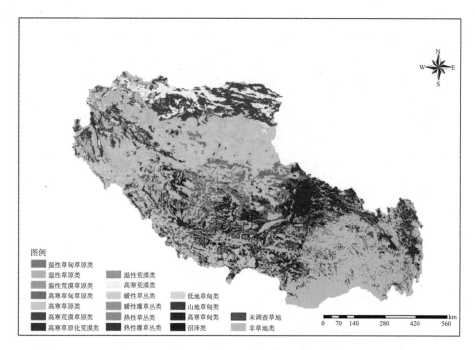

图 1.7　西藏地区草地类型分布

（3）各地（市）草地生态系统评价

由于温度、降水等气候条件以及水文、地势等条件的地域分异性，西藏地区各地（市）草地生态系统在结构、面积、分布等方面均呈显著差异，见图 1.8。

根据各地（市）草地生态系统结构及其在全区草地生态系统中的地位，可以将西藏地区 7 地（市）分为两组：

①以高寒草甸为主要草地类，包括昌都地区、林芝地区、拉萨市、山南地区和日喀则地区，该组各地（市）高寒草甸占其草地总面积的比例分别为 77.30%、77.24%、68.84%、63.16% 和 44%，高寒草甸成为当地草地生态系统的重要组成部分。

②以高寒草原为主要草地类，包括那曲地区和阿里地区，该组各地高寒草原占其草地总面积的比例分别为 40.51% 和 50.21%。

从草地生态系统在各地（市）的空间分布来看，高寒草甸的空间分布最广泛，该草地类在全区 7 地（市）均有分布。其中，高寒草甸在那曲地区、日喀则地区的分布最广泛，两地的高寒草甸分别占全区高寒草甸总面积的 31.49% 和 22.23%；其次是昌都地区、山南地区和林芝地区，各地高寒草甸分别占全区高寒草甸总面积的 17.12%、8.87% 和 8.51%；阿里地区和拉萨市的高寒草甸比例相对较小，分别为 6.04% 和 5.75%。

高寒草原在西藏地区的分布也较为广泛，在 7 地（市）也均有分布。其中，高寒草原多数集中在阿里地区和那曲地区，两地高寒草原分别占全区高寒草原总面积的 42.10% 和 39.85%，其次是日喀则市和山南地区，分别占 16.62% 和 1.08%；拉萨市、林芝地区和昌都地区高寒草原分布面积相对较小，各地高寒草原分别占全区高寒草原总面积的 0.32%、0.02% 和 0.01%。

除高寒草甸、高寒草原外，其他草地类型集中分布于西藏地区部分地（市），在其他

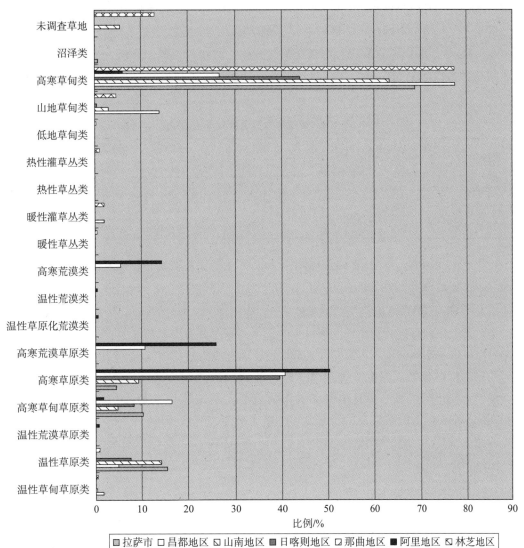

图1.8 西藏各地（市）草地生态系统结构比较

地市分布比例很小，甚至无分布。如温性荒漠和温性荒漠草原仅在阿里地区有分布，热性草丛也仅分布于林芝地区，热性灌草丛主要分布在林芝地区和昌都地区，高寒荒漠草原主要分布在阿里地区和那曲地区。

1.4 自然资源

1.4.1 水资源

（1）西藏水资源条件

西藏是我国主要的水战略资源贮存区，是全国水资源最富集和外在潜力最大的地区。

根据《2007年中国可持续发展战略报告》，西藏自治区地表水资源量4 321.4亿 m³，约占全国的1/7；人均水资源量152 969.2 m³，是全国人均水资源量的80倍；地下水资源总量约966.1亿 m³。水资源总量、人均水资源拥有量、亩均水资源占有量、水能资源理论蕴藏量四项指标均位居全国第一，具有得天独厚的水资源优势和较好的开发利用条件，开发利用前景广阔。

表1.4　西藏水力资源复查成果汇总

资源类别	电站总座数/座	界河电站座数/座	装机容量/MW	装机占比/%	年发电量/亿 kW·h	电量占比/%
理论蕴藏量	—	—	201 358.2	—	17 638.98	—
技术可开发量	338	5	110 004.4	54.63	5 759.69	32.65
经济可开发量	191	0	8 350.4	7.59	376.25	6.53

据调查，西藏自治区河川径流总量达4 482亿 m³，占全国河川径流总量的16.5%；冰川和地下水平均年径流总量为3 959亿 m³，约占全国总数的12%；大小湖泊共1 500多个，面积达2.4万 km²，约占全国湖泊总面积的1/3；冰川面积2.62万 km²，约占我国冰川总面积的一半。其中，西藏是我国冰川面积最大的省区，区内分布有数百座雪山，成为巨大的天然水库。冰川融水不但利于农田灌溉、人畜饮用，而且成为西藏河流与湖泊的重要水源。

西藏自治区年径流深度从藏东南向藏西北递减。西藏自治区广大农区雨量较少，春播、冬耕都要进行灌溉，灌溉是保证农作物稳产、高产的基本条件。西藏充足的水资源（特别是外流区）为西藏农业的稳定发展创造了极为有利的条件。

西藏自治区各河流径流量大小相差悬殊，南部和东南部河流水量充沛。其中，雅鲁藏布江是区内最大的河流，平均年径流量仅次于长江、珠江、黑龙江，居全国第四位。

（2）西藏水能资源条件

1）水能资源蕴藏量

西藏自治区河流众多，水力资源丰富。根据《全国水力资源复查成果》，西藏自治区水力资源理论蕴藏量10MW以上河流共363条，水力资源理论蕴藏量的平均功率201 358.2 MW，年电量17 638.98亿 kW·h，占全国水力资源理论蕴藏量的29%，居全国首位。技术可开发量110 004.4 MW（较1980年普查成果56 592.7 MW增加53 411.7 MW），年发电量5 759.69亿 kW·h；经济可开发量8 350.4 MW，年发电量376.25亿 kW·h。其中，西藏全区水力资源技术开发量占全国总量的20.3%，仅次于四川省，居全国第二位。因此，西藏将成为2020年后我国水电建设的主战场。

表1.5　西藏水力资源技术可开发量分规模统计

电站规模	电站总座数/座	界河电站/座数座	装机容量/MW	装机占总量比重/%	年发电量/亿 kW·h	电量占总量比重/%
大型	67	5	97 107.0	88.28	5 080.45	88.21
中型	89	0	11 718.5	10.65	620.18	10.77
小型	182	0	1 178.8	1.07	59.06	1.03
合计	338	5	11 0004.4	100.00	5 759.69	100.00

在全区复查河流上，单站装机容量500 kW及以上的技术可开发电站338座，其中界河电站5座；经济可开发电站191座，无界河电站。经济可开发电站装机容量和年发电量分别占技术可开发量的7.6%和6.5%。技术可开发电站分规模统计，大型电站67座，其中界河电站5座，装机容量97 107 MW，年发电量5 080.45亿kW·h；中型电站89座，装机容量11 718.5 MW，年发电量620.18亿kW·h，小型电站182座，装机容量1 178.8 MW，年发电量59.06亿kW·h。

2）水能资源空间分布

西藏自治区内水能资源量分布较为集中，主要在雅鲁藏布江和东南部的"三江"（即怒江、澜沧江、金沙江）流域干流上，其中：雅鲁藏布江干流曲松—米林河段约500万kW、干流大拐弯河段约4 800万kW、支流帕隆藏布河段约700万kW和藏东的怒江干流上游河段约1 422万kW，澜沧江干流上游河段636万kW，金沙江干流上游河段1 666万kW，总计约9 724万kW，其容量规模约是三峡水电站的5倍。仅雅鲁藏布江大拐弯段一处，可开发的水能资源装机容量就达3 800万kW，约占全国水能资源经济可开发量4亿kW的10%。技术可开发电站以大型电站为主，规模多在100万kW以上，个别为1 000万千瓦级的巨型电站，是全国乃至世界上少有的水能资源"富矿"。随着三江水电开发向上游推进，藏东水力资源接续开发较为现实，而藏南雅鲁藏布江的开发难度相对大一些。

表1.6 西藏水力资源经济可开发量分规模统计

电站规模	电站总座数/座	界河电站座数/座	装机容量/MW	装机占总量比重/%	年发电量/亿kW·h	电量占总量比重/%
大型	3	0	4 982.0	59.66	216.76	57.61
中型	27	0	2 616.5	31.33	122.80	32.64
小型	161	0	751.9	9.00	36.68	9.75
合计	191	0	8 350.4	100.00	376.24	100.00

表1.7 西藏水力资源技术可开发量分类统计

电站类别	电站总数/座	界河电站座数/座	装机容量/MW	装机占总量比重/%	年发电量/亿kW·h	电量占总量比重/%
一类	55	0	241.0	0.22	7.88	0.14
二类	140	0	67 863.6	61.69	3 573.10	62.04
三类	19	0	5 634.5	5.12	249.97	4.34
四类	31	0	94.2	0.09	4.67	0.08
五类	93	5	36 171.1	32.88	1 924.07	33.41
合计	338	5	11 0004.4	100.00	5 759.69	100.00

（3）西藏水电开发现状

根据各类可再生能源的资源潜力、技术状况和市场需求，《可再生能源中长期发展规划》将水电作为国家可再生能源开发的重点领域。规划提出，2010 年和 2020 年"水电建设的重点是金沙江、雅砻江、大渡河、澜沧江、黄河上游和怒江等重点领域"，要求"开展西藏自治区东部水电外送方案研究，以及金沙江、澜沧江、怒江'三江'上游和雅鲁藏布江水能资源的勘查和开发利用规划，做好水电的战略接替准备工作"。西藏将是我国水电开发的热点地区，同时也将成为保障能源安全和优化能源结构的战略重地。

表 1.8　西藏自治区已发现矿产种类

矿产类别		矿种合计	上表矿种	已发现矿种
金属矿产	能源矿产	5	煤、泥炭、地热	石油、油页岩
	黑色金属	4	铬、铁	锰、钛
	有色金属	12	铜、铅、锌、锡（原生矿砂矿）、钴、钼、锑	镁、镍、钨、铋、汞
	贵金属	3	金（砂金、伴生金）、银	铂族元素
	稀有、稀土、分散元素矿产	11	锂、铷、铯	铍、锆、锗、镓、铼、锶、未分稀有、未分稀土金属
	放射性矿产	1		铀
非金属矿产	冶金辅助原料非金属	8	菱镁矿	蓝晶石、红柱石、白云岩、石英岩、萤石、耐火粘土、冶金用脉石英
	化工原料非金属	16	硫铁矿、自然硫、盐、硼、砷、重晶石、钾盐、天然碱、芒硝、溴	磷、水菱镁矿、钾长石、蛇纹岩、橄榄岩、明矾石
	建筑材料及其他非金属	40	石灰岩、粘土、火山灰、高岭土、大理石、花岗岩、刚玉、水晶（压电水晶、熔炼水晶、工艺水晶）、云母、水泥用大理岩	石棉、滑石、叶蜡石、白垩土、硅藻土、石榴石（工业、工艺两用）、金刚石、冰洲石、绿柱石、电气石、硬玉、软玉、蛇纹石、琥珀、玛瑙、绿玉髓、象牙玉、仁布玉、文部玉、碧玉、鹿斑岩、岬岩玉、滑石、孔雀石、石墨、石膏
水汽矿产		2		矿泉水、地下水
合计		102	41	61

摘自：《西藏自治区矿产资源勘查开发情况报告》数据截至 2009 年年底。

据统计，截至 2010 年年底，西藏联网电站和农村小水电站的装机容量分别为 61.89 万 kW 和 16.76 万 kW，年发电量为 15.85 亿 kW·h 和 3.38 亿 kW·h。与西藏全区水能资源蕴藏量相比，开发率依然很低。因此水力资源开发前景非常可观。雅鲁藏布江年径流量约 1 654 亿 m³，是西藏水能资源最丰富的一条河流，理论蕴藏量为 1 1348 万 kW，占全区理论水能蕴藏量的 56.22%，其中可开发量为 4 837.14 万 kW，占全区可开发量的 80.96%。

1.4.2 矿产资源

西藏自治区地处世界最大的成矿带之一阿尔卑斯-喜马拉雅成矿带的东段，地质构造独特，成矿地质条件优越，矿产资源种类较多，具备寻找国家紧缺矿种和大型、超大型矿产地的巨大潜力，是我国重要的矿产资源战略储备基地。

经过几十年的地质工作，特别是随着国土资源大调查项目的实施，西藏基础地质工作程度明显提高，矿产资源勘查工作取得了突破性进展。目前，已经圈定出藏东三江、雅鲁藏布江、班公错－怒江等重要成矿带。截至 2009 年年底，西藏已发现矿床（点）、矿化点 3 000 余处，涉及的矿种有 102 种，约占全国已发现矿产种类的 60%。其中，能源矿产 5 种，有查明资源储量的 3 种；金属矿产 31 种，有查明矿产资源量/储量数据的矿种有 14 种；非金属矿产 64 种，有查明资源储量的 24 种；油气矿产 2 种，有查明资源储量的 1 种。

考虑到西藏地区特殊的地理位置、敏感的自然生态环境，矿产资源开发绝不能"遍地开花"，应当科学合理地优先开发具有优势的矿产资源。根据《西藏自治区矿产资源勘查开发情况报告》，西藏的优势矿产资源包括铬、铜、钼、铅、锌、铁、金、银、盐湖资源等，以及高温地热和优质矿泉水等。其中，铬、铜的保有矿产资源储量、盐湖锂矿的资源远景以及高温地热资源总量位居全国首位，硼和锑的资源储量分居全国第 4 位和第 6 位。具体来看，铬铁矿产量约占全国产量的 80%；铜的资源潜力达 3 000 万 t 以上，占全国总量的 50% 以上；盐湖锂矿约占全国总量的 2/3，高温地热占我国地热资源总量的 80% 以上。鉴于铬、铜以及盐湖中的锂、钾等均为我国最主要的紧缺矿产，西藏矿产资源的战略意义尤为凸显。

从资源丰度、经济合理、技术可行和环境允许等方面，德吉（2012）提出西藏优势矿产资源的判定原则，并以资源禀赋和勘查成果为依据，选择铜、铬、锑、盐湖矿产等作为西藏优势矿产资源。从资源丰富程度来看，根据当前地质勘查成果显示，铜矿是西藏自治区最具优势的矿种，已发现的铜矿床主要分布在藏东三江成矿带。铬铁矿历来是西藏的优势矿产，矿石品位高、质量好，在国内占有绝对优势地位，集中产于雅鲁藏布江超基性岩带和东巧—怒江超基性岩带。目前已发现的锑矿床主要分布在青藏铁路沿线和雅鲁藏布江成矿带东段。西藏盐湖主要分布于藏西北地区，已勘查评价的大型盐湖矿床有秋里南木错、班戈错、杜佳里、扎布耶茶卡、扎仓茶卡、茶拉卡、麻米错、拉果错、当穿错等，勘查的主要矿种为硼、锂、钾。

表 1.9　西藏自治区优势矿产资源概况

矿种	分布地区	分布矿带	勘探进度（截至 2008 年）	保有资源储量	资源潜力及在全国矿产资源中所占地位
铬铁矿石	山南地区	班公湖—怒江成矿带、冈底斯成矿带雅鲁藏布江成矿亚带	已发现 60 处矿（化）点	396 万 t	铬铁矿产量约占全国产量80%
铁矿石	藏北、藏东及藏中	藏东三江成矿带、班公湖—怒江成矿带、冈底斯成矿带	已发现矿产地160多处，初步探明资源储量25处	4.4 亿 t	5 亿 t 以上，且品位高于全国平均品位
铜	昌都、拉萨—日喀则、阿里地区	三江成矿带、班公湖—怒江成矿带、冈底斯成矿带	已发现 329 处，其中大型 11 处、中型 6 处、小型 8 处、小型以下 304 处	2 460 万 t	资源潜力达 3 000 万 t 以上，居国内首位，占全国总量50%以上
钼				128 万 t	—
铅锌	广泛分布，藏中、藏东最为集中	广泛分布，冈底斯成矿带、三江成矿带、喜马拉雅成矿带最为集中	已发现矿床 35 个，大型 4 个、中型 4 个、小型 27 个，另有矿（化）点274 处	1 265 万 t	铅锌资源潜力超过 1 500 万 t，占全国总量1/3
银				23 000 t	银资源潜力超过20 000 t
锑	藏北、藏南	喜马拉雅成矿带、班公湖—怒江成矿带	已发现矿床（点）和矿（化）点50余处，其中大型1处，中小型7处	88 万 t	预测资源量超过100万 t，居全国第 6 位
金	藏中、藏南	班公湖—怒江成矿带、冈底斯成矿带、喜马拉雅成矿带	已发现 200 余处金矿床、矿（化）点	257 t	岩金矿以伴生金矿为主，近 10 处伴生金矿达到或接近大型规模
盐湖矿产	三氧化二硼	班公湖—怒江成矿带及冈底斯成矿带	已发现大于 1km² 的盐湖有 490 个，其中发现盐湖矿床（点）100 余处，卤水富含硼、锂、钾、铷、铯	1 557 万 t	居全国第 4 位
	氯化钾			2 714 万 t	—
	碳酸锂				至少 4 处盐湖的碳酸锂资源远景达到大型，全国 2/3 以上的盐湖锂矿资源分布在西藏
高温地热	广泛分布，拉萨市当雄县羊八井地区最具开发价值	冈底斯成矿带	已发现地热显示区（点）700 余处	可采资源总量 152 万 kW	居全国第一位，占我国地热资源总量的80%以上

注：摘自《西藏自治区矿产资源勘查开发情况报告》，数据截至 2009 年年底。

合理有序开发利用西藏优势矿产资源，对于缓解国家经济社会发展受资源瓶颈的制约，提高国家矿产资源供给能力和保障程度，具有重大的战略意义，也为促进西藏地区经济社会跨越式发展，实现经济增长、生活宽裕、生态良好、社会稳定、文明进步的经济社会发展目标提供坚实的物质基础和资源保障。目前西藏地区已开发利用的矿产有铬铁矿、硼矿、铅锌矿、铜矿、地热、矿泉水、水泥原料、建筑用砂石等22种矿产。其中，铬铁矿、金矿、建材（水泥用原料及建筑砂石等非金属矿产）、铅矿、硼矿、地热为西藏开采的主要矿产，近年来的产值占已开采矿种总产值的90%以上。西藏已经开采的矿区主要包括玉龙铜矿、甲玛铜多金属矿、尼木厅宫铜矿、扎布耶盐湖、罗布莎铬铁矿等。但除水泥生产外，西藏基本没有矿产品的深加工过程，以原矿售卖为主，经济效益很低。因此，西藏矿业的生产规模很小，全区矿业年产值不到全国矿业总产值的千分之一。总体上，西藏矿产业发展落后，与其资源地位极不相称。

第 2 章

西藏地区草地生态系统承载能力及其时空变化

内容提要：针对草地生态服务功能和家畜饲草料资源的多样性，通过不适合和不能放牧区域划定、满足生态保护需要的牧草生物量评估、农业等补饲载畜量估算等，开展西藏地区县域草地承载力及其时空变化研究，分析草地载畜量、补饲载畜量、牲畜存栏量的地域差异及其影响因素，揭示全区及其县域草地承载状况的时空变化特征及其驱动力。本研究重点识别了西藏地区草地超载和盈余的县域、农业等补饲对草地承载力的影响、县域草地生态状况下降趋势与草地承载力及其变化的相关性。最后，根据西藏地区县域草地承载力及其时空变化特征，提出了关于草地承载力监测评估、畜牧业可持续发展、草地生态保护等方面的对策建议。

草地是西藏地区分布最广泛的生态系统，具有防风固沙、水土保持、涵养水源、土壤养分保持、调节小气候、净化空气等多种生态功能，是西藏高原国家生态安全屏障的重要组成部分。作为生产资料，分布广泛、类型多样的草地生态系统还为西藏地区畜牧业发展提供了丰富的物质基础。考虑到畜牧业既是西藏地区经济发展的传统产业和基础产业，也是该区农牧民生产、生活资料的主要来源，草地生态保护对于西藏地区经济社会可持续发展具有重要意义（何勤勇，2014）。各类调查和研究显示，近年来西藏部分地区因超载过牧引起的草地退化严重，对畜牧业可持续发展、国家生态安全屏障维护等构成不利影响（薛世明，2005；中国科学院学部，2003）。

针对西藏地区草地生产力地域差异和季节不平衡性显著、生态地位突出等特点，合理控制牲畜存栏量、科学划定适合放牧区域、优化畜牧业产业布局成为西藏地区畜牧业可持续发展、生态环境保护，特别是国家生态安全屏障保护和建设亟待解决的问题（薛世明，2004）。作为实施以草定畜、草畜平衡制度的重要依据，草地承载力旨在确定草地生态系统可持续承载的牲畜数量，对于指导畜牧业生产和布局具有重要作用，广泛应用于草原管理、畜牧业发展、生态保护等领域。鉴于此，综合利用草地资源详查、遥感数据、野生动物调查等资料，进行西藏地区县域草地生态系统支持能力研究。通过西藏地区县域草地承载力时空变化研究，重点识别西藏地区草地超载和盈余的县域、农业等补饲对草地承载力的贡献、草地承载力对草地生态状况变化的影响等。

2.1　研究方法

2.1.1　数据资料

本研究的数据来源主要包括：

①1987—1998 年 Pathfinder AVHRR NDVI 和 1999—2011 年 SPOT VEGETATION NDVI 指数数据集；

②1987 年西藏自治区草地资源调查资料；

③西藏自治区地形图、植被图、土地利用图、基础地理信息等；

④中国统计年鉴、中国畜牧业年鉴、西藏自治区统计年鉴、西藏自治区各地（市）统计年鉴和各类调查、统计资料等。

2.1.2　不适合和不能放牧的区域划定

受地形地貌、生态退化、生态环境保护、土地资源开发等因素的影响，部分天然草场不适合和不能放牧，因此，草地承载力评估首先需要划定不适合和不能放牧的区域（张慧等，2005）。根据西藏地区自身特点，本研究将以下区域划为不适合、不能放牧的区域，包括：

①自然保护区等依法设立的保护区域；

②坡度超过 40°的坡草地，以及生长旺季植被盖度低于 40% 的中低覆盖度草地；

③流动沙地、半固定沙地、固定沙地、半裸露砂砾地、裸露砂砾地等劣地分布区；

④水力、风力、冻融引起的强度、极强度和剧烈生态退化区；

⑤建设用地、冰川、湖泊、河流等非草地分布区。

通过对西藏自治区各类保护区域边界、数字高程数据信息（DEM）、劣地、土壤侵蚀、土地利用等矢量数据的空间分析，划定西藏地区不适合和不能放牧区域的矢量数据；结合西藏自治区草地资源调查数据、植被图等，确定西藏地区各县（市、区）各草地型适合放牧的草地面积。

2.1.3　草地产草量修正

在覆盖所有县域的 1987 年西藏自治区草地资源详查资料的基础上，以草地型为基本单元，以平均亩产鲜草量、可食牧草量等为评价指标，充分利用 NDVI 在大尺度植被状况监测和评估中的优势，对西藏地区草地产草量的调查值进行修正（Peng J，2012）。具体而言，以 132 个草地型为基本单元，以 1987 年以来各草地型的 NDVI 动态变化率为修正参数，对各草地型产草量的调查值进行修正，从而确定不同年份各草地型的产草量（王涛等，2014）。其中，1987 年以来各草地型 NDVI 动态变化率的处理步骤如下：

①利用三点平滑方法，对 1987—2011 年西藏地区 NDVI 数据集进行平滑处理；

②采用遥感处理软件 ENVI，计算 1987—2011 年西藏地区植被生长季 NDVI 的平

均值;

③通过西藏地区植被生长季 NDVI 平均值与各草地型边界的叠加分析,获取 1987—2011 年西藏地区各草地型生长季 NDVI 的平均值;

④运用趋势线法,分析 1987 年以来西藏地区各草地型 NDVI 的动态变化率,具体计算公式为:

$$S_{\text{LOPE}} = \frac{L \times \sum\limits_{h=1}^{L} h \times Y_{\text{NDVI}_h} - \sum\limits_{h=1}^{L} h \sum\limits_{h=1}^{L} Y_{\text{NDVI}_h}}{L \times \sum\limits_{h=1}^{L} h^2 - \left(\sum\limits_{h=1}^{L} h \right)^2}$$

式中,S_{LOPE} 为 1987—2011 年某一草地型的 NDVI 动态变化率;h 为 1—L 的年序号;Y_{NDVI_h} 为第 h 年该草地型的 NDVI 均值,通过对不同年份 NDVI 的平滑处理及其与各草地型边界的叠加分析来确定。

2.1.4 满足生态保护需要的牧草生物量估算

野生动物与家畜的重叠分布区域大,食草习性几乎相同,家畜和野生动物数量的增加导致对草场的争夺,特别是牧民的接羔育幼草场和抗灾备荒草场,经常成为野驴等野生动物寻食的目标(徐志高等,2010)。调查显示,由于西藏自然保护区对野生动物的保护力度很大,野生动物资源储量比 20 年前增长 30% 以上,野生动物与家畜争食牧草的现象也日渐突出。

本研究考虑到西藏地区在生物多样性保护中的重要地位,将野生动物牧草需求量纳入草地承载力评估,避免草地承载力过高估计及其引起的草地过载和草地退化问题。其中,野生动物牧草需求量的计算公式为:

$$\text{PD}_i = \sum_{k=1}^{O} (X_{ik} \times R_k \times I \times D_k)$$

式中,PD_i 为区域 i 野生动物牧草需求量,kg;k 和 O 为野生动物物种的序号和总数;X_{ik} 为区域 i 第 k 种野生动物的数量;R_k 和 D_k 为第 k 种野生动物的标准绵羊单位折算系数和采食天数;I 为标准绵羊单位的采食量,kg/d。除野生动物保护外,防风固沙、水源涵养等生态屏障功能保护的牧草需求量主要由牧草利用率的相关参数来控制。

2.1.5 草地载畜量估算

根据各草地型的产草量、牧草再生率、可食牧草比例、放牧利用率和标准干草系数等参数,计算各草地型的可食牧草量,其计算公式如下:

$$P_j = Y_j \times (1 + \text{GR}_j) \times R_j \times E_j \times H_j$$

式中,P_j 为草地型 j 的可食牧草量,以单位面积的标准干草量表示,kg/hm²;Y_j 为草地型 j 的产草量,kg/hm²;GR_j、R_j 和 E_j 分别为草地型 j 的牧草再生率、可食牧草比例和放牧利用率,%;H_j 为草地型 j 的标准干草折算系数。

在各草地型的适合放牧面积和可食牧草产量的基础上,扣除野生动物的牧草需求量,结合标准绵羊单位的采食量,估算西藏地区县域草地载畜量,其计算公式为:

$$PL_i = \sum_{j=1}^{m} (S_{ij} \times P_j) - PD_i$$

$$GCC_i = \frac{PL_i}{I \times D}$$

式中，PL_i 为区域 i 可供牲畜食用的牧草生物量，kg；GCC_i 为区域 i 的草地载畜量，羊单位；S_{ij} 为区域 i 内草地型 j 的适合放牧面积，hm^2；D 为放牧天数，d。

2.1.6 补饲载畜量估算

在农区、农牧交错区，农林副产品也是畜牧业生产的重要饲料来源，形成农业、林业等补饲载畜量（钱拴等，2007；杨改河，1995）。由于农业县、半农半牧县也是西藏畜牧业发展的重点地区，将农业、林业等补饲载畜量纳入西藏地区草地承载力评估，以避免对草地载畜量的过低估计和对畜牧业发展的过度抑制。

西藏地区用于牲畜养殖的农林副产品主要包括麸皮、油饼等精饲料和秸秆、落叶等粗饲料。根据县域粮食、小麦、青稞、油菜籽、青饲料等产量和林地面积，计算农林副产品及其载畜量。其中，小麦、青稞的出粉率取80%，豌豆制作粉丝的出品率按25%计，油菜籽转化为油饼的比例取60%，可食落叶的产叶量、可食率、可获率和利用率按 100 kg/hm²、20%、20% 和80%计，标准绵羊的日食量为精饲料 1 kg 或粗饲料 1.5 kg（杨改河，1995）。其中，粮食、谷物等产量源于西藏自治区、各地区（市）统计年鉴，林地面积源于土地利用数据。

2.1.7 草地承载状况评估

（1）折算系数

以《西藏自治区建立草原生态保护补助奖励机制 2011 年度实施方案》提出的"各类牲畜折合为标准家畜单位（绵羊单位）的折算系数"为基础，参考《天然草地合理载畜量的计算》（NY/T 635—2002）对"现存家畜与标准家畜的换算系数"的界定，以及《四川省草原载畜量及草畜平衡计算方法（试行）》等，确定了西藏地区现存家畜折合为标准家畜（绵羊单位）的折算系数，具体为：

①成年畜：1 匹马骡 = 6 个绵羊单位，1 头牛 = 5 个绵羊单位，1 头牦牛 = 4 个绵羊单位，1 头驴 = 3 个绵羊单位，1 只山羊 = 0.8 个绵羊单位，1 只绵羊 = 1 个绵羊单位等。

②幼畜：按成年畜的50%，折合为羊单位。

③成年畜、幼畜划分标准为牦牛 4 岁、黄牛 3 岁、绵羊 1.5 岁、山羊 1 岁、马 4 岁、驴骡 3 岁以上为成年畜，以下为幼畜。

综合考虑西藏地区，特别是各县（市、区）统计资料、调查数据等的可获取性，依据2000 年、2005 年、2010 年和 2011 年西藏自治区各县（市、区）的年末牲畜存栏头数，运用上述折算系数，将各类牲畜的年末存栏量折算为基于绵羊单位的实际载畜量。

（2）草地承载率

在西藏地区各县（市、区）牲畜存栏量、草地载畜量和补饲载畜量的基础上，以草地承载率和补饲草地承载率为表征指标，对西藏地区县域草地生态系统承载状况进行评估，并对 2000 年以来西藏地区县域草地生态系统承载状况的时空变化进行分析。

草地承载率和补饲草地承载率的计算公式分别为：

$$GCR_i = \frac{GCC_i - AL_i}{GCC_i}$$

$$GFCR_i = \frac{GCC_i - (AL_i - FCC_i)}{GCC_i}$$

式中，GCR_i 为不考虑补饲情况下区域 i 的草地承载率，即草地承载率；$GFCR_i$ 为补饲情况下区域 i 的草地承载率，即补饲草地承载率；AL_i 和 FCC_i 分别为区域 i 的牲畜存栏量和补饲载畜量，羊单位。

当草地承载率小于 0 时，表明实际载畜量超过草地承载力，草地生态系统出现超载现象；反之，实际载畜量小于草地承载力，草地生态系统处于盈余状态，畜牧业仍有发展空间，而且草地承载率越大，草地生产力盈余越大、畜牧业发展空间也越大。

2.1.8 空间自相关分析

空间自相关客观存在，这是由地理学第一定律所决定的（谷建立等，2012）。空间自相关是指某一变量的值随着测定距离的缩小而变得更相似或更为不同。如果某一变量的值随着测定距离的缩小而变得更相似，这一变量呈空间正相关；若所测值随距离的缩小而更为不同，则称为空间负相关；若所测值不表现为任何空间依赖关系，那么这一变量表现出空间不相关或空间随机性（张鸿辉等，2009）。

衡量全局空间自相关的常用指标有全局 Moran's I 和全局 Geary's C，能够方便探测空间要素或其属性值在区域整体的空间自相关性大小（张松林，张昆，2007）。局部空间自相关指标，如 G 统计量、空间关联局域指标 LISA 以及 Moran 散点图，能有效地揭示空间要素或其属性值在区域局部的空间自相关性大小（Anselin L，2006）。其中，全局 Moran's I 是被广泛应用的全局自相关统计量，用来研究地理要素的空间分布格局和背后成因。计算公式如下：

$$I = \frac{n}{S_0} \times \frac{\sum_{i=1}^{n} \sum_{j=1}^{n} w_{ij}(x_i - \bar{x})(x_j - \bar{x})}{\sum_{i=1}^{n} (x_i - \bar{x})^2}$$

式中，n 是要素总个数，$(x_i - \bar{x})$ 是第 i 个空间单元上的观测值与平均值的偏差，W_{ij} 是要素 i 和要素 j 的权重，邻接取值为 1，否则为 0。空间邻接分为 rook's 标准和 queen's 标准。前者要求 2 个多边形至少有一条公共边，后者仅需 2 个多边形之间有公共点或公共边。S_0 是空间权重矩阵。

Moran's I 取值范围为 $[-1, 1]$，通常将其解释为一个相关系数。计算完成后需要对结果进行统计检验，一般采用 Z 检验。

$$Z_I = \frac{I - E_{(I)}}{S_{(I)}}$$

$$S_{(I)} = \sqrt{\text{var}_{(I)}}$$

式中，$E_{(I)}$ 为观测变量自相关性的期望，$\text{var}_{(I)}$ 与 $S_{(I)}$ 分别代表方差和标准差，Z_I 即为标准差的倍数，用来检验空间自相关性。在 0.05 置信水平下，$|Z_I| = 1.96$。当 $Z_I > 1.96$ 时，表示观测值之间存在显著性正相关，高的观测值通常与高的观测值发生空间聚集（以下简称 HH 聚集），低的观测值通常与低的观测值发生空间聚集（以下简称 LL 聚集），呈现空间聚集格局。当 $Z_I < -1.96$ 时，表示观测值之间存在显著性负相关，高的观测值倾向于与低的观测值聚集在一起（以下简称 HL 异常），低的观测值倾向于与高的观测值聚集在一起（以下简称 LH 异常），呈现空间异常格局。当 $Z_I < 1.96$ 时，要素在区域的自相关性不显著，观测值在区域呈独立随机分布。

以全局 Moran's I 为主要指标，本研究应用 GeoDA 空间计量分析软件对各县（市、区）草地承载率及其变化量的空间自相关分析，旨在揭示西藏地区县域草地承载状况及其动态变化的空间自相关性及其影响因素。

2.2　现状评估

2.2.1　西藏地区不适合和不能放牧区域

根据土地利用/土地覆被类型、生态脆弱性、生态重要性、生态保护与管理需求等，本研究将依法设定的保护区域、超过 40°坡草地、生态退化区、劣地分布区，以及建设用地、林地等非草地分布区等，划定为不适合和不能放牧区域。在 ArcGIS 技术的支持下，对上述区域相关矢量数据的空间叠置分析，确定了西藏地区不适合和不能放牧区域，并在县域草地承载力评估中将不适合和不能放牧区域内的草地生态系统予以扣除，以满足生态环境保护需要、避免对草地承载力的过高估计及其引起的草地超载、草地退化等生态问题。

结果表明，西藏地区不适合和不能放牧草地面积为 36.95 万 km^2，约占全区草地总面积的 44.37%，但是各地（市）不适合和不能放牧的草地比例存在显著差异。在西藏地区 7 个地区（市）中，林芝地区不适合和不能放牧的草地比例最高，占林芝地区草地总面积的 55.16%；其次是那曲地区和阿里地区，两地不适合和不能放牧的草地分别占其草地总面积的 53.23% 和 50.68%；山南地区、昌都地区不适合和不能放牧的草地比例大致相当，两地比例分别为 29.63% 和 28.59%；日喀则地区、拉萨市不适合和不能放牧的草地比例相对较小，分别为 23.35% 和 23.10%。

从全区来看，西藏地区不适合和不能放牧的草地具有显著的地域差异。西藏地区不适合和不能放牧的草地主要分布在那曲地区和阿里地区，两地不适合和不能放牧的草地面积分别为 16.10 万 km^2 和 13.07 万 km^2，分别占全区不适合和不能放牧草地的 43.58% 和 35.38%；其他各地（市）不适合和不能放牧草地占全区不适合和不能放牧草地的比例依次为日喀则地区、昌都地区、林芝地区、山南地区和拉萨市，分别为 8.19%、4.40%、4.22%、2.89% 和 1.34%，如图 2.1 所示。

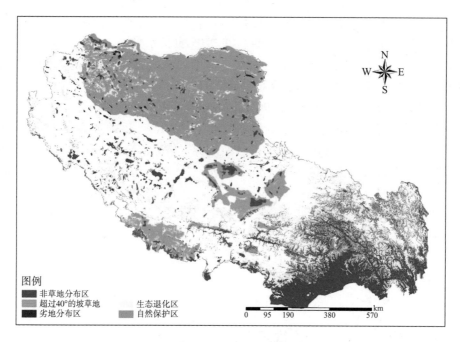

图2.1　西藏地区不适合和不能放牧的区域

2.2.2　西藏地区草地 NDVI 时空变化分析

以 1987—1998 年 Pathfinder AVHRR NDVI 指数数据集、1999—2011 年 SPOT VEGETA-TION NDVI 指数数据集为数据源，以像元为基本单元，以期末和期初的 NDVI 差值、某一时段的 slope 值为指标，评估 1987—2011 年西藏地区草地生长季 NDVI 变化趋势，并分析草地 NDVI 及其动态变化的区域分异。

（1）空间变化

从草地生长季 NDVI 的多年平均值来看，西藏地区草地 NDVI 总体上呈现由东南向西北递减的趋势。其中，西藏地区东北部那曲—昌都一线 NDVI 值相对较高。究其原因，由于受季风的影响，西藏东部地区可得到较好的水热条件，其植被指数明显较高；西北部地区多属干旱、半干旱区域，水热条件较差，植被生长对于水文条件的依赖较强，主要分布着草原以及荒漠地带，其植被指数较低。

（2）时间变化

以生长季 NDVI 平均值为表征指标，1987—2011 年西藏地区草地 NDVI 动态变化总体上以上升趋势为主，呈上升趋势的草地面积约占全区草地总面积的 71.77%，但是不同时段草地 NDVI 的变化趋势也存在差异。以期末和期初生长季 NDVI 的差值为表征指标，对 1987—1990 年、1991—2000 年、2001—2011 年草地 NDVI 变化趋势进行分析。

1987—1990 年西藏地区生长季 NDVI 上升的草地面积约占草地总面积的 79.38%。西藏东北地区的巴青县、索县、比如县、嘉黎县和丁青县，雅鲁藏布江流域沿措勤县向东延伸到朗县一带地区草地生长季 NDVI 呈现增长明显趋势；藏西北部日土县、改则县和尼玛县等地草地 NDVI 呈下降趋势。

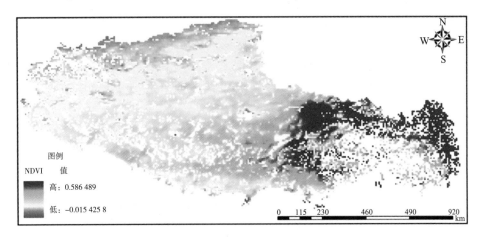

图2.2 西藏草地年生长季NDIV多年平均值空间分布

1991—2000年西藏地区生长季NDVI下降的草地面积约占草地总面积的57.74%，生长季NDVI呈下降趋势的草地主要集中在藏北高原、雅鲁藏布江流域下游等地。

2001—2011年西藏地区生长季NDVI上升的草地面积约占草地总面积的52.29%。生长季NDVI增加的草地主要集中在藏北高寒灌丛草甸北部地带以及西藏东北地带，如嘉黎县、比如县、巴青县、索县、工布江达县、边坝县、丁青县、米林县、林芝县、八宿县、江达县等地区。生长季NDVI下降的草地主要集中在噶尔县、革吉县、仲巴县、措勤县等地。

上述分析表明，不同时段、不同地区草地NDVI的变化趋势存在显著差异，其变化速率及其空间分布也呈现出显著的差异。

就1987—2011年生长季NDVI呈上升趋势的草地而言，上升速率超过0.006的草地占草地总面积2.77%，主要分布在喜马拉雅山脉北麓地区和昌都东北部地区；上升速率介于0.003~0.006的草地占草地总面积10.33%，主要分布在那曲县、安多县和聂荣县等地；上升速率介于0~0.003的草地占草地总面积58.66%，主要分布在尼玛县、改则县、措勤县、日土县和革吉县大部地区，如图2.3所示。

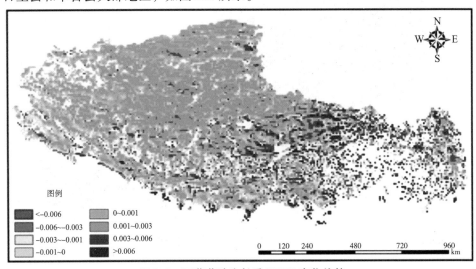

图2.3 西藏草地生长季NDVI变化趋势

就1987—2011年生长季NDVI呈下降趋势的草地而言,下降速率低于0.006的草地占总草地总面积2.34%,主要分布在雅鲁藏布江中下游地区、比如县的东南部。下降速率介于0.003~0.006的草地占草地总面积的4.56%,下降速率介于0~0.003的草地占草地总面积的21.33%。总体上,西藏草地生长季NDVI上升速率呈现由西北向东南逐步递减的趋势。

2.2.3 西藏地区草地生产能力评估

(1)草地产草量修正

根据20世纪80年代西藏地区草地资源详查资料,特别是各草地型平均亩产鲜草的调查值,以及1987年以来不同草地型NDVI的变化趋势,对各草地型的产草量进行校正,确定各草地型平均亩产鲜草的现状值,用于不同区域、不同类型草地产草量及其载畜量评估。

与20世纪80年代相比,西藏地区有108个草地型的NDVI呈上升趋势,其产草量呈现不同程度的增加,约占调查草地型总数的81.2%;35个草地型的NDVI和产草量呈下降趋势,占调查草地型总数的18.8%。其中,早熟禾、具灌木的早熟禾、异针茅等草地型产草量的增长趋势最明显,产草量增加较显著的草地型多属山地草甸、高寒草甸、高寒草甸草原等草地类。产草量下降较明显的草地型包括具沙生槐的白草、具沙生槐的固沙草等,多属温性草原、暖性灌草丛、高寒荒漠等草地类。

(2)草地生产能力评估

在不适合和不能放牧区域划定、草地牧草产量修正的基础上,以草地型为基本单元,综合考虑牧草再生率、放牧利用效率、标准干草系数等,估算西藏地区各县(市、区)适合放牧区域标准干草产量和单位草地面积产草量,如图2.4所示。

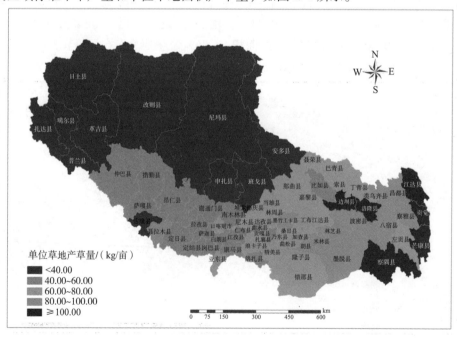

图2.4 西藏地区适合放牧区草地产草量分布

以单位适合放牧草地的标准干草产量为表征指标，西藏地区县域草地生产能力总体上呈自东南向西北的下降趋势，可以划分为5个等级。其中，昌都地区的江达县、贡觉县、芒康县、边坝县、洛隆县和林芝地区的察隅县等地单位适合放牧草地的标准干草产量相对较高，超过100 kg/亩[①]，属第一等级；其次是昌都地区中部的昌都县、类乌齐县、察雅县、八宿县和林芝地区中西部的林芝县、波密县、米林县、朗县、墨脱县等地，其草地生产能力介于80～100 kg/亩，属第二等级；那曲地区中东部、拉萨市和山南地区大部分县域草地生产能力介于60～80 kg/亩，属于第三等级；日喀则地区大多数县域草地生产能力属第四等级，单位适合放牧草地的标准干草产量介于60～80 kg/亩；阿里地区（除措勤县外）和那曲地区西部的尼玛县、申扎县、班戈县、安多县单位适合放牧草地的标准干草产量均低于40 kg/亩，是全区草地生产能力相对较低的放牧基地。

在各草地型生产能力修正的基础上，综合考虑各县（市、区）适合放牧的草地型及其分布、面积，西藏地区适合放牧草地的牧草总产量约3 354.09万t标准干草。其中，那曲地区适合放牧草地的牧草产量最大，约891.48万t，占全区适合放牧草地牧草总产量的26.58%；其次是日喀则地区，其适合放牧草地的牧草产量为768.79万t，占全区适合放牧草地牧草总产量的22.92%；昌都地区、阿里地区、山南地区、拉萨市和林芝地区适合放牧草地的牧草产量分别为577.69万t、518.19万t、253.31万t、179.59万t和165.04万t，占全区适合放牧草地牧草总产量的17.22%、15.45%、7.55%、5.35%和4.92%。

上述分析表明，西藏地区适合放牧草地的牧草单产和总产均具有显著的地域差异，为全区畜牧业发展规模调整、布局优化等及相关规划、政策制定等提供了科学依据。值得注意的是，适合放牧区草地牧草除作为畜牧业发展的主要生产资料外，还是区内野生动物生长、发育的物质基础。因此，草地载畜量评估需要在适合放牧区草地牧草产量评估的基础上，将适合放牧区内野生动物正常生长、发育所需的牧草生物量予以扣除。

2.2.4　西藏地区县域草地载畜量评估

在不适合和不能放牧区域划定、草地生产能力修正、野生动物牧草需求量评估等的基础上，开展西藏地区县域草地载畜量评估。结果表明，2011年西藏地区适合放牧的草地总面积为46.32万km²，占全区草地总面积的55.63%；可供牲畜食用的牧草总量为2 885.57万t，对应的草地载畜量为4 392.04万羊单位，单位面积草地的载畜量为95羊单位/km²。

以单位面积草地载畜量为衡量指标，西藏地区草地载畜量具有显著的地域差异，自东南向西北总体上呈下降趋势（图2.5）。从地区（市）尺度来看，藏东南昌都地区和林芝地区的草地载畜量最高，分别为181.54羊单位/km²和161.76羊单位/km²，区内边坝县、江达县、察隅县、洛隆县草地载畜量均超过200羊单位/km²。其次是藏中拉萨市和山南地区，其草地载畜量分别为141.79羊单位/km²和131.30羊单位/km²，区内墨竹工卡县的草地载畜量超过150羊单位/km²，加查县、达孜县、隆子县、城关区、林周县、当雄县、尼木县、浪卡子县、错那县、桑日县、措美县、堆龙德庆县、乃东县等地的草地载畜量介于100～150羊单位/km²。日喀则地区和那曲地区的草地载畜量相对较小，分别为101.78

---

① 1hm² = 15亩。

羊单位/km² 和 83.28 羊单位/km²，区内巴青县、嘉黎县、索县、那曲县、亚东县、定结县、比如县、日喀则市、谢通门县、南木林县、仁布县、江孜县、拉孜县、定日县、聂拉木县、昂仁县草地载畜量介于 100～150 羊单位/km²，白朗县、萨迦县、仲巴县、康马县、岗巴县、萨嘎县、申扎县、安多县、古隆县、班戈县、尼玛县等地草地载畜量介于 50～100 羊单位/km²。藏西北的阿里地区草地载畜量最小，该区草地载畜量为 54.57 羊单位/km²，区内噶尔县、革吉县和日土县的草地载畜量更是不足 50 羊单位/km²。

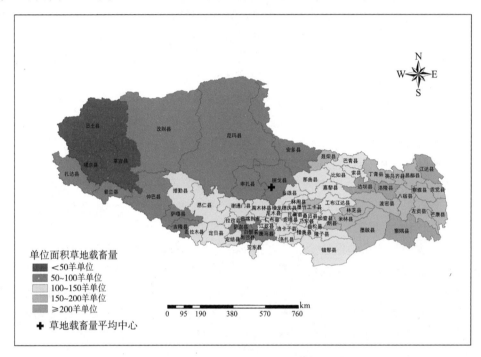

图 2.5 西藏地区单位草地载畜量分布

注：单位面积草地载畜量指适合放牧区域内单位面积草地可持续养育的牲畜规模，绵羊单位/km²。

从县域尺度来看，边坝县、江达县、察隅县、洛隆县 4 个县的单位面积草地载畜量超过 200 羊单位/km²，草地载畜量较高，占全区 73 个县（市、区）的 5.48%。其次是贡觉县、八宿县、芒康县、墨脱县、波密县、察雅县等 15 个县（区），其草地载畜量介于 150～200 羊单位/km²，占全区县（市、区）总数的 20.55%。聂拉木县、加查县、达孜县、隆子县、城关区、当雄县、巴青县、堆龙德庆县等 37 个县（市）草地载畜量介于 100～150 羊单位/km²，占全区县（市、区）总数的 50.68%。白朗县、萨迦县、仲巴县、康马县、岗巴县、萨嘎县、申扎县、安多县等 14 个县的草地载畜量相对较小，介于 50～100 羊单位/km²，占全区县（市、区）总数的 19.18%。噶尔县、革吉县和日土县的草地载畜量最小，低于 50 羊单位/km²。总体来看，全区有 60 个县（市、区）的草地载畜量超过全区草地载畜量的平均水平，占全区县（市、区）总数量的 82.19%。

根据各县（市、区）的单位面积草地载畜量与其中心坐标，可以确定西藏地区县域草地载畜量的平均中心，并分析西藏地区县域草地载畜量空间分布规律及其制约因素。结果表明，2011 年西藏地区县域草地载畜量的平均中心（89°57′3.296″E，30°50′58.800″N）位于那曲地区班戈县；同时，各县（市、区）的单位面积草地载畜量与其中心点经度呈显著正相关（$r = 0.861$，$P < 0.01$），与其中心点纬度呈显著负相关（$r = -0.260$，$P < 0.05$）（图 2.5 和图 2.6）。这与中国高寒区草地生产潜力与载畜量的研究结果一致（杨正礼等，2000）。对中国高寒草地生产潜力及载畜量的研究也表明，西藏、青海等中国高寒区草地气候生产潜力主要受降水条件的制约，区域间的草地气候生产潜力存在较大的不平衡性。

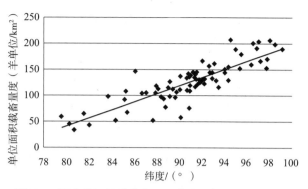

图 2.6　西藏地区县域单位面积草地承载量纬度分布

上述分析表明，西藏地区县域草地承载力表现出显著的地域差异，各县（市、区）单位面积草地载畜量自东南向西北总体上呈下降趋势。其中，水分条件对该区草地载畜量地域差异的影响相对较强。

2.2.5　西藏地区县域补饲载畜量评估

2011 年西藏地区各县（市、区）可供牲畜食用的精饲料总量和粗饲料总量分别为 23.71 万 t 和 27.50 万 t，对应的补饲载畜量为 115.18 万羊单位，主要分布于雅鲁藏布江中下游、藏东南的农业县和半农半牧县。同时，根据西藏地区各县（市、区）的补饲载畜量与其中心点坐标，可以确定西藏地区县域补饲载畜量的平均中心及其空间分布规律。西藏地区县域补饲载畜量分布如图 2.7 所示。

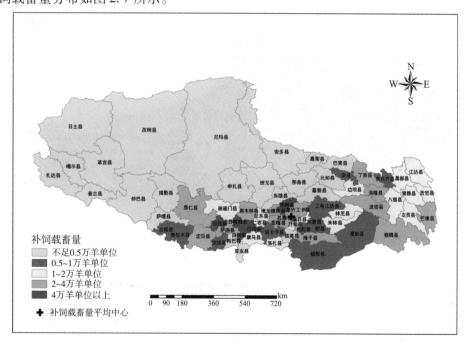

图 2.7　西藏地区县域补饲载畜量分布

结果表明，2011 年西藏地区县域补饲载畜量的平均中心（91°34′57.204″E，29°31′38.668″N）位于雅鲁藏布江中游山南地区的扎囊县（图2.7）；同时，各县（市、区）单位面积补饲载畜量与其中心点纬度呈显著的负相关（$r = -0.323$，$P < 0.01$），与其中心点经度不具有相关性。总体上，西藏地区县域单位面积补饲载畜量自南向北呈下降趋势，热量是影响该区补饲载畜量分布的主要因素。其中，日喀则地区补饲载畜量最大，其次是拉萨市、山南地区和昌都地区，林芝地区再次，阿里地区和那曲地区最少。本研究中，西藏地区各地（市）补饲载畜量的排序情况与钱拴等（2007）研究结果基本一致。

2.2.6 西藏地区县域牲畜存栏量分析

根据西藏地区、各地区（市）统计年鉴及各县（市、区）统计资料，2011 年西藏地区县域牲畜存栏量合计 4 779.20 万羊单位，牲畜存栏量密度（以单位面积适合放牧草地的牲畜存栏量计）为 103 羊单位/km²。其中，昌都地区、拉萨市和那曲地区各县域的牲畜存栏量密度相对较大。

根据西藏地区各县（市、区）的牲畜存栏量与其中心点坐标，分析西藏地区县域牲畜存栏量的平均中心及其空间分布规律。结果表明，2011 年西藏地区牲畜存栏量密度的平均中心（91°42′13.915″E，30°36′19.018″N）位于拉萨市当雄县（图2.8）；同时，各县（市、区）的牲畜存栏量密度与其中心点经度呈显著正相关（$r = 0.452$，$P < 0.01$），与其中心点纬度不具有相关性，县域牲畜存栏量密度随经度增加而增加。因此，西藏地区县域适合放牧草地的放牧压力自东向西不断降低，具有显著的地域差异。

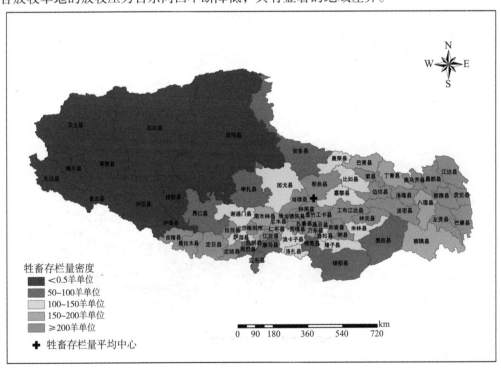

图2.8 西藏地区县域牲畜存栏量密度分布

2.2.7　西藏地区县域草地承载状况评估

（1）草地承载率

2011年西藏地区草地载畜量和牲畜存栏量分别为4 392.04万羊单位和4 779.20万羊单位，全区草地载畜量小于牲畜存栏量，对应的草地承载率为 – 8.82%，草地生态系统总体上处于超载状态。从全区来看，西藏地区草地生态系统处于超载状态，畜牧业发展对草地生态系统的干扰超过其承受能力，易于引发甚至已经引发草地退化、畜牧业发展受限等问题。

在西藏地区73个县（市、区）中，2011年有50个县域的草地承载率小于0，牲畜存栏量大于草地载畜量，草地生态系统处于超载状态，其中那曲县、当雄县、班戈县、林周县、南木林县、堆龙德庆县、拉萨市城关区、达孜县、曲水县、贡嘎县、扎囊县、乃东县、桑日县、加查县、日喀则市、仁布县、江孜县、白朗县等33个县域草地承载率小于 – 50%，草地承载状况属"重度超载"等级；其他23个县域的草地承载率大于0，牲畜存栏量小于草地载畜量，草地生态系统处于盈余状态，其中察隅县、八宿县、墨脱县、错那县、隆子县、措美县、康马县、亚东县、谢通门县、尼玛县、改则县、日土县、革吉县、噶尔县、札达县、普兰县等22个县域草地承载状况属"中度盈余"和"丰富盈余"等级，可供牲畜食用的牧草资源仍有盈余（图2.9）。

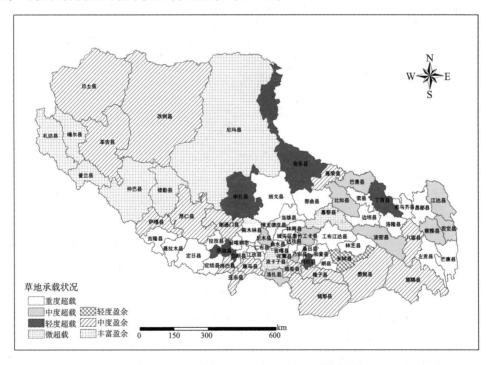

图2.9　2011年西藏地区县域草地承载率分布

从全区及县域草地承载率可以看出，西藏地区及其多数县域草地生态系统处于超载状态，但是藏西北、藏东南的部分县域草地资源盈余丰富。而且钱拴等（2007）对西藏以草地为主县的天然草地载畜能力研究也指出，西藏大部分县天然草地牲畜处于超载状态，西北部分县实际牲畜数量没有超过天然草地的最大承载能力。

（2）补饲草地承载率

在考虑农业、林业等补饲的情况下，2011年西藏地区草地生态系统承受的放牧压力降低，草地承载率随之升至 − 6.03%，尽管草地生态系统仍然处于超载状态，但是草地超载状况有所减轻。从全区来看，农业、林业等补饲可以通过降低放牧压力改善草地承载状况。

从各县（市、区）草地承载率与其补饲草地承载率的比较来看，35个农业县和24个半农半牧县的补饲草地承载率均大于其草地承载率，但是牧业县补饲草地承载率与其草地承载率基本相同。在农业、林业等补饲下，各农业县和半农半牧县草地承载状况有所改善，但是牧业县草地承载状况并未发生变化，而且全区草地生态系统处于超载状态和盈余状态的县域数量保持不变。

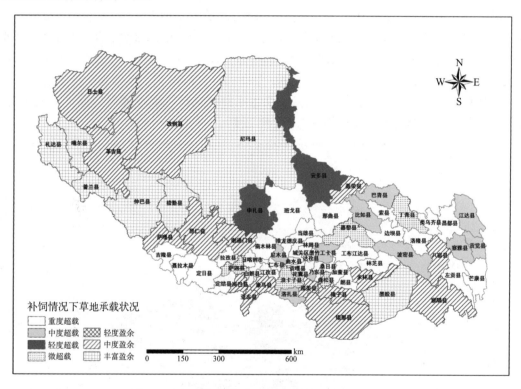

图 2.10 2011 年西藏地区县域补饲草地承载率分布

从全区及其县域补饲草地承载率与草地承载率的比较来看，农业、林业等补饲可以显著改善西藏地区尤其是农业县、半农半牧县草地承载状况，减轻草地超载、增加草地盈余，但对全区草地承载状况格局的影响较小。

（3）草地承载状况空间格局

除草地载畜量、补饲载畜量、牲畜存栏量代表的草地资源供需规模不平衡外，草地资源供需在空间上的不均衡也是导致区域草地超载的重要原因。鉴于此，根据西藏地区县域草地载畜量、补饲载畜量、牲畜存栏量的平均中心，本研究分析了西藏地区草地资源供需在空间上的相互关系及其对草地承载状况的影响。

从草地载畜量、牲畜存栏量平均中心的分布来看，西藏地区县域牲畜存栏量平均中心（91°42′13.915″E，30°36′19.018″N）位于该区草地载畜量平均中心（89°57′3.296″E，30°50′58.800″N）的东南方向，两者明显偏离（图2.11）。可以看出，西藏地区县域畜牧业发展与可利用草地资源的空间匹配状态不协调。考虑到草地资源供需规模的不平衡，草地资源供需空间匹配的不协调会加剧该区草地生态系统的超载状况。值得注意的是，西藏地区县域补饲载畜量平均中心（91°34′57.204″E，29°31′38.668″N）位于该区草地载畜量、牲畜存栏量平均中心的东南方向，一定程度上可以缓解牲畜存栏量与草地载畜量空间匹配的不协调性。可以说，协调畜牧业生产布局与可利用草地资源分布的空间匹配状态也是农业、林业等补饲改善西藏地区草地生态系统承载状况的重要途径。

图2.11　西藏地区县域草地承载力平均中心分布

上述分析表明，2011年西藏地区及其多数县域牲畜存栏量超过其草地载畜量，而且全区草地资源供需空间匹配不协调，全区及其多数县域草地生态系统处于超载状态，仅藏西北、藏东南的部分县域草地资源仍有盈余。通过弥补牧草资源不足、减轻草地放牧压力、缓解畜牧业布局与草地资源分布空间匹配的不协调性，农业、林业等补饲可以改善西藏地区，尤其是农业县、半农半牧县草地承载状况。但是西藏地区草地载畜量是其补饲载畜量的38.13倍，农业、林业等补饲的载畜能力仍然有限，无法从根本上改变西藏地区及其多数县域草地承载状况。因此，草地资源仍然是西藏地区畜牧业发展的主要物质基础，这与钱拴等（2007）的研究结论是一致的。而改善草地承载状况、减轻并消除草地退化的关键在于重建西藏地区草地资源供需在规模、空间上的动态平衡，包括调整牲畜存栏量、优化畜牧业空间布局等。

2.3 动态分析

2.3.1 西藏地区县域草地承载力时空变化分析

（1）草地承载率动态变化

与 2000 年相比，2005 年、2010 年西藏地区草地载畜量和牲畜存栏量均呈上升趋势，但是牲畜存栏量的上升趋势更明显，草地承载率随之由 0.48% 降至 -12.57% 和 -13.03%，草地承载状况也由轻度盈余转为中度超载（图 2.12）。其间，西藏地区草地超载的县域数量也由 2000 年的 44 个增至 2005 年的 50 个和 2010 年的 49 个。因此，无论从全区草地承载率还是从草地超载的县域数量变化来看，2000 年以来西藏地区畜牧业发展对草地生态系统的压力都明显增加，草地承载状况总体上呈下降趋势。

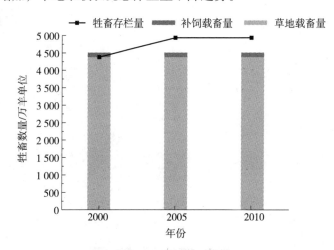

图 2.12 西藏地区载畜量与牲畜存栏量对比

不同年份西藏地区各县（市、区）草地承载率的比较表明：

1）2005 年、2010 年西藏地区均有 60 个县域的草地承载率低于其 2000 年的评价值，草地承载状况呈下降趋势；草地承载率高于其 2000 年评价值的县域均为 13 个，草地承载状况不断改善。

2）与 2005 年相比，2010 年全区有 38 个县域草地承载率呈下降趋势，35 个县域草地承载率呈上升趋势。

3）2000—2005 年、2005—2010 年和 2000—2010 年三个时段，边坝县等 29 个县域草地承载率均呈下降趋势，其草地承载率持续下降，草地承载状况不断下降；墨脱县、桑日县、琼结县、城关区 4 个县域草地承载率则持续上升，草地承载状况不断改善（图 2.13）。

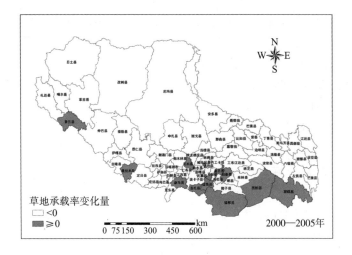

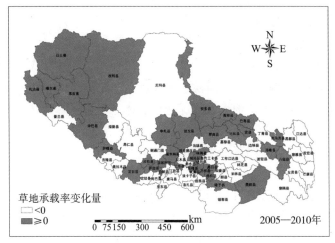

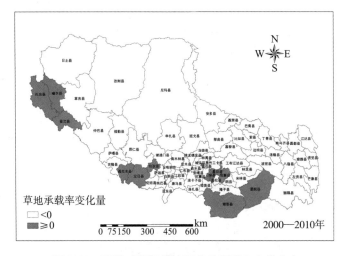

图2.13 不同时段西藏地区草地承载率变化分布

从不同年份西藏地区及其县域草地承载率的比较来看，2000年以来西藏地区及其多数县域草地承载状况总体上呈下降趋势，仅城关区、墨脱县、琼结县和桑日县4个县域的草地承载率持续上升、草地承载状况持续改善，但是 2005 年以后草地承载状况改善的县域数量明显增加。

（2）补饲情况下草地承载率动态变化

由图 2.14 可以看出，2000 年、2005 年、2010 年西藏地区补饲草地承载率均大于其草地承载率，不同年份农业、林业补饲情况下全区草地承载状况均有所改善；与 2000 年相比，2005 年、2010 年西藏地区补饲草地承载率由 3.08% 降至 −9.94% 和 −10.48%，草地承载状况由轻度盈余转为轻度超载、中度超载。补饲情况下，西藏地区草地超载的县域数量也有 2000 年的 44 个增至 2005 年的 50 个和 2010 年的 49 个。因此，2000 年以来西藏地区农业、林业等补饲可以有效改善草地承载状

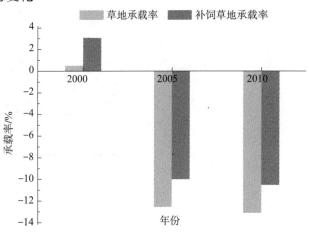

图 2.14　西藏地区草地承载率与补饲草地承载率对比

况，但是补饲情况下西藏地区草地承载状况变化总体上仍呈下降趋势，草地超载程度不断加剧。

不同年份西藏地区县域补饲草地承载率比较表明：

1）2005 年、2010 年均有 59 个县域的补饲草地承载率低于其 2000 年的评价值，其他 14 个县域的补饲草地承载率则高于其 2000 年的评价值，草地承载状况不断改善。

2）与 2005 年相比，2010 年有 39 个县域的补饲草地承载率呈下降趋势，其他 34 个县域的补饲草地承载率呈上升趋势。

3）2000—2005 年、2005—2010 年、2000—2010 年三个时段，29 个县域补饲草地承载率均呈下降趋势，其补饲草地承载率持续下降，草地承载状况持续下降；城关区、桑日县、琼结县、墨脱县 4 个县域的补饲草地承载率持续上升，草地承载状况不断改善（图 2.15）。

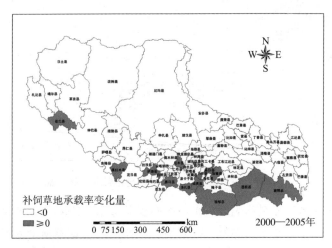

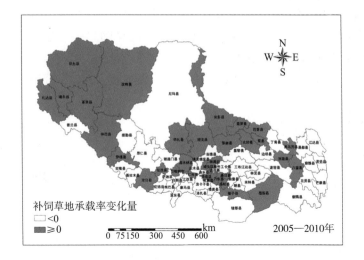

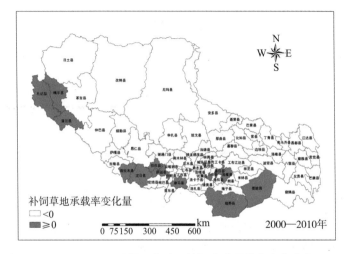

图2.15　不同时段西藏地区补饲草地承载率变化分布

从西藏地区及其县域补饲草地承载率变化来看，补饲情况下西藏地区及其多数县域草地承载状况仍呈下降趋势，仅城关区、桑日县、琼结县、墨脱县4个县域草地承载状况自2000年以来保持持续改善趋势，而且2005年以后补饲草地承载率上升的县域数量也明显增加。而且不同年份西藏地区县域补饲草地承载率和草地承载率的变化趋势基本一致，表明农业、林业等补饲在当地畜牧业生产资料中所占比例较小，尽管可以改善不同年份的草地承载状况，但是对草地承载状况变化趋势的影响仍然有限。

（3）草地承载率空间格局变化

1）平均中心分析

不同年份西藏地区县域草地载畜量、牲畜存栏量、补饲载畜量的平均中心分析表明，2000年、2005年、2010年西藏地区县域草地载畜量的平均中心均位于那曲地区班戈县，牲畜存栏量的平均中心均位于拉萨市当雄县。不同年份西藏地区县域草地载畜量平均中心均位于牲畜存栏量平均中心的西北方向，而且两者偏离严重。因此，不同年份西藏地区牧草资源供需的空间匹配总体上均不协调。

2000 年以来西藏地区县域草地载畜量、补饲载畜量和牲畜存栏量平均中心总体上均向东移动。其间，西藏地区县域牲畜存栏量平均中心的移动趋势最明显，其次是补饲载畜量，草地载畜量平均中心的移动距离最小（图 2.16）。因此，2000 年以来西藏地区县域草地载畜量平均中心与牲畜存栏量平均中心的偏离距离不断增大，牧草资源供需空间匹配的不协调状况随之加剧。

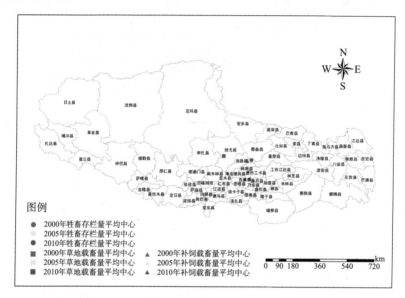

图 2.16　不同年份西藏地区县域草地承载力平均中心分布

考虑到 2000 年以来西藏地区草地承载率的下降趋势，可以得出"草地载畜量与牲畜存栏量空间匹配的不协调是导致区域草地生态系统超载的重要原因"。从补饲载畜量平均中心与草地载畜量、牲畜存栏量平均中心的相对位置来看，补饲载畜量有助于缩小草地载畜量平均中心与牲畜存栏量平均中心之间不断加大的偏离距离，减缓草地资源供需不断加剧的空间匹配不协调性。

2）空间自相关分析

在不同年份西藏地区县域草地承载率和不同时段各县域草地承载率变化量的基础上，应用 GeoDA 空间计量分析软件，分别对西藏地区县域草地承载率及其变化量进行空间自相关分析，以揭示西藏地区县域草地承载状况及其动态变化的空间自相关性及其影响因素。

结果表明，2000 年、2005 年和 2010 年西藏地区县域草地承载率的全局 Moran'I 分别为 0.301 6（$P = 0.002$）、0.288 1（$P = 0.002$）和 0.299 5（$P = 0.001$），P 值均小于给定的显著性水平 0.05，拒绝零假设。因此，2000 年、2005 年和 2010 年西藏地区县域草地承载率具有显著的空间正相关性，高草地承载率的县域倾向于与高草地承载率的县域发生空间聚集，低草地承载率的县域倾向于与低草地承载率的县域聚集，形成明显的空间聚集格局。

2000—2005 年、2005—2010 年西藏地区县域草地承载率变化量的全局 Moran'I 分别为 0.189 0（$P = 0.009$）和 0.065 6（$P = 0.108$）。其中，2005—2010 年县域草地承载率变化量的全局 Moran'I 检验统计量的 P 值未能通过 5% 水平显著性检验。因此，2000—2005 年西藏地区县域草地承载率变化量也呈显著的空间正相关性，表现出强烈的空间集聚性。

从草地承载率及其变化量的全局 Moran'I 来看，2000 年、2005 年、2010 年西藏地区县域草地承载状况，以及 2000—2005 年县域草地承载状况变化呈显著的空间自相关性。值得注意的是，2000—2010 年西藏地区县域草地承载率的全局 Moran'I 总体上呈下降趋势，而且 2005—2010 年该区县域草地承载率变化量的空间自相关性也变得不显著。因此，2000 年以来西藏地区县域之间草地承载状况及其动态变化的近邻效应和空间集聚性减弱，全区县域草地承载状况及其动态变化的空间异质性增强。

上述分析表明，2000 年以来西藏地区及其多数县域草地承载状况总体上呈下降趋势。究其原因，一方面由于牲畜存栏量的过快增长，草地资源供需在规模上的不协调加剧；另一方面由于牲畜存栏量、草地载畜量平均中心之间偏离距离的增加，草地资源供需在空间上的不协调加剧。西藏地区县域之间草地承载状况及其动态变化的空间自相关性减弱、空间异质性增强。通过弥补牧草资源不足、减轻草地放牧压力、调整牲畜存栏量平均中心和草地载畜量平均中心之间的偏离距离，农业、林业等补饲可以改善不同年份西藏地区，尤其是农业县、半农半牧县草地承载状况，但是补饲情况下西藏地区及其多数县域草地承载状况仍呈下降趋势。因此，农业、林业等补饲对西藏地区县域草地承载状况变化趋势的影响仍然有限，无法从根本上扭转该区及其多数县域草地承载状况的整体下降趋势。

2.3.2　补饲对西藏地区草地承载力的影响分析

不同年份西藏地区草地承载率和补饲草地承载率的比较表明，2000 年、2005 年和 2010 年西藏地区草地承载率分别为 0.48%、-12.57% 和 -13.03%，补饲草地承载率分别为 3.08%、-9.94% 和 -10.48%。因此，不同年份西藏地区补饲草地承载率均大于草地承载率，而且 2000 年以来全区草地承载率和补饲草地承载率均呈下降趋势。2000—2005 年西藏地区草地承载率和补饲草地承载率的下降比例分别为 2 718.75% 和 422.73%，2000—2010 年全区草地承载率和补饲草地承载率的下降比例分别为 2 814.58% 和 440.26%。因此，不同时段西藏地区草地承载率的下降比例均大于补饲草地承载率的下降比例。总体而言，农业、林业等补饲不仅可以改善不同年份西藏地区草地生态系统的承载状况，而且可以减缓 2000 年以来该区草地承载状况的下降趋势，尽管农业、林业等补饲情况下全区草地承载状况仍呈下降趋势。

从县域尺度来看，2000 年、2005 年、2010 年西藏地区 58 个农业县和半农半牧县的补饲草地承载率均高于其草地承载率，农业、林业等补饲可以改善各农业县、半农半牧县草地承载状况。然而，受县域草地载畜量、补饲载畜量及其动态变化的影响，农业、林业等补饲对西藏地区各县域草地承载状况变化趋势的影响存在差异，主要表现为：①若补饲载畜量变化率大于草地载畜量变化率，补饲载畜量在区域载畜量中的比例上升，补饲对牧草资源的补充作用随之增强，可以加快草地承载率的上升趋势、减缓草地承载率的下降趋势，推动草地承载状况改善，如左贡县、芒康县、洛隆县、江达县等县域。②若补饲载畜量变化率小于草地载畜量变化率，补饲载畜量在区域载畜量中的比例下降，补饲对牧草资源的补充作用减弱，导致补饲草地承载率的变化量小于草地承载率的变化量，放慢草地承载状况改善趋势，如墨竹工卡县等县域。

分析表明，农业、林业等补饲可以改善不同年份西藏地区，尤其是农业县和半农半牧县的草地承载状况，也可以减缓全区草地承载状况的下降趋势。但是农业、林业等补饲对西藏地区各县（市、区）草地承载状况动态变化的影响存在差异。若补饲载畜量的变化率大于草地载畜量的变化率，农业、林业等补饲会加快草地承载状况的改善趋势。

2.3.3 草地承载力与草地生态状况变化的相关分析

作为植物生长状态和植被空间分布密度的最佳指示因子，NDVI 指数被广泛用于区域生态状况监测与评估（Peng J et al.，2012）。以草地 NDVI 年均值为评价指标，本研究对不同年份西藏地区及其县域草地生态状况进行评估；结合全区及各县域的草地承载力，分析了西藏地区县域草地承载力与其草地生态状况动态变化的相关性。

2000 年、2005 年和 2010 年西藏地区草地 NDVI 年均值分别为 0.117、0.118 和 0.134，草地 NDVI 总体上呈上升趋势，草地生态状况不断改善。在全区 73 个县（市、区）中，2000—2005 年、2005—2010 年和 2000—2010 年草地 NDVI 呈上升趋势的县域分别有 50 个、66 个和 71 个。2000 年以来，西藏地区生态状况改善的县域数量不断增加，草地生态状况总体上呈改善趋势，仅少数县域草地生态状况有所下降。国内外学者通过大量研究也发现，西藏地区草地 NDVI 总体上呈上升趋势，草地生态状况渐趋改善（Peng J et al.，2012；Zhang Y L et al.，2013；王涛等，2014）。

西藏地区各县（市、区）草地 NDVI 年均值与其草地承载率的比较表明，不同时段县域草地生态状况的下降趋势和草地承载力及其变化具有较强的相关性。具体而言：①在 2000—2005 年草地生态状况呈下降趋势的 23 个县域中，江达县、类乌齐县、定日县、定结县、吉隆县、聂拉木县、林芝县 7 个县草地超载且呈恶化趋势，丁青县、八宿县、昂仁县、萨嘎县、岗巴县、普兰县、噶尔县等 16 个县域草地盈余但不断降低。②在 2005—2010 年草地生态状况呈下降趋势的 7 个县域中，2005 年、2010 年城关区、贡嘎县、曲松县、萨迦县、拉孜县、白朗县、仁布县 7 个县的草地生态系统均处于超载状态。③2000—2010 年草地生态状况呈下降趋势的县域仅普兰县和萨嘎县，这两个县域草地盈余但不断减少。总体上，在西藏地区草地生态状况呈下降趋势的县域中，一部分县域草地生态系统处于超载状态，另一部分县域草地盈余但不断减少。

分析表明，在西藏地区及其大多数县域草地生态状况总体上不断改善的背景下，县域草地生态状况的下降趋势和其草地承载力及其动态变化具有较强的相关性。其中，过度放牧引起的草地超载、牲畜存栏量增加过快引起的草地承载状况下降，是西藏地区县域草地生态状况下降的主要原因。

2.4 结论与建议

2.4.1 主要结论

（1）草地承载力评估方法

针对国内外草地承载力研究和西藏草地资源利用存在的主要问题，本研究提出的草地承载力评估框架，有利于提高西藏地区县域草地承载力评估的科学性、准确性及其对相关决策指导的应用价值。

从方法论来看，一方面，根据西藏草地生态服务功能和家畜饲草料的多样性，本研究将满足生态保护需要的牧草生物量、农业等补饲载畜量估算纳入县域草地承载力评估，从而提高西藏地区县域草地承载力评估的科学性、准确性和应用性；另一方面，针对草地资源及其放牧可利用性的类型差异和地域差异，本研究通过不适合和不能放牧区域划定及其与草地分布、行政区划等的叠置分析，确定牧草利用率。

从研究结果来看，西藏地区拥有 17 个草地类型 150 多个草地型、不适合和不能放牧草地占全区草地总面积的 44.37%、适合放牧区有野生动物 69.76 万羊单位、补饲载畜量达 115.18 万羊单位且集中分布在雅鲁藏布江中下游和藏东南地区。若按照草地类型或地区确定牧草利用率参数、忽略生态保护需要的牧草生物量和农业、林业等补饲，势必会影响草地承载力评估的科学性、准确性及其应用价值。

（2）草地承载力现状

2011 年西藏地区草地载畜量和补饲载畜量具有显著的地域差异，其制约因素有所不同。其中，单位面积草地载畜量自东南向西北总体上呈下降趋势，主要受水分条件的影响；单位面积补饲载畜量自南向北总体上呈下降趋势，主要受热量因素的影响；补饲载畜量集中分布于雅鲁藏布江中下游、藏东南的农业县和半农半牧县。

由于牲畜存栏量和草地载畜量在规模上、空间上的不协调，2011 年西藏地区及其多数县域草地生态系统处于超载状态，但是藏西北、藏东南部分县域草地资源盈余丰富。通过弥补牧草资源不足、减轻草地放牧压力、缓解牲畜存栏量和草地载畜量空间匹配的不协调性，农业、林业等补饲可以改善西藏地区及其农业县、半农半牧县草地承载状况，但是对全区县域草地承载状况空间格局的影响较弱。究其原因，西藏地区草地载畜量是其补饲载畜量的 38.13 倍，草地资源仍然是西藏地区畜牧业发展的主要物质基础。

（3）草地承载力动态变化

2000 年以来，西藏地区及其多数县域草地承载状况均呈下降趋势，仅墨脱县、桑日县、琼结县、城关区 4 个县域草地承载状况不断改善，但是 2005 年草地承载状况不断改善的县域数量明显增加。同时，2000 年以来西藏地区县域之间草地承载状况及其动态变化的空间自相关性减弱、空间异质性增强。究其原因，一方面由于牲畜存栏量的过快增长，西藏地区县域草地资源供需在规模上的不协调加剧；另一方面由于牲畜存栏量、草地载畜量平均中心之间偏离距离的增加，西藏地区县域草地资源供需在空间上的不协调加剧。

通过弥补牧草资源不足、减轻草地放牧压力、调整牲畜存栏量平均中心和草地载畜量平均中心之间的偏离距离，农业、林业等补饲可以改善不同年份西藏地区，尤其是农业县、半农半牧县草地承载状况，但是补饲情况下西藏地区及其多数县域草地承载状况仍呈下降趋势。因此，农业、林业等补饲对西藏地区县域草地承载状况变化趋势的影响仍然有限，无法从根本上扭转该区及其多数县域草地承载状况的整体下降趋势。

（4）补饲对草地承载力的影响

农业、林业等补饲可以改善不同年份西藏地区，尤其是农业县和半农半牧县的草地承载状况，也可以减缓全区草地承载状况的下降趋势。但是由于不同年份补饲载畜量与草地载畜量的比例不同，农业、林业等补饲对西藏地区县域草地承载状况动态变化的影响存在差异。

若补饲载畜量变化率大于草地载畜量变化率，补饲对牧草资源的补充作用增强，可以加快草地承载状况的上升趋势、减缓其下降趋势；反之，补饲对牧草资源的补充作用减弱，但是仍然可以改善不同年份农业县、半农半牧县草地承载状况。

（5）草地承载力与草地生态状况变化的相关性

西藏地区及其多数县域草地生态状况总体上呈上升趋势，少数县域草地生态状况呈下降趋势。在西藏地区及其大多数县域草地生态状况总体上不断改善的背景下，县域草地生态状况的下降趋势和草地承载力及其动态变化具有较强的相关性。具体而言，在西藏地区草地生态状况呈下降趋势的县域中，一部分县域草地生态系统处于超载状态，另一部分县域草地盈余但不断减少。可以看出，过度放牧引起的草地超载、牲畜存栏量增加过快引起的草地承载状况下降是西藏地区县域草地生态状况下降的主要原因。

2.4.2 建议

（1）依据各县（市、区）草地承载力现状，推进西藏地区县域畜牧业可持续发展。其中，藏东南、藏西北县域仍有草地盈余，在适合放牧区域和合理载畜量的基础上可以适当增加牲畜存栏量，发展畜牧业。藏中诸县域草地超载严重，而且以农业县和半农半牧县为主，该区重点提高农业、林业等补饲的使用量，实现畜牧业与草地生态系统协调发展。

（2）草地承载力约束的畜牧业发展，也是减缓、消除西藏地区县域草地生态状况下降的重要措施。考虑到过度放牧、牲畜存栏量过快增加等是西藏地区少数县域草地生态状况下降的重要原因，优化畜牧业布局、调整牲畜存栏量是减缓、消除该区县域草地生态状况下降的重要途径。其中，畜牧业布局优化既包括县域间布局优化，也包括适合放牧区域的划定，草地载畜量和补饲载畜量是调整牲畜存栏量的根本依据。

（3）在草地资源详查、实地监测的基础上，遥感监测是评估、预测西藏地区县域草地承载力的重要技术支持。针对西藏地区幅员广阔、地形复杂、交通不便等劣势，充分利用高光谱遥感技术在草地分类、草地生产力监测等方面的优势，结合气候变化及其地域差异，构建西藏地区草地承载力监测、评估和预警体系。

（4）在不适合和不能放牧区域划定的基础上，开展西藏地区草地生态功能区划。根据土地利用/覆被类型、生态保护需要、生态敏感性，以及草地承载力地域差异，借鉴主体功能区的区划理念，划定西藏地区县域畜牧业发展的优先区域、重点区域、限制区域和禁止区域，为西藏地区畜牧业可持续发展、草地生态保护、国家生态屏障维护等提供科技支撑和决策依据。

第 3 章

西藏地区农田生态系统生产能力及其开发潜力

内容提要：利用遥感、社会经济、气象等数据资料，本研究首先对西藏地区耕地资源及其生产能力现状和动态变化、粮食产量与气候要素的相关性，以及粮食生产对气候变化的敏感性、适应性和脆弱性等进行了分析和评估。结合基于海拔、坡度、温度、降水、土壤等因素的耕种适宜性评估，明确了西藏地区适宜耕种的区域、后备耕地资源及其分布情况。在此基础上，以不同生活水平的人口数量为衡量指标，对农田生态系统生产潜力及其支持能力进行了评估和预测，并估算了农田生态系统在社会保障方面的价值，为西藏地区耕地资源开发、种植业发展、产业结构调整等提供了决策依据。

来自所有的大陆和多数海洋的观测证据表明，许多自然系统正在受到区域气候变化，特别是受到温度升高的影响，农业是对气候变化响应最为敏感的行业之一，IPCC 报告（2007）认为全球气候变化将对农业产生重大影响，其中对一些区域的影响是不利的，尤其是那些适应、调整能力差，生产异常脆弱的地区。总的来看，在未来 30～50 年，气候变暖将导致我国农业生产面临 3 个突出问题：粮食产量波动增大、农业布局和结构发生变化、农业成本和投资将增加（黄勇，2002）。

西藏地处世界上最大最高的青藏高原，平均海拔 4 000 m 以上，生态环境异常脆弱，对气候变化非常敏感。从目前来看，西藏产业结构仍是以农牧业为主体的结构。研究西藏高原气候变化特征，结合遥感影像、产品数据及其相关社会经济数据等，探讨气候变化对西藏农田生态系统，尤其是对农业布局、生长状况及产量变化等的影响，测算气候变化背景下西藏农田生态系统对人口、社会经济发展的支持能力，可为了解气候变化对西藏农业生产活动的影响、合理制订西藏农业及社会经济发展规划提供参考依据，具有重要的现实意义。

3.1 研究方法与技术路线

3.1.1 研究方法

（1）西藏地区耕地资源现状及其生产能力调查

通过遥感影像解译，结合实地调查得到西藏地区 1980 年、1990 年、2000 年、2010 年

4 期耕地分布情况，搜集西藏地区社会经济资料、作物生产能力资料及相关图件，得到西藏地区耕地资源现状、生产能力及其变化情况。

（2）西藏地区后备耕地资源总量及分布

根据西藏耕地资源分布现状特点，耕地主要分布在"一江三河"地区及"三江"河谷地区，且后备耕地资源大多集中分布在几条大河谷地之中，结合西藏自然及社会经济状况，选取海拔、坡度、≥0℃持续日数、≥0℃积温、年降水量、宜耕土壤、土壤侵蚀等级等指标，采用限制因子法，即只要有一个因子处于不适宜范围即为不适宜，生成单因子图，在 GIS 支持下进行叠图分析，得到适宜耕种的区域，适宜耕种的区域除去其与现状耕地重复部分，得到后备耕地资源总量及分布情况。

（3）西藏地区农田生态系统的支持能力评价

从农田生态系统生产能力出发，结合气候变化对农业生产的影响，探讨土地的潜在生产能力，根据农业与人口、社会经济发展的供需平衡关系，建立西藏地区农田生态系统支撑力核算体系，从农产品价值等角度评价承载人口、经济社会发展的能力。

3.1.2 技术路线

图 3.1 为西藏地区农田生态系统支持能力评估技术路线。

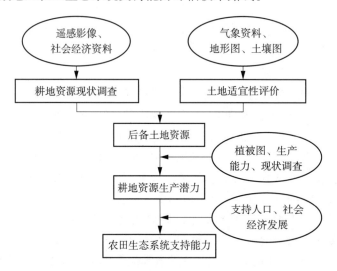

图 3.1 西藏地区农田生态系统支持能力评估技术路线

3.2 西藏地区耕地资源现状及其生产能力

3.2.1 遥感数据

所用遥感数据分别为 1980 年的 MSS 数据、1990 年的 TM 数据、2000 年的 ETM 数据和 2010 年的环境一号（HJ－1）卫星数据，其中 MSS、TM 和 ETM 数据由中国科学院计算机网络信息中心国际科学数据服务平台提供，环境一号卫星影像由环境保护部卫星环境应用中心提供。除 MSS 数据空间分辨率为 60 m 外，其余影像的空间分辨率均为 30 m。为了获取覆盖全区域的高质量的影像数据，当某区域该时期无可选数据或者云量数据较大时，选取该区域相近年份的数据进行补充。

采用 ERDAS IMAGE 9.3 软件，以 1:25 万地形图为基准，对影像进行几何精校正，选取 TM5、TM4、TM3 波段的假彩色合成影像作为解译底图，2010 年影像根据环境卫星选取波段 4、2、1 组合成解译底图，结合实地调查，建立农田解译标准，参考 GOOGLE EARTH 地图，通过目视解译得到 1980 年、1990 年、2000 年、2010 年四期农田的分布数据。

3.2.2　西藏耕地资源分布现状及其动态变化

西藏耕地多分布于海拔 4 200 米以下热量和水分条件较好的尼洋河、拉萨河、雅鲁藏布江及"三江"河谷地带，分布上限呈现出由东南部暖热湿润气候区向西部半干旱区逐渐升高的趋势，2010 年，西藏耕地面积 37.03 万 hm²。西藏不同地区的耕地分布差异较大，为深入了解研究期间耕地在不同地区的变化情况，以行政区为单元对西藏耕地变化进行研究。海拔高度和纬度是影响耕地分布的两个最重要的地理要素，为此，本研究根据 2010 年耕地几何中心所在海拔高度和纬度的统计数据，以耕地出现频次为依据，将海拔高度划分为 5 个地带、纬度划分为 4 个地带，研究不同时期不同海拔和纬度带耕地的变化情况，采用土地利用动态度模型、土地利用区位指数和土地区域差异模型进行分析，为耕地保护提供参考。

（1）研究方法

1）土地利用动态度

土地数量变化可以用土地利用动态度来表示。单一土地利用类型动态度表达的是某研究区一定时间范围内某种土地利用类型的数量变化情况（王秀兰和包玉海，1999），其表达式为：

$$K = \frac{U_b - U_a}{U_a} \times \frac{1}{T} \times 100\%$$

式中 K 为研究时段内某一土地利用类型动态度；U_a、U_b 分别为研究期初及研究期末某一种土地类型的数量；T 为研究时段长。当 T 的时段设定为年时，K 的值就是该研究区某种土地利用类型年变化率。$K > 0$，说明区域该土地类型正向变化，总体增加；$K < 0$，说明区域该土地类型负向变化，总体减少，K 的绝对值越大反应土地变化速度越快。土地利用动态度定量地描述了土地利用的变化速度，对预测未来土地利用变化趋势有积极地作用，对研究区耕地变化速度分析可以利用该模型。

2）土地利用区位指数

土地资源分布状况可以用土地利用的区位指数来表示。耕地资源区位指数是指某一研究单元耕地资源相对于整个研究区域耕地资源的聚集程度（鞠正山，2003），公式表达为：

$$Q = \frac{U_i/S_i}{\sum_{i=1}^{n} U_i / \sum_{i=1}^{n} S_i}$$

式中，Q 为某区域耕地资源的区位指数，U_i 为第 i 个子区域的耕地面积，n 为子区域数，S_i 为第 i 个子区域土地总面积。若 $Q > 1$，表示该子区域耕地的区位指数高于整个研究区的平均值；若 $Q < 1$，表示该子区域耕地的区位指数低于整个研究区的平均值。

3）土地区域差异模型

土地利用变化的地区差异可以利用各区域某种土地利用类型相对变化率的不同反映。某研究区某一特定土地利用类型相对变化率可表示为（王秀兰和包玉海，1999）：

$$R = \frac{U_b/U_a}{C_b/C_a}$$

式中，U_a、U_b 分别代表某区域某一特定土地利用类型研究期初及研究期末的面积；C_a、C_b 分别代表整个研究区某一特定土地利用类型研究期初及研究期末的面积。如果 $R > 1$，则表示该区域这种土地利用类型变化较全区域大，相对变化率是一种反映土地利用变化区域差异的很好的方法。

（2）结果分析

研究期间，西藏耕地面积总体呈增长趋势，面积从 1980 年的 32.52 万 hm^2 增加到 2010 年的 37.03 万 hm^2，增加了 4.51 万 hm^2，占西藏土地总面积的比例从 0.27% 上升到 0.31%，耕地年变化量 1 537hm^2，年变化率 0.47%。从阶段变化来看，耕地面积呈现先增长后下降的趋势，从 1980 年的 32.52 万 hm^2 增加到 2000 年的 46.8 万 hm^2，增加了 14.28 万 hm^2，又下降到 2010 年的 37.03 万 hm^2，减少了 9.77 万 hm^2。

表 3.1　1980—2010 年西藏耕地变化情况

年份	耕地面积/万 hm^2	所占比重/%	年变化量/万 hm^2	年变化率/%
1980	32.52	0.27	—	—
1990	34.2	0.28	0.17	0.52
2000	46.8	0.39	0.13	3.69
2010	37.03	0.31	-0.98	-2.09

为进一步了解耕地动态变化，以地区为单位对西藏耕地动态度进行分析，从表 3.2 可以看出，研究期间，除拉萨市耕地面积有所减少、阿里地区基本没有变化外，其他地区耕地面积表现为不同程度的增加，其中昌都地区耕地面积增加速度最为显著，耕地动态度达 4.91，山南、日喀则、林芝变化速度较慢，动态度分别为 0.3、0.28、0.15。

表 3.2　1980—2010 年各地区耕地动态度

地区	西藏	拉萨	昌都	山南	日喀则	那曲	阿里	林芝
耕地动态度/%	0.47	-0.02	4.91	0.24	0.28	0.02	0.00	0.15

按照耕地面积统计，从行政区看，西藏耕地主要分布在日喀则、拉萨、山南、昌都四个地区，占全区耕地总面积的 85% 以上，其中日喀则地区耕地面积最大，其耕地面积占全区耕地总面积的近 40%；从海拔分布看，西藏耕地主要分布在海拔 3 200~4 200 m 之间，

占全区耕地总面积的 81% 以上；从纬度上看，西藏耕地分布在 26°–33°N 之间，以 28°–30°N 之间耕地分布最集中。

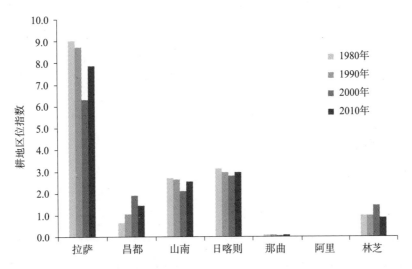

图 3.2 1980—2010 年西藏各地区耕地区位指数分布

通过对不同地区不同时间耕地区位指数的研究可以反映耕地的空间聚集及其情况。图3.2 为各地区耕地区位指数情况，研究期间所有时段拉萨的耕地区位指数均排在所有地区的第一位，耕地聚集程度远高于全区平均值及其他地区，但呈不断下降趋势。日喀则、山南地区分别位于西藏耕地区位指数的第二和第三位，聚集程度也高于全区平均值，但区位指数略有下降。昌都地区的耕地区位指数排在第四位，且研究期间耕地聚集度上升显著，由 1980 年的低于全区平均水平逐渐上升，到 2010 年已达 1.91，其他地区的耕地聚集度低于全区平均水平且变化不大。

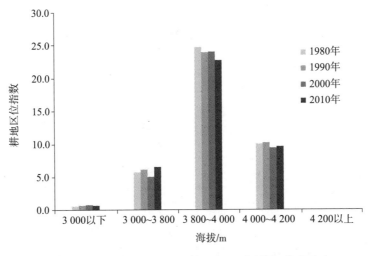

图 3.3 1980—2010 年西藏各海拔区间耕地区位指数分布

表 3.3　西藏各地区耕地相对变化率

行政区	1980—2010 年		1980—1990 年		1990—2000 年		2000—2010 年	
	面积变化/hm²	相对变化率/%	面积变化/hm²	相对变化率/%	面积变化/hm²	相对变化率/%	面积变化/hm²	相对变化率/%
拉萨	−436	0.87	1 244	0.97	−989	0.72	−691	1.25
昌都	28 858	2.17	13 123	1.59	48 116	1.81	−32 382	0.76
山南	3 975	0.94	1 835	0.98	4644	0.79	−2 507	1.21
日喀则	11 253	0.95	−1 191	0.94	40 570	0.95	−28 126	1.06
那曲	74	0.88	21	0.95	21	0.73	74	1.27
阿里	0	0.88	0	0.95	0	0.73	0	1.26
林芝	1 393	0.91	1 729	1.00	33 705	1.48	−34 041	0.62

对各海拔区间的耕地区位指数研究表明，海拔 800～4 000 m 之间耕地区位指数最高，平均达 23.83，并以此为中心向海拔高和低两个方向递减，表明此海拔区间西藏耕地聚集度最高，但研究期间呈不断下降趋势。其次是海拔 4 000～4 200 和 3 200～3 800 m 区间，2010 年区位指数分别为 9.6 和 6.52，海拔 3 200 m 以下和 4 200 m 以上地区耕地聚集度均低于全区平均水平。

西藏耕地分布在 26°～33°N 之间，就耕地分布的区位指数而言，以 29°～30°N 之间耕地分布最集中，区位指数平均达 4.31，其次是 28°～29°N，区位指数平均为 1.4，这两个纬度带对应着西藏"一江三河"地区，其余纬度带耕地的区位指数均小于全区平均水平。

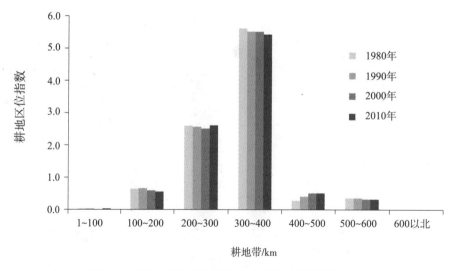

图 3.4　1980—2010 年西藏南北地带耕地区位指数分布

近30年拉萨地区耕地面积有所减少，减少了435.86 hm²，阿里地区耕地面积没有变化，其他所有地区耕地均有所增加，其中昌都地区耕地面积增加最为显著，增加了28 858.02hm²。

表3.4　西藏各海拔地区耕地相对变化率

海拔地带	1980—2010 年		1980—1990 年		1990—2000 年		2000—2010 年	
	面积变化/hm²	相对变化率/%	面积变化/hm²	相对变化率/%	面积变化/hm²	相对变化率/%	面积变化/hm²	相对变化率/%
<3 000	3 850	1.25	1680	1.13	7 290	1.23	−5 120	0.91
>3 200~3 800	14 760	1.15	6 900	1.09	5 950	0.81	1 910	1.30
>3 800~4 000	6 900	0.92	2 920	0.97	55 880	1.00	−51 900	0.94
>4 000~4 200	8 110	0.96	6 190	1.02	23 870	0.93	−21 950	1.02
>4 200	11 520	1.14	−930	0.93	33 050	1.38	−20 600	0.89

按行政区划分的耕地相对变化率（表3.3）最大的是昌都地区（$R=2.17$），远高于全区平均值，其他地区的相对变化率均小于1，变化幅度较西藏全区小。分阶段看，1980—2000 年期间，西藏大部分地区耕地均呈增加趋势，2000—2010 年期间各地区耕地以减少趋势为主。研究期间，所有海拔区间西藏的耕地面积均有所增加（表3.4），其中 3 200~3 800、4 200 m 以上地区耕地面积增加最多，分别增加了1.48、1.15 万 hm²。除 3 800~4 200 m 区间耕地相对变化率小于1以外，其余海拔区间均大于1，表明 3 800 m 以下和4 200 m 以上地区耕地的相对变化较快。分阶段看，1980—1990 年期间，海拔 3 800 m 以下耕地相对变化率较高；1990—2000 年期间，3 200 m 以下、4 200 m 以上地区耕地相对变化率较高；2000—2010 年期间，大部分地区都表现为耕地减少。

研究期间，所有纬度区间西藏的耕地面积均有所增加（表3.5），其中 30°~33°N 区间即"三江流域"的耕地面积增加最多，增加了2.74 万 hm²。除29°~30°N 区间耕地相对变化率小于1以外，其余纬度区间均大于1，相对变化较快。分阶段看，1980—1990 年期间，30°~33°N 区间耕地增加了1.2 万 hm²，相对变化率较高，其他地带较低；1990—2000 年期间，28°~29°N 地区、30°~33°N 地区耕地分别增加了6.29、3.98 万 hm²，耕地相对变化率较高；2000—2010 年期间，所有地区的耕地均表现为减少趋势，其中 28°~29°N 减少幅度最大，减少了5.29 万 hm²，其次是 30°~33°N 区间，减少了2.43 万 hm²。

表3.5　西藏南北地带耕地相对变化率

纬度地带	1980—2010 年		1980—1990 年		1990—2000 年		2000—2010 年	
	面积变化/hm²	相对变化率/%	面积变化/hm²	相对变化率/%	面积变化/hm²	相对变化率/%	面积变化/hm²	相对变化率/%
26°~28°N	986	4.53	2	0.96	9 238	28.98	−8 254	0.16
28°~29°N	9 827	1.04	−168	0.95	62 904	1.57	−52 910	0.69

续表

纬度地带	1980—2010 年		1980—1990 年		1990—2000 年		2000—2010 年	
	面积变化/hm²	相对变化率/%	面积变化/hm²	相对变化率/%	面积变化/hm²	相对变化率/%	面积变化/hm²	相对变化率/%
29°~30°N	6 743	0.90	4 919	0.97	14 084	0.77	−12 262	1.20
30°~33°N	27 458	1.54	11 981	1.26	39 821	1.33	−24 344	0.92

近 30 年西藏耕地相对变化较快的是昌都地区、海拔 3 800 m 以下、4 200 m 以上地区、30°~33°N 地带。昌都地区耕地相对变化率达 2.17，远大于全区平均值，而其他地区均小于全区平均值；按海拔区间划分，海拔 3 800 m 以下和 4 200 m 以上地区耕地相对变化率均大于 1，耕地的相对变化较快；30°~33°N 地带的耕地相对变化率均大于 1，表现出向高、低海拔地区、纬度较高地区扩展的趋势。

3.2.3 西藏地区耕地生产能力现状及其动态变化

本研究中使用 Pathfinder AVHRR 和 SPOT VEGETATION 两种 NDVI 数据集数据。其中 Pathfinder AVHRR NDVI 指数数据集是基于 8 km 的从 1981 年 7 月至 2001 年 12 月的每 10 天合成的 4 个波段的光谱反射率及每 10 天合成的 NDVI 数据集（由于 NOAA－13 发射失败，没有使用 Pathfinder AVHRR NDVI 1994 的数据）；SPOT VEGETATION NDVI 植被指数数据集是基于 1 km 的从 1998 年 4 月 1 日至 2010 年 12 月每 10 天合成的 4 个波段的光谱反射率及 10 天最大化 NDVI 数据集。为了保持时间序列的完整性，本研究 1982—1998 年采用 Pathfinder AVHRR NDVI 指数数据集，1999—2010 年采用 SPOT VEGETATION NDVI 的植被 NDVI 指数数据集。

使用遥感软件 ENVI 分别计算出 1982—2010 年西藏及农区 NDVI 数据，由此分析西藏高原植被及农作物生长状况变化情况。西藏粮食产量数据来源于 2011 年西藏自治区统计年鉴，统计年限为 1985—2010 年。

（1）研究方法

气候生产潜力是指一定管理水平下，其他环境条件适宜时，由当地光、热、水等气候资源决定的单位面积农作物的产量。本研究中气候生产潜力采用 Thornthwaite Mernoriae 模型计算，即李斯（Lieth）根据世界各地作物产量与年平均气温、年降雨量之间的关系提出的用实际蒸散量来估算作物产量（杜军等，2008），公式如下：

$$P_v = 30\ 000\ [1 - e^{-0.000\ 969\ 5(V-20)}]$$

$$V = 1.05r / \sqrt{1 + (1.05\ r/L)\ 2}$$

$$L = 300 + 25\ t + 0.05\ t^3$$

式中，P_v 是气候生产潜力，kg/（hm²·a），是气温和降水所决定的产量；V 是年平均蒸散量，mm；r 是年降水量，mm；L 为年平均最大蒸发量，mm，是气温 t 的函数；30 000 是经验系数。

粮食产量是经济与自然因素共同作用的结果，一般将其分解为趋势产量和气候产量。

趋势产量是指粮食产量中由社会经济发展和生产力提高带来的产量增加，气候产量则是围绕经济产量的上下波动，表示由于气候有利或不利影响形成的粮食产量变化。

$$Y = Y_t + Y_c$$

式中，Y 是粮食实际产量，kg/hm^2；Y_t 是趋势产量，kg/hm^2；Y_c 是气候产量，kg/hm^2。

以往趋势产量多采用固定时段线性趋势或滑动平均方法求得，由于在最初阶段农业技术发展较快，技术进步的增产作用大，当技术发展到一定水平后，技术产量增量减少，曲线上升趋势减缓，使用自然对数方程描述技术产量曲线可以减小预测偏差，本书采用自然对数曲线模拟作物趋势产量（高涛等，2013），即

$$Y_t = a\ln(t) + b$$

式中，t 为时间；Y_t 为趋势单产，kg/hm^2；a 和 b 为系数。

敏感性是指系统对气候变化有利和不利影响的响应程度，可定量表示为：敏感性指数＝系统输出量的变化量/系统输入量的变化量。谢云（1999）认为，气候产量反映了粮食生产系统输出量的变化，而气候生产潜力则反映了粮食生产系统输入量的变化。敏感性指数（Vp1）可表示为气候产量与气候生产潜力的比值（段兴武等，2008）：

$$Vp1 = |Y_c|/Pv$$

适应性是指系统为趋利避害而进行的调整能力，主要受系统的社会经济因素影响。粮食产量中的趋势产量主要反映了粮食生产系统的适应能力，适应性指数（Vp2）可表示为趋势产量与气候生产潜力的比值：

$$Vp2 = Y_t/Pv$$

脆弱性是系统对气候变化响应的敏感程度以及农业系统对这种影响的适应能力。脆弱性指数（P）可表示为：

$$P = Vp1/Vp2$$

为了消除不同指数间数量级的差异，使其具有可比性，对敏感性、适应性和脆弱性指数进行标准化处理：

$$Y = (X - X_{min})/(X_{max} - X_{min}) \times 100$$

式中，X 表示敏感性、适应性和脆弱性指数；Y 表示标准化后的值；X_{max} 和 X_{min} 分别表示相应指标在研究期间的最大值和最小值。根据计算结果，结合他人的研究成果，确定敏感性、适应性和脆弱性分级标准如表 3.6 所示（段兴武等，2008）。

表 3.6　粮食生产对气候变化的敏感性、适应性、脆弱性分级

	标准化值				
	0~20	20~40	40~60	60~80	80~100
等级	1	2	3	4	5
敏感性等级	最不敏感	较不敏感	中等敏感	较敏感	最敏感
适应性等级	最不适应	较不适应	中等适应	较适应	最适应
脆弱性等级	最不脆弱	较不脆弱	中等脆弱	较脆弱	最脆弱

（2）结果分析

研究期间，西藏 NDVI 呈波动变化，1984 年出现了极大值，随后由 1985 年的相对低值波动上升，1990—1995 年植被覆盖相对较高且处于稳定期，1996 年开始又从较低水平波动上升，2006—2010 年达到相对稳定的较高水平。农区 NDVI 的值远小于西藏全区的 NDVI 值，变化趋势及在不同阶段的变化与西藏 NDVI 基本一致，增长幅度小于西藏的 ND-VI 增长幅度，如图 3.5 所示。

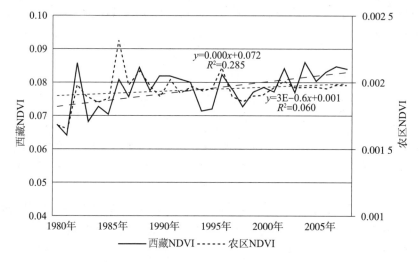

图 3.5　西藏 NDVI 及农区 NDVI 变化情况

根据 Thornthwaite 模型计算得到的西藏 1981—2010 年多年平均气候生产潜力为 7 419.58 kg/（hm² · a），呈波动上升趋势，平均每 10 年上升 242.8 kg/（hm² · a），1981—1990 年、1991—2000 年、2001—2010 年的平均气候生产潜力分别为 7 046.78 kg/（hm² · a）、7 519.34 kg/（hm² · a）、7 692.61 kg/（hm² · a）。

根据 2011 年西藏自治区统计年鉴中西藏粮食总产量、种植面积的数据计算得到 2010 年西藏各行政区播种面积及平均产量如表 3.7 所示。

表 3.7　西藏及各区粮食产量、播种面积及平均产量

地区	产量/ 10^3 kg	播种面积/ 10^3 hm²	平均产量/ [kg/（hm² · a）]
西藏	912 298	240.02	3 800.92
拉萨	171 621	38.22	4 490.35
昌都	165 606	53	3 124.64
山南	143 301	30.6	4 683.04
日喀则	341 371	85.18	4 007.64
那曲	10 257	4.65	2 205.81
阿里	5 085	6.41	793.29
林芝	75 048	21.96	3 417.49

1986—2010 年西藏粮食多年平均产量为 3 441.9 kg/（hm²·a），呈波动上升趋势，平均每 10 年上升 788.7 kg/（hm²·a）。西藏粮食实际产量占气候生产潜力的 45.58%，且呈逐渐上升的趋势，1986—1990 年、1991—2000 年、2001—2010 年分别为 33.93%、45.56%、52.59%。

1986—2010 年西藏粮食趋势产量的对数方程为 $Y = 725.3 \ln t + 1\,732$，由此计算得到西藏粮食趋势产量、气候产量见表 3.8。从气候产量占实际产量的百分比可以看出，研究期间气候产量平均占实际产量的百分比为 6.22%，最大的年份占 13.45%，气候产量 1997 年之前偏低，主要为负值，1998—2004 年表现为较高的正值，而 2005 年以来又表现明显的下降趋势，如表 3.8 所示。

表 3.8 西藏地区气候生产潜力、粮食产量、趋势产量及气候产量

年份	气候生产潜力/ [kg/（hm²·a）]	实际产量/ [kg/（hm²·a）]	趋势产量/ [kg/（hm²·a）]	气候产量/ [kg/（hm²·a）]	实际产量/气候 生产潜力/%	气候产量/实际 产量/%
1986	6 800.82	2 155.42	2 234.74	−79.32	31.69	−3.68
1987	7 291.23	2 229.11	2 528.82	−299.71	30.57	−13.45
1988	7 552.51	2 440.25	2 737.48	−297.23	32.31	−12.18
1989	7 084.98	2 597.04	2 899.33	−302.29	36.66	−11.64
1990	7 391.35	2 846.29	3 031.56	−185.28	38.51	−6.51
1991	7 726.99	2 986.21	3 143.37	−157.16	38.65	−5.26
1992	6 593.07	3 056.52	3 240.22	−183.70	46.36	−6.01
1993	7 415.12	3 118.18	3 325.65	−207.47	42.05	−6.65
1994	6 868.83	3 069.76	3 402.06	−332.31	44.69	−10.83
1995	7 651.88	3 268.41	3 471.19	−202.79	42.71	−6.20
1996	7 726.05	3 454.13	3 534.30	−80.17	44.71	−2.32
1997	7 116.97	3 455.83	3 592.36	−136.53	48.56	−3.95
1998	8 148.33	3 704.42	3 646.11	58.31	45.46	1.57
1999	8 046.03	4 001.64	3 696.15	305.49	49.73	7.63
2000	7 900.15	4 164.79	3 742.96	421.84	52.72	10.13
2001	7 777.25	4 255.86	3 786.93	468.93	54.72	11.02
2002	7 769.72	4 224.86	3 828.39	396.47	54.38	9.38
2003	7 902.74	4 122.04	3 867.60	254.44	52.16	6.17
2004	7 960.58	4 151.49	3 904.80	246.69	52.15	5.94
2005	7 420.57	3 974.96	3 940.19	34.77	53.57	0.87
2006	7 419.45	3 963.99	3 973.93	−9.95	53.43	−0.25
2007	7 770.38	4 029.51	4 006.17	23.34	51.86	0.58
2008	7 974.15	4 039.03	4 037.04	1.99	50.65	0.05
2009	6 975.51	3 851.32	4 066.65	−215.33	55.21	−5.59
2010	7 955.79	3 800.89	4 095.10	−294.21	47.78	−7.74

通过对 NDVI、单位面积产量的相关分析可以看出，NDVI 和单位面积产量与气温、日照、降水三者的复相关系数分别为 0.640 和 0.906，均通过 0.01 的显著性检验，表明植被生长及单位面积产量受气温、日照、降水等多个因子的共同影响。NDVI、单位面积产量与气温呈显著的正相关关系，相关系数和偏相关系数均通过 0.01 的显著性检验；单位面积产量与日照呈负相关关系，相关系数通过 0.01 的显著性检验；NDVI、单位面积产量与降水的关系均未达到 0.05 的显著水平。表明 NDVI、单位面积产量与气温的关系较日照和降水更为密切，西藏地区气温升高使生长期延长、积温增加，对 NDVI 增加、植被生长态势趋好、农作物产量提高起到积极的促进作用。表 3.9 为西藏地区 NDVI 与气候要素的相关系数，表 3.10 为西藏地区单位面积产量与气候要素的相关系数。

表 3.9　西藏地区 NDVI 与气候要素的相关系数

NDVI $-S$		NDVI $-T$		NDVI $-P$		NDVI $-S$、T、P
$R_{\text{NDVI}-S}$	$R_{\text{NDVI}-S/T,P}$	$R_{\text{NDVI}-T}$	$R_{\text{NDVI}-T/S,P}$	$R_{\text{NDVI}-P}$	$R_{\text{NDVI}-P/S,T}$	
-0.191	-0.004	0.636^{**}	0.574	0.141	-0.166	0.640^{**}

注：S 代表日照，T 代表气温，P 代表降水；* 代表 95% 置信水平，** 代表 99% 置信水平；$R_{\text{NDVI}-T}$ 和 $R_{\text{NDVI}-T/S,P}$ 分表代表 NDVI 与气温的相关系数和偏相关系数；依此类推。

表 3.10　西藏地区单位面积产量与气候要素的相关系数

YPU $-S$		YPU $-T$		YPU $-P$		YUP $-S$、T、P
$R_{\text{YPU}-S}$	$R_{\text{YPU}-S/T,P}$	$R_{\text{YPU}-T}$	$R_{\text{YPU}-T/S,P}$	$R_{\text{YPU}-P}$	$R_{\text{YPU}-P/S,T}$	
-0.620^{**}	-0.702	0.765^{**}	0.842	0.322	-0.087	0.906^{**}

注：S 代表日照，T 代表气温，P 代表降水；* 代表 95% 置信水平，** 代表 99% 置信水平；$R_{\text{NDVI}-T}$ 和 $R_{\text{NDVI}-T/S,P}$ 分表代表 NDVI 与气温的相关系数和偏相关系数；依此类推。

利用敏感性、适应性和脆弱性指数公式计算得到 1986—2010 年西藏地区粮食生产对气候变化的敏感性、适应性和脆弱性指数，并进行标准化处理及分级，结果见表 3.11。

粮食生产对气候变化的敏感性呈波动下降趋势，级别从 1986—1995 年的以二级（较不敏感）为主，1999—2004 年的敏感性有所增加，以三级（中等敏感）为主，变为 2005 年以来以一级（最不敏感）为主。粮食生产系统的适应性在不断增加，从 1986—1991 年的以二、三级（较不适应、中等适应）为主，发展为 1992—2004 年的以四级（较为适应）为主，再到 2005 年以来的以五级（最适应）为主。由敏感性和适应性二者决定的西藏地区粮食生产对气候变化的脆弱性指数波动下降，由 1986—2002 年的以二级（较不脆弱）为主，到 2002 年以后的一级（最不脆弱）为主，如表 3.11 所示。

表 3.11　西藏地区粮食生产对气候变化的敏感性、适应性和脆弱性指数

年份	敏感性指数标准化值	适应性指数标准化值	脆弱性指数标准化值	敏感性等级	适应性等级	脆弱性等级
1986	10.78	27.54	7.63	1	2	1

续表

年份	敏感性指数标准化值	适应性指数标准化值	脆弱性指数标准化值	敏感性等级	适应性等级	脆弱性等级
1987	38.48	32.73	25.73	2	2	2
1988	36.83	37.19	23.56	2	2	2
1989	39.95	50.50	22.62	2	3	2
1990	23.39	50.77	13.21	2	3	2
1991	18.94	49.82	10.79	1	3	1
1992	26.02	73.93	12.25	2	4	2
1993	26.13	61.69	13.49	2	4	2
1994	45.32	75.02	21.19	3	4	3
1995	24.74	63.16	12.63	2	4	2
1996	9.57	64.24	4.84	1	4	1
1997	17.86	77.72	8.18	1	4	1
1998	6.54	61.40	3.38	1	4	1
1999	35.53	64.79	17.91	2	4	2
2000	50.04	68.89	24.46	3	4	3
2001	56.53	72.64	26.89	3	4	2
2002	47.82	74.29	22.47	3	4	2
2003	30.10	73.34	14.23	2	4	1
2004	28.96	73.66	13.66	2	4	1
2005	4.22	85.18	1.81	1	5	1
2006	1.07	86.50	0.44	1	5	1
2007	2.64	80.79	1.16	1	5	1
2008	0.05	78.14	0.00	1	4	1
2009	28.85	100.00	11.43	2	5	1
2010	34.60	80.56	15.55	2	5	1

　　将1986—2010年以5年为间隔分别计算不同时段粮食生产对气候变化的适应性、敏感性和脆弱性指数，由图3.6中三个指数在不同阶段的变化趋势可以看出：西藏地区粮食生产对气候变化响应的敏感性指数呈波动下降，粮食生产对气候变化的适应性显著提高，粮食生产对气候变化的脆弱性指数呈波动下降趋势。

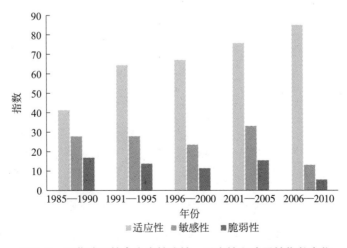

图3.6　西藏地区粮食生产敏感性、适应性和脆弱性指数变化

研究表明，西藏地区气候生产潜力、NDVI 和粮食实际产量均呈波动上升趋势，粮食实际产量占气候生产潜力的比例从 31.69% 逐年上升到最高达 55.21%，NDVI 及单位面积产量受气温、日照、降水等多个因子的共同影响，表明气候变暖和经济的发展正在促进粮食产量不断提高，向气候生产潜力靠近。研究期间，气候产量 1997 年之前偏低，主要为负值，1998—2004 年表现为较高的正值，而 2005 年以来又表现明显的下降趋势，这与年平均气温以 1997 年为界由偏低期进入偏高期，年降水量呈现偏少—偏多，2004 年之后又减少的波动变化相关。西藏地区粮食生产对气候变化的敏感性呈波动变化，与气候变暖使得粮食生产系统对气候变化的反应变得敏感有关；适应性逐渐增强，与西藏地区开展了提高单产行动有着密切关系，通过加大农业投入，进行种地产田改造，增加灌溉面积，提高农作物良种覆盖率等，进一步提高了农业综合生产能力；脆弱性指数总体呈下降趋势，虽然气候变化对西藏粮食生产起到了一定的影响，但经济的发展使粮食产量受气候变化的影响程度下降。

3.3　西藏地区后备耕地资源总量及分布

结合西藏地区自然及社会经济状况，选取海拔 <4 500 m、坡度 <25°、≥0℃持续日数 >210 天、≥0℃积温 >1 800℃、年降水量 >350 mm、宜耕土壤、土壤侵蚀等级为轻度及距离道路较近等指标，采用限制因子法，即只要有一个因子处于不适宜范围（降水量指标除外，考虑到西藏地区耕地多分布在江河附近，距水源较近），即为不适宜，对宜耕土壤、轻度侵蚀、海拔 4 500 m 以下、坡度 25° 以下、≥0℃积温 1 800℃ 以上、≥0℃持续日数 210 天以上各图叠加，得到适宜耕种的区域，适宜耕种的区域除去其与现状耕地重复部分，得到后备耕地资源总量及分布情况。

各单因子图如图 3.7 ~ 图 3.16 所示。

图 3.7　西藏地区海拔高度 <4 500 m 分布

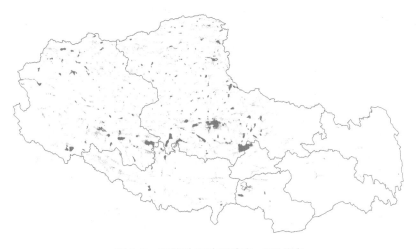

图 3.8 西藏地区地形坡度 <25°分布

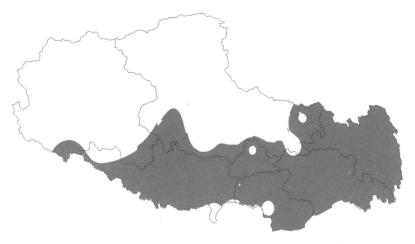

图 3.9 西藏地区 ≥0℃持续日数 >210 天分布

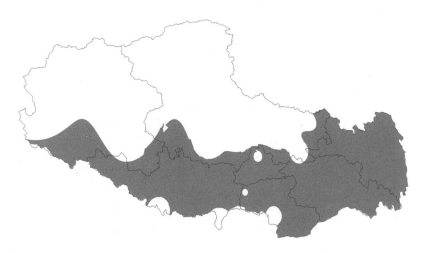

图 3.10 西藏地区 ≥0℃积温 >1 800℃分布

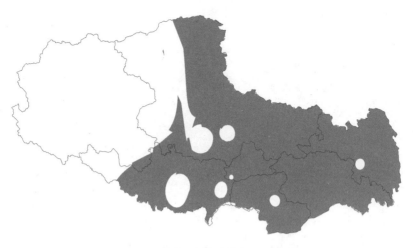

图 3.11　西藏地区年降水量 >350mm 分布

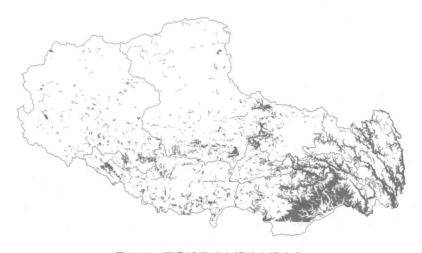

图 3.12　西藏地区适宜耕种土壤分布

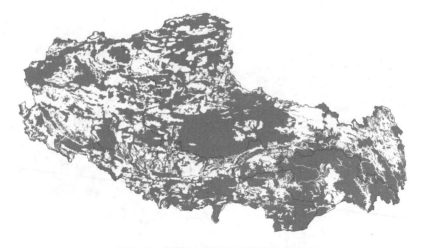

图 3.13　西藏地区轻度土壤侵蚀分布

图 3.14 西藏地区适宜耕种土地分布

图 3.15 西藏地区耕地分布现状

图 3.16 西藏地区后备耕地分布

适宜种植业利用的耕地后备资源面积较少,仅为 2.5 万 hm²,大多集中分布在现有耕地周边,少数几条大河谷地之中,其中,拉萨 1 万 hm²,昌都 0.3 万 hm²,山南 0.5 万 hm²,

日喀则 0.6 万 hm², 林芝 0.1 万 hm²。因此, 耕地后备资源少是西藏地区土地资源的劣势, 在一定程度上限制了西藏地区种植业的发展。

3.4 西藏地区农田生态系统生产潜力及其支持能力评估

20 世纪 70 年代以后, Holling 等国外学者提出了生态承载力的概念 (Holling, 1973), 通过 Holling 和 Guderson 等学者十多年的努力, 初步建立了生态承载力的概念化理论模型。王家骥 (2000) 是国内较早开展生态承载力研究的学者, 在《黑河流域生态承载力估测》一文中, 他第一次明确提出了生态承载力的概念, 在生态承载力的评价方法上, 提出通过第一性生产力来确定系统的生态承载力; 高吉喜 (2002) 在《可持续发展理论探索——生态承载力理论、方法与应用》一书中对生态承载力的基本理论和方法进行了全面探讨, 在生态承载力评价过程中, 高吉喜除了考虑土地第一性生产力以外, 还考虑了水资源等限制因素。总体而言, 无论国内还是国外, 目前对生态承载力的研究依然处于探索阶段。

本研究借鉴以往研究, 结合西藏地区的实际情况, 对西藏农田生态系统承载能力进行评估, 除考虑气象、土壤、地形等自然因素外, 将可能引起生态环境问题的因素如土壤侵蚀程度, 人为因素如距离水源远近等考虑进来对土地适宜性进行评价, 综合考虑气候对第一性生产力的影响, 根据土地适宜性评价结果和气候与产量的相关关系对产量进行调整, 进而分析未来 10 年、20 年气候变化背景下、可持续发展前提下西藏地区农田生态系统对不同生活水平下人口的承载力。

3.4.1 农田生态系统承载能力现状及其变化

根据相关参考文献, 卢良恕 (2006) 等根据联合国粮农组织公布的人均营养热量值标准结合中国实际情况计算认为, 我国人均粮食占有量 400 kg 是小康标准, 300 kg 是温饱标准, 按相应标准计算农田粮食人口承载力 = 年度粮食生产总量/人均需求量。本研究根据西藏各地区粮食生产情况计算得到各地区农田生态系统可承载不同生活水平下的人口数量 (表 3.12), 其中那曲、阿里地区是牧业地区, 不计算耕地的人口承载力。

表 3.12   西藏及其各区 2010 年粮食产量、人口数量及可承载的人口情况

地区	粮食产量/ 万 t	实际人口/ 万人	温饱水平可承载人口/ 万人	小康水平可承载人口/ 万人
西藏	91.23	300.21	304.1	228.1
拉萨	17.16	55.9	57.2	42.9
昌都	16.56	65.8	55.2	41.4
山南	14.33	32.9	47.8	35.8
日喀则	34.14	70.3	113.8	85.3
林芝	7.50	19.5	25.0	18.8

通过计算得到2010年温饱水平下，西藏各区可承载人口304.1万人，其中，日喀则113.8万人，拉萨57.2万人，昌都55.2万人，山南47.8万人，林芝25万人；小康水平下，西藏各区可承载人口228.1万人，其中，日喀则85.3万人，拉萨42.9万人，昌都41.4万人，山南35.8万人，林芝18.8万人。

根据2010年西藏各地区人口情况，按照温饱水平计算，西藏地区人口已接近饱和，按小康水平计算，已远远超出其农业生产能力可支撑的人口数量，其中昌都地区按照温饱水平计算已经超过了其农业生产能力可支撑的人口数量。表3.13为1990—2010年西藏地区粮食产量、人口数量及可供养的人口情况。

表3.13 1990—2010年西藏地区粮食产量、人口数量及可供养的人口情况

年份	粮食产量/万t	实际人口/万人	温饱人口/万人	小康人口/万人
1990	60.83	221.47	202.76	152.07
1991	64.42	225.03	214.73	161.05
1992	65.71	228.53	219.04	164.28
1993	67.22	232.22	224.06	168.05
1994	66.45	236.14	221.49	166.12
1995	71.96	239.84	239.87	179.90
1996	77.72	243.70	259.08	194.31
1997	79.19	247.60	263.97	197.98
1998	84.98	251.54	283.26	212.45
1999	92.21	255.51	307.38	230.53
2000	96.22	259.83	320.74	240.56
2001	98.25	262.95	327.50	245.63
2002	98.40	266.88	327.99	245.99
2003	96.60	270.17	322.00	241.50
2004	96.00	273.68	319.98	239.99
2005	93.39	277.00	311.31	233.48
2006	92.37	281.00	307.90	230.92
2007	93.86	284.15	312.88	234.66
2008	95.03	287.08	316.78	237.59
2009	90.53	290.03	301.78	226.33
2010	91.23	300.21	304.10	228.07

注：因统计年鉴中仅有1990年以来的人口，表中仅包含了1990年以后的数据。

1990—2010年，西藏地区实际人口呈现显著的线性增长趋势，增加了78.74万人，平

均每年增加 3.75 万人。按照温饱水平计算，1990—1995 年，西藏地区实际人口已超过已超出其农业生产能力可支撑的人口数量，1996—2010 年，西藏地区农业生产能力可支撑的人口数量大于实际人口数量，呈现先增后降的趋势，到 2010 年，西藏地区人口已接近饱和。按小康水平计算，西藏地区农业生产能力可支撑的人口数量同样呈现先增后降的趋势，研究期间，所有年份的可承载人口数量均低于实际人口数量，处于过饱和状态。图 3.17 为 1990—2010 年西藏地区实际人口及温饱水平、小康水平下可承载人口。

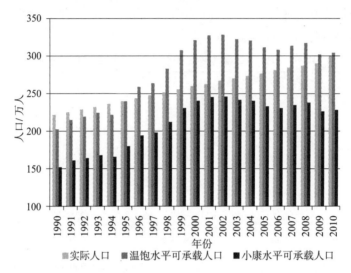

图 3.17　1990—2010 年西藏地区实际人口及温饱水平、小康水平下可承载人口

3.4.2　生产潜力及人口承载力预测

考虑到西藏各地区粮食平均产量差别较大，分地区对粮食产量进行计算，进而得到总产量。潜在耕地面积由后备耕地面积与现有耕地面积叠加得到，根据潜在耕地分布与西藏行政区图叠加，得到西藏地区潜在耕地在各行政区的分布情况，如表 3.14 所示。

表 3.14　西藏各区潜在耕地面积、平均产量及潜在产量

| 地区 | 潜在耕地面积/万 hm² | 2010 年平均产量/（kg/hm²） | 情景一：气候影响为正 | | 情景二：气候影响为负 | |
			2020 年产量/（kg/hm²）	2030 年产量/（kg/hm²）	2020 年产量/（kg/hm²）	2030 年产量/（kg/hm²）
西藏	39.63	3 750	3 987	3 991	3 520	3 524
拉萨	8.19	4 500	4 784	4 788	4 224	4 227
昌都	5.14	3 000	3 190	3 194	2 817	2 820
山南	6.47	4 500	4 784	4 788	4 224	4 227
日喀则	15.33	4 125	4 385	4 389	3 872	3 875
林芝	3.36	3 375	3 589	3 593	3 168	3 172

通过对气候变化与作物产量变化的分析可以看出，产量受气温、日照、降水等多个因子的共同影响，气候变化、经济发展正在促进粮食产量不断提高，向气候生产潜力靠近。生产潜力的预测采用以 2010 年为基准年的趋势外推法，即生产潜力由趋势产量和气候产量两部分组成，其中趋势产量根据 1986—2010 年对粮食产量的分析中的对数曲线方程外推计算得到。气候产量根据之前分析其占产量的比例（6.22%）对趋势产量进行上下浮动计算得到。设置两个情景：情景一，气候对粮食生产有利，气候产量为正；情景二，气候对粮食生产不利，气候产量为负。不同情景不同生活水平下承载人口数如表 3.15 所示。

表 3.15　不同情景不同生活水平下承载人口数

| 地区 | 情景一：气候影响为正 | | | | 情景二：气候影响为负 | | | |
| | 2020 年/万人 | | 2030 年/万人 | | 2020 年/万人 | | 2030 年/万人 | |
	温饱水平	小康水平	温饱水平	小康水平	温饱水平	小康水平	温饱水平	小康水平
西藏	526.70	395.02	527.21	395.40	465.01	465.46	348.76	349.10
拉萨	130.60	97.95	130.70	98.03	115.30	115.39	86.48	86.55
昌都	54.66	41.00	54.73	41.05	48.26	48.32	36.20	36.24
山南	103.17	77.38	103.25	77.44	91.09	91.16	68.32	68.37
日喀则	224.10	168.07	224.29	168.22	197.85	198.02	148.39	148.52
林芝	40.19	30.15	40.24	30.18	35.49	35.53	26.62	26.64

根据土地适宜性评价结果，以现有耕地和后备耕地的和作为潜在耕地面积，根据不同情景的预测产量计算粮食总产量，进而根据温饱、小康两种生活水平进行计算。预测到 2020 年，温饱水平下，西藏全区可承载人口 465.1 万～526.7 万人，小康水平下，可承载 395.02 万～465.46 万人；到 2030 年，温饱水平下，西藏全区可承载人口 348.76 万～527.21 万人，小康水平下，可承载 349.1 万～395.4 万人。

3.4.3　社会功能评估

农田生态系统除了为人类生活生产提供直接的农产品外，在农村人口就业中发挥着极其重要的作用，研究表明，中国有 4.8 亿农村劳动力，其中 1.6 亿在非农业部门工作。根据农业部调查显示，中国的农业生产仅需 1.7 亿劳动者，然而有 3.2 亿人从事农业生产，这意味着农业劳动力中约 46.8% 应该是失业的，但是这些人不同于城市的失业者，他们不在国家失业保障体系中，因为理论上讲他们有土地，也就是有工作。也就是说，农业在农村人口社会保障方面起着非常重要的作用。

（1）研究方法

参考以往研究成果，利用以下公式对农田在社会保障方面的作用进行评价：

$$V = N \cdot M \cdot r$$

式中，V 为社会保障作用的价值；N 为农业保障的人口；M 为城市最低生活补贴；r 为农村和城市消费水平的比值。

（2）结果分析

统计数据显示，自 1980 年以来，西藏地区农业从业人口从 80 万人上升到了 93 万人。截至 2010 年，西藏第一、第二、第三产业就业人口分别为 93 万人、18.91 万人、61.6 万人，比例为 53.6:10.9:35.5，而第一、第二、第三产业产值之比为 13.5:32.3:54.2。将各产业从业人口按产值划分，则第一、第二、第三产业人口应分别为 23.42 万人、56.04 万人、94.04 万人。也就是说，第一产业从业人口仅应 23.42 万人，农业承担着 69.58 万人的社会保障作用。

根据西藏地区最低生活补贴为 130 元，2010 年，西藏地区农村居民消费水平为 2 635 元/人，城镇居民消费水平为 10 523 元/人。根据以上数据进行测算可得，西藏地区农田在社会保障方面的作用达到 2 275 万元。

第4章

雅鲁藏布大峡谷森林生态系统生态安全保障能力

内容提要：以雅鲁藏布大峡谷国家级自然保护区森林生态系统为研究对象，基于多期遥感数据提取调查分析了近20年主要森林生态系统类型面积、覆盖度、结构等变化特征，评价了大峡谷森林生态系统生态服务功能及其生态安全保障能力时空变化，结果表明从各项生态功能服务来看，雅鲁藏布大峡谷森林生态系统功能服务价值由大到小为土壤保持、生物多样性、气体调节、水源涵养、气候调节、废物处理、原材料生产、娱乐休闲和食物生产。其中气候调节、土壤保持、废物处理、生物多样性和生物生产都有所增加，增加幅度分别为1.86%、6.43%、16.01%、1.72%和31.23%，气体调节、水源涵养、原材料生产和娱乐休闲等功能服务价值有所减少，减少幅度分别为1.75%、0.98%、10.95%和9.86%。初步分析显示，雅鲁藏布大峡谷森林生态系统服务价值略微增加，生态安全保障能力整体平稳略有加强。

4.1 研究区域

西藏雅鲁藏布大峡谷国家级自然保护区地处西藏自治区东南部，位于北纬29°05′~30°20′，东经94°39′~96°06′，总面积9 16800 hm²，其中，核心区面积3 20000 hm²，缓冲面积37000 hm²，实验区面积5 59800 hm²。全部为原始山地森林、灌丛、草甸等。保护区内90%以上的土地和资源使用权属均为国有。保护区内居民1.49万人，90%以上为农牧民，保护区区域分别由西藏自治区林芝地区的墨脱县和米林县的派乡、林芝县的东久乡、排龙乡、波密县的易贡乡、古乡和扎木镇所辖。

1986年，经国务院批准墨脱自然保护区晋升为国家级自然保护区，总面积62.620 hm²，2000年获得国务院批准墨脱国家级自然保护区扩界更名为雅鲁藏布大峡谷国家级自然保护区。扩界后的大峡谷保护区面积达到9 16800 hm²。主要保护对象为东喜马拉雅南冀以热带北缘半常绿季风雨林为基带，并含有高山亚热带常绿、半常绿阔叶林与亚高山的温带常绿针叶林在内的完整的湿润山地森林生态系统，还有包含休养生息在这里的众多国家重点保护动植物。

保护区内共有维管束植物 3 768 种，苔藓植物 512 种，大型真菌 686 种，锈菌 209 种；哺乳类 63 种，鸟类 232 种，爬行动物 25 种，两栖动物 19 种，昆虫 2 000 余种。整个保护区随着海拔的升高，依次有针阔叶混交林带、山地针叶林带、阴暗针叶林带，主要分布着高山松、漆树、槭树、沙棘、云杉、冷杉等高产林和经济植物。其中波密境内岗乡总面积 4600 hm²，森林面积约 2800 hm²，森林覆盖率达 61% 以上，立木总蓄积量约 252 万 m³。

4.2　数据预处理与方法

因为雅鲁藏布大峡谷处于西藏东南地区，云量较多，单一的遥感数据源难以满足需求，因此采用了多源遥感数据，除了常用的 Landsat 卫星数据，还包括了 RapidEye 卫星数据，以及 NDVI 数据集。首先通过对遥感影像数据进行几何纠正、辐射纠正、镶嵌等预处理，其次进行森林类型信息和覆盖率信息提取，实现不同森林类型的面积和结构的变化监测。

4.2.1　数据介绍

RapidEye 卫星由于其强大的数据获取能力和独特的光谱特征正被国际各类遥感卫星应用机构认可与采用。该卫星由加拿大 MDA 公司设计实施，英国 Surrey 卫星技术公司提供卫星平台，德国 RapideyeEye AG 公司负责运营，于 2008 年 8 月 29 日发射升空，是一个拥有 5 颗卫星组成，位于 630 km 的高空，每颗卫星绕地球一圈约 110 min，每颗卫星间隔 18 min，并能每天下载超过 400 万 km² 高分辨率、多光谱图像的卫星星座，其拥有极高的地面处理和数据存档能力，能够面向客户提供低成本的定制服务。其拥有覆盖面积大、分辨率高和同一天内重拍同一区域几个特点，能够在 15 天内覆盖整个中国，能够提供优质的信息解决方案。

RapidEye 卫星主要技术参数如表 4.1 所示。

表 4.1　RapidEye 卫星数据主要技术参数

卫星规格	参数
传感器数量	5
设计寿命	7 年
轨道高度	630 km
过赤道时间	11：00 am
传感器类型	多光谱推扫式
光谱波段	蓝：440 ~ 510 nm
	绿：520 ~ 590 nm
	红：630 ~ 685 nm
	红边：690 ~ 730 nm
	近红外：760 ~ 850 nm
空间分辨率（星下点）	6.5 m
正射影像采样间隔	5 m
幅宽	77 km
重返时间	每天
采集能力	400 万 km²/d

RapidEye 卫星具有高空间分辨率和丰富的多光谱信息，其星下点空间分辨率达到 6.5 m，卫星总共包含蓝、绿、红、红边和近红外 5 个光谱波段，是第一个提供红边波段的商用卫星，该波段对植被信息特别敏感，能够用来监测植被变化，为土地分类和植被生长状况监测提供丰富的光谱信息。主要应用：农作物的识别，包括面积估算、边界提取；林业，监测植被生长变化状况，不同树种的覆盖率分析；基础设施方面，主要用于城市规划、道路铁路规划等。

RapidEye 卫星数据由于其高空间分辨率并且携带有对植被较为敏感的红边波段，这在草地植被研究中具有其特定的优势。同时，RapidEye 是第一颗携带红边波段的商业卫星，是以往利用多光谱遥感影像进行植被研究所不具有的波段，所以本书运用该卫星数据进行植被类型研究具有一定现实意义。课题组购买了 2010 年试验区 RapidEye 卫星影像的存档数据，如图 4.1 所示，该影像共由 7 景数据镶嵌而成，如图 4.2 所示。

图 4.1　试验区 RapidEye 卫星遥感影像

图 4.2　研究区 RapidEye 卫星图像镶嵌结果

4.2.2　数据预处理

本研究采用的是已经过传感器校正和辐射校正 RapidEye 1B 影像数据，因此影像数据的预处理主要包括几何校正和大气校正两个部分。

（1）数据镶嵌

由于 RapidEye 卫星影像幅宽较小，需要多景数据才能覆盖研究区域，因此首先对其进行镶嵌。

（2）几何校正

本研究采用经过几何校正后的 ETM 数据作为标准参考影像，30 m 空间分辨率的高程数据作为参考 DEM，利用 ERDAS 软件中的 NITF RPC 几何模型对 Rapideye 卫星影像做图对图几何校正。

（3）大气校正

对 RapidEye 卫星影像运用 FLAASH 大气校正模型进行大气校正，并对异常值进行剔除处理。

4.3　雅鲁藏布大峡谷森林生态系统面积结构变化研究

随着遥感信息的改进，遥感信息提取方法经历了目视解译、自动分类、光谱特征的信息提取以及光谱空间特征的专题信息提取等多个阶段。森林中不同类型具有相似的光谱响应特征，特别是在多光谱数据上更为相似，常规的利用单波段数据很难区分，只有通过不断组合或者波段运算增强各植物种类间的光谱响应特征的差异才能达到更好的分类效果。

本研究采用监督分类，样本根据植被类型图结合当地林业资料选取，之后实现对大峡谷保护区内森林类型结构和面积的监测，结果见表4.2、表4.3和图4.3、图4.4。

根据研究区情况，将地表覆盖主要分为针叶林、阔叶林、灌丛、高山植被和永久冰雪区，其中人类种植作物及草甸因面积太小，未计入考虑在内。

表4.2 大峡谷地表覆盖类型面积及结构变化情况

单位：hm²

年份	针叶林	阔叶林	灌丛	高山植被	冰雪
1990	213 706.1	208 113.6	195 461.8	239 101.4	60 417.12
2010	166 674.2	199 404.0	294 567.8	197 845.4	58 308.48

表4.3 大峡谷地表覆盖类型面积及结构变化情况

单位：%

年份	针叶林	阔叶林	灌丛	高山植被	冰雪
1990	23.31	22.70	21.32	26.08	6.59
2010	18.18	21.75	32.13	21.58	6.36

由表4.2可知，1990年，大峡谷针叶林面积为213 706.1 hm²，阔叶林为208 113.6 hm²，灌丛为195 461.8 hm²，高山植被为239 101.4 hm²，冰雪覆盖约为60 417.12 hm²。其比例分别为23.31%，22.70%，21.32%，26.08%和6.59%，面积最大的为高山植被，针叶林、阔叶林和灌丛面积相差不大。

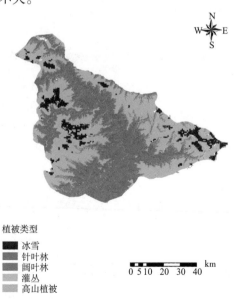

植被类型
■ 冰雪
■ 针叶林
■ 阔叶林
■ 灌丛
■ 高山植被

图4.3 1990年大峡谷保护区森林植被类型分布

2010 年，大峡谷针叶林面积为 166 674.2 hm²，阔叶林为 199 404.0 hm²，灌丛为 294 567.8 hm²，高山植被为 197 845.4 hm²，冰雪覆盖约为 58 308.48 hm²。其比例分别为 18.18%，21.75%，32.13%，21.58% 和 6.36%，面积最大的为灌丛，依次为阔叶林、高山植被、针叶林、冰雪。

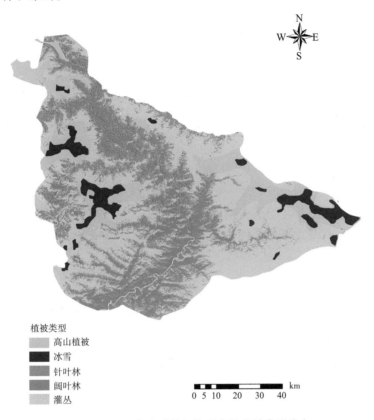

图 4.4　2000 年大峡谷保护区森林植被类型分布

通过比较可以知道，面积变化最大的灌丛，增加了 99 106 hm²，阔叶林面积变化较小，减小了 1%，针叶林和灌丛均有所减少，分别为 47 032 hm² 和 41 256 hm²，分别减少 4.51% 和 4.50%。从面积变化情况来看，主要是灌丛面积增大，而比其生态服务功能更高的针叶林和阔叶林面积有所减小，同时比其生态服务功能更低的高山植被也有所减小。

4.4　雅鲁藏布大峡谷森林生态系统植被盖度变化研究

覆盖度信息基于 NDVI 数据集，根据其数值分布直方图选取 2% 最高值和冰雪区域之外最低值 1% 均值作为盖度 100% 和 0% 标准。计算出的 4 期数据每邻近两年做差值，并将结果进行分级，共分为 6 个级别：降低 50% 以上、降低 30%～50%、降低 0～30%、增加 0～30%、增加 30%～50%、增加 50% 以上，统计结果见表 4.4。其中计算了 1982—2010 年、1990—2010 年、2000—2010 年的变化情况。

表 4.4 研究区 1980—2010 年植被盖度变化统计

单位:%

分级	1980—2010 年	1990—2010 年	2000—2010 年	1990—2000 年
降低 50% 以上	5.70	9.38	0	7.08
降低 30% ~50%	13.09	12.65	36.25	9.44
降低 0~30%	31.46	31.75	61.48	18.65
增加 0~30%	37.27	32.52	2.26	22.16
增加 30% ~50%	7.69	8.64	0	21.89
增加 50% 以上	4.80	5.04	0	20.78

研究表明，1982—2010 年，大峡谷植被覆盖度整体上呈现增加的趋势，最近 10 年下降，但局部表现有差异，整体平均覆盖度由 1982 年的 58.48%，到 1990 年该数值变为 61.05%，2000 年该数值为 70.00%，2010 年为 56.51%。30 年以来，覆盖率增加和减少的比例约相等，其中大部分都集中于轻微减少或者轻微增加级别。植被覆盖度减小的地区主要为灌丛和高山植被，即生态服务功能较小的类型，而覆盖度增加的地区主要集中在阔叶林和针叶林地区，特别是阔叶林地区，见图 4.5。

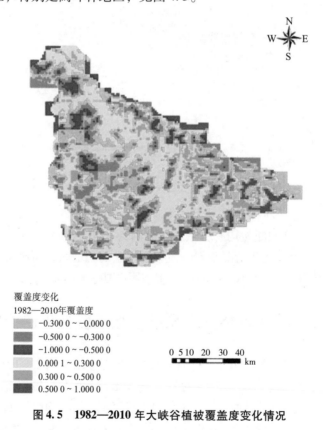

图 4.5 1982—2010 年大峡谷植被覆盖度变化情况

1990—2010 年，大峡谷地区植被覆盖度减小部分面积约为 53.8%，而增加区域约为 46.2%，类似地，无论增加还是减少都主要集中在 0~30%。严重降低的地区有所增加，这一比例为 9.38%，主要集中在高山植被区域。覆盖率提高的地区主要集中在阔叶林地区，见图4.6。

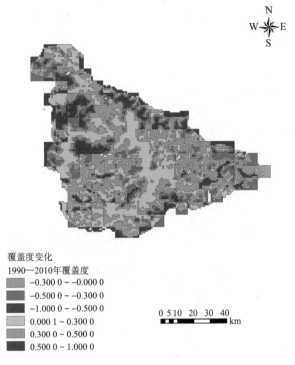

覆盖度变化
1990—2010年覆盖度
☐ −0.300 0 ~ −0.000 0
☐ −0.500 0 ~ −0.300 0
☐ −1.000 0 ~ −0.500 0
☐ 0.000 1 ~ 0.300 0
☐ 0.300 0 ~ 0.500 0
☐ 0.500 0 ~ 1.000 0

0 5 10　20　30　40
km

图4.6　1990—2010年大峡谷植被覆盖度变化情况

1990—2000年，大峡谷地区植被覆盖度整体上大幅增加，增加的地区约为64.8%，相较之前大幅上涨了将近10个百分点，而减少的地区下降为35.2%。且覆盖度增加的三个等级面积相近，均为20%，增加的区域主要集中在阔叶林和针叶林地区，特别是阔叶林地区为主要的增加地区，且增加幅度较高，见图4.7。

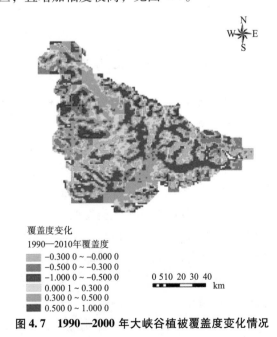

覆盖度变化
1990—2010年覆盖度
☐ −0.300 0 ~ −0.000 0
☐ −0.500 0 ~ −0.300 0
☐ −1.000 0 ~ −0.500 0
☐ 0.000 1 ~ 0.300 0
☐ 0.300 0 ~ 0.500 0
☐ 0.500 0 ~ 1.000 0

0 5 10　20　30　40
km

图4.7　1990—2000年大峡谷植被覆盖度变化情况

2000—2010 年，最近 10 年间，大峡谷保护区植被覆盖度以减少为主，几乎整体区域出现了不同程度的下降，但是主要为轻微下降，基本上没有严重下降的地区，见图 4.8。

覆盖度变化
2000—2010年覆盖度

- −0.300 0 ~ −0.000 0
- −0.500 0 ~ −0.300 0
- 0.000 1 ~ −0.300 0

0 5 10   20   30   40 km

图 4.8   2000—2010 年大峡谷植被覆盖度变化情况

4.5   雅鲁藏布大峡谷森林生态系统生态安全保障能力研究

生态安全概念以国际应用系统分析研究所提出的定义为代表：生态安全是指在人的生活、健康、安乐、基本权利、生活保障来源、必要资源、社会次序和人类适应环境变化的能力等方面不受威胁的状态，包括自然生态安全、经济生态安全和社会生态安全，组成一个复合人工生态安全系统。从生态学观点的角度来看，一个安全的生态系统在一定的时间尺度内不仅可以维持它的组织结构，也能对一定程度的胁迫具有较好的恢复能力。从服务于人类生产生活的角度来看，即它不仅能够满足人类发展对资源环境的需求，而且在生态意义上也是健康的，其本质是要求自然资源在人口、社会经济和生态环境三个约束条件下稳定、协调、有序和可持续利用。评价生态安全保障能力的方法有多种，通常情况下与生态系统服务价值密切相关，服务价值较高则其生态安全保障能力也越强，反之也成立，因此本研究选择采用主要基于包括水源涵养、生物多样性等多种生态服务功能在内计算雅鲁藏布大峡谷森林生态系统生态系统服务价值，进而衡量其生态安全保障能力。

森林生态系统服务功能是指森林生态系统与生态过程所形成及所维持人类赖以生存的自然环境条件与效用。它不仅包括该系统为人类提供食品、医药和其他工农业生产的原料，更重要的是支撑与维持地球的生命支持系统，维持生命物质的生物地化循环与水文循环，维持生物物种与遗传多样性，净化环境，维持大气化学的平衡与稳定（Daily，1997；Bolund，Hunhammar，1999；肖寒等，2000；陈仲新，张新时，2000）。随着生态文明的到来，人们逐渐意识到生态服务功能是人类生存与现代文明的基础，科学技术能影响甚至剧烈地改变生态服务功能，但不能替代自然生态系统服务功能。长期以来由于人类对生态系统的服务功能及其重要性不甚了解，导致了生态环境的日益破坏，从而对生态系统服务功能造成了明显损害（靳芳等，2005）。正因为森林具有吸收二氧化碳、涵养水源、调节气候、防风固沙、保护生物多样性等生态功能，是陆地生态系统的主体，森林的兴衰直接关系到全球经济和社会的发展，也直接影响生态环境。为此，客观、科学地评价森林生态系统服务功能对于提高人们的环境意识、促进将环境被纳入国民经济核算体系及正确处理社会经济发展与生态环境保护之间的关系具有重要的现实意义（靳芳等，2005）。

西藏自治区是我国重要的国有林区之一，森林资源非常丰富，是我国生物多样性富集的省（区）和全球生物多样性研究热点地区之一，是我国东部和东南亚地区诸多大河的发源地，也是我国重要的生态屏障（王景升等，2007）。西藏地区的自然生态环境不仅影响当地的可持续发展和国民经济发展，其作为我国生态安全的重要屏障也影响着我国长江中下游地区生态环境和社会经济状况，甚至也影响着下游东南亚地区的生态状况，生态战略地位十分重要。而雅鲁藏布大峡谷森林生态系统尤其典型，对西藏的环境保护和生态建设及森林生态系统的管理具有一定的参考价值。

Costanza在《自然》杂志上发表了《全球生态系统服务价值和自然资本》研究论文，使生态系统服务价值估算的原理及方法从科学意义上得以明确，并以生态服务供求曲线为一条垂直直线为假定条件，逐项估计了各种生态系统的各项生态系统服务价值（Costanza et al，1997；谢高地等，2003），如表4.5所示。生态系统功能可以分为自然功能和人文功能。谢高地等将生态系统生态服务功能分为9类：气体调节、气候调节、水源涵养、土壤形成与保护、废物处理、生物多样性保护、食物生产、原材料和娱乐文化。

表4.5 青藏高原典型生态系统服务价值

	面积/km^2	单价/（元/hm^2）
森林		
温带山地常绿针叶林	4 102	9 043.4
亚热带、热带常绿针叶林	26 980	13 314.8
亚热带、热带山地常绿针叶林	136 600	13 314.8
温带、亚热带落叶阔叶林	50	13 910
温带、亚热带山地落叶小叶林	925	13 910
亚热带落叶和常绿阔叶混交林	24 698	10 672
亚热带常绿阔叶林	4 004	17 341

	面积/km²	单价/（元/hm²）
热带雨林性常绿阔叶林	6 089	17 341
亚热带硬叶常绿阔叶林	14 058	17 341
热带常绿阔叶雨林及次生植被	319	67 148
草原		
温性草甸草原类	1 839	7 933
温性草原类	46 716	4 814
温性荒漠草原类	10 010	2 464
高寒草甸草原类	59 892	1 662
高寒草原类	382 123	1 537
高寒荒漠草原类	66 433	1 056
温性草原化荒漠类	3 016	2 518
温性荒漠类	34 006	1 781
高寒荒漠类	38 010	633.6
热性灌草丛类	799	13 684
暖性草丛类	561	8 897
暖性灌草丛类	2 916	9 579
低地草甸类	14 424	9 368
温性山地草甸类	56 967	8 924
高寒草甸类	569 518	4 776
农田	42 796	4 341
沼泽湿地	3 328	55 488
湖泊	29 182	40 676
荒漠		
冰川雪被	65 548	371
沙漠戈壁	118 360	371
荒漠	765 324	371

谢高地等（2003）根据我国实际情况对此进行了大量的修正，使得该方法适用于我国生态系统服务价值评估。其理论依据是生态服务功能大小与该生态系统的生物量有密切关系。一般来说，生物量越大，生态服务功能越强，为此，假定生态服务功能强度与生物量成线性关系，提出生态服务价值的生物量因子进一步修订生态服务单价，青藏高原典型生态系统服务分项价值见表4.6。

表4.6　青藏高原典型生态系统服务分项价值

单位：万元/km²

生态系统	气体调节	气候调节	水源涵养	土壤保持	废物处理	生物多样性	食物生产	原材料生产	娱乐休闲
森林									
温带山地常绿针叶林	14.38	11.21	13.16	16.09	5.36	13.41	0.49	10.73	5.36
亚热带、热带常绿针叶林	21.31	16.46	19.50	23.76	7.97	19.87	0.59	15.83	7.78
亚热带、热带山地常绿针叶林	21.33	16.45	19.50	23.76	7.98	19.87	0.61	15.84	7.80
温带、亚热带落叶阔叶林	20.00	20.00	20.00	20.00	0.00	20.00	0.00	20.00	0.00
温带、亚热带山地落叶小叶林	22.70	17.30	20.54	24.86	8.65	20.54	1.08	16.22	8.65
亚热带落叶和常绿阔叶混交林	17.09	13.20	15.63	19.03	6.40	15.91	0.49	12.71	6.24
亚热带常绿阔叶林	27.72	21.48	25.47	30.97	10.49	25.97	0.75	20.73	10.24
热带雨林性常绿阔叶林	27.75	21.35	25.46	30.88	10.35	25.95	0.82	20.69	10.18
亚热带硬叶常绿阔叶林	27.81	21.41	25.39	30.94	10.39	25.89	0.78	20.70	10.17
热带常绿阔叶雨林及次生植被	106.58	81.50	97.18	119.12	40.75	100.31	3.13	78.37	40.75
草原									
温性草甸草原类	8.70	9.79	8.70	21.21	14.14	11.96	3.26	0.54	0.54
温性草原类	5.33	5.99	5.33	12.97	8.71	7.26	1.99	0.34	0.26
温性荒漠草原类	2.70	3.10	2.70	6.59	4.50	3.70	1.00	0.20	0.10
高寒草甸草原类	1.84	2.07	1.84	4.47	3.01	2.50	0.68	0.12	0.10
高寒草原类	1.70	1.91	1.70	4.14	2.78	2.32	0.64	0.11	0.08
高寒荒漠草原类	1.17	1.31	1.17	2.84	1.91	1.60	0.44	0.08	0.06
温性草原化荒漠类	2.65	2.98	2.65	6.63	4.64	3.65	0.99	0.33	0.00
温性荒漠类	1.97	2.21	1.97	4.79	3.23	2.68	0.74	0.12	0.09
高寒荒漠类	0.71	0.79	0.71	1.71	1.16	0.95	0.26	0.05	0.03
热性灌草丛类	15.02	17.52	15.02	36.30	25.03	20.03	6.26	1.25	1.25
暖性草丛类	10.70	10.70	10.70	23.17	16.04	14.26	3.57	0.00	0.00
暖性灌草丛类	10.63	12.00	10.63	25.72	17.49	14.40	4.12	0.69	0.69
低地草甸类	10.33	11.65	10.33	25.24	16.99	14.07	3.88	0.62	0.49
温性山地草甸类	9.87	11.09	9.87	24.03	16.15	13.43	3.70	0.61	0.49
高寒草甸类	5.28	5.94	5.28	12.87	8.64	7.19	1.98	0.33	0.26
农田	3.13	5.58	3.76	9.18	10.30	4.46	6.29	0.63	0.07
沼泽湿地	15.93	151.44	137.02	15.02	160.76	22.24	2.70	0.60	48.98
湖泊	0.00	4.08	180.32	0.10	160.85	22.03	0.89	0.10	38.41
荒漠									
冰川雪被	0.00	0.00	0.26	0.18	0.09	3.01	0.09	0.00	0.09
沙漠戈壁	0.00	0.00	0.26	0.18	0.09	3.01	0.09	0.00	0.09
荒漠	0.00	0.00	0.26	0.18	0.09	3.01	0.09	0.00	0.09

根据表4.5、表4.6和雅鲁藏布大峡谷森林生态系统面积与结构信息，可以计算出雅鲁藏布大峡谷森林生态系统生态功能服务价值，见表4.7、表4.8。

表4.7　雅鲁藏布大峡谷森林生态服务价值

单位：万元/a

	年份	气体调节	气候调节	水源涵养	土壤保持	废物处理	生物多样性	食物生产	原材料生产	娱乐休闲	总价值
针叶林	1990	45 584	35 155	41 673	50 777	17 054	42 463	1 304	33 851	16 669	284 528
	2010	35 552	27 418	32 501	39 602	13 301	33 118	1 017	26 401	13 001	221 910
阔叶林	1990	57 689	44 703	53 007	64 453	21 831	54 047	1 561	43 142	21 311	361 743
	2010	55 275	42 832	50 788	61 755	20 917	51 785	1 496	41 336	20 419	346 604
灌丛	1990	20 778	23 455	20 778	50 273	34 186	28 146	8 053	1 349	1 349	188 367
	2010	31 313	35 348	31 313	75 763	51 520	42 418	12 136	2 033	2 033	283 875
高山植被	1990	1 698	1 889	1 698	4 089	2 774	2 271	622	120	72	15 231
	2010	1 405	1 563	1 405	3 383	2 295	1 880	514	99	59	12 603
冰雪	1990	0	0	157	109	54	1 819	54	0	54	2 248
	2010	0	0	152	105	52	1 755	52	0	52	2 169

表4.8　雅鲁藏布大峡谷森林生态服务价值变化

单位：万元/a

年份	气体调节	气候调节	水源涵养	土壤保持	废物处理	生物多样性	食物生产	原材料生产	娱乐休闲	总价值
1990	125 748	105 202	117 312	169 700	75 899	128 747	11 594	78 461	39 455	852 116
2010	123 544	107 161	116 159	180 608	88 085	130 956	15 215	69 869	35 564	867 161

根据表4.7、表4.8结果可知，1990—2010年，雅鲁藏布大峡谷生态系统服务价值整体变化不大，略有增加，由852 116万元变为867 161万元，增加幅度为1.8%。从生态系统类型来看，针叶林生态功能服务价值由284 528万元变为221 910万元；阔叶林生态功能服务价值由361 743万元变为346 604万元；灌丛生态功能服务价值由188 367万元变为283 875万元，高山植被生态功能服务价值由15 231万元变为12 603万元，冰雪由2 248万元变为2 169万元。

从各项生态功能服务来看，雅鲁藏布大峡谷森林生态系统功能服务价值由大到小，也可以看作是重要性由大到小为土壤保持、生物多样性、气体调节、水源涵养、气候调节、废物处理、原材料生产、娱乐休闲和食物生产。其中气候调节、土壤保持、废物处理、生物多样性和食物生产都有所增加，增加幅度分别为1.86%、6.43%、16.01%、1.72%和31.23%，特别是食物生产和废物处理两项功能价值大幅增加，由1990年的11 594万元和75 899万元增至15 215万元和88 085万元。气体调节、水源涵养、原材料生产和娱乐休闲等功能服务价值有所减少，减少幅度分别为 1.75%、0.98%、10.95% 和 9.86%。初步分析显示，雅鲁藏布大峡谷森林生态系统服务价值略微增加，生态安全保障能力整体平稳略有加强。

4.6 主要结论与讨论

以雅鲁藏布大峡谷国家级自然保护区森林生态系统为研究对象，调查分析了主要森林生态系统类型面积、结构等变化特征，评价森林生态系统水源涵养、生物多样性保护等生态服务功能及其生态安全保障能力时空变化。

雅鲁藏布大峡谷地区地表覆盖类型主要分为针叶林、阔叶林、灌丛、高山植被和永久冰雪区（其中人类种植作物及草甸因面积太小，未计入考虑在内）。1990—2010 年，面积变化最大的为灌丛，增加了 99 106 hm²，阔叶林面积变化较小，减小了 1%，针叶林和灌丛均有所减少，分别为 47 032 hm² 和 41 256 hm²，分别为 4.51% 和 4.50%。从面积变化情况来看，主要是灌丛面积增大，而比其生态服务功能更高的针叶林、阔叶林面积有所减小，同时比其生态服务功能更低的高山植被也有所减小。

1982—2010 年，大峡谷植被覆盖度整体上呈现增加的趋势，最近 10 年下降，但局部表现有差异。30 年来，覆盖率增加和减少的比例约相等，其中大部分都集中于轻微减少或者轻微增加级别。植被覆盖度减小的地区主要为灌丛和高山植被，即生态服务功能较小的类型，而覆盖度增加的地区主要集中在阔叶林和针叶林地区，特别是阔叶林地区。

从各项生态功能服务来看，雅鲁藏布大峡谷森林生态系统功能服务价值由大到小，也可以看作是重要性由大到小为土壤保持、生物多样性、气体调节、水源涵养、气候调节、废物处理、原材料生产、娱乐休闲和食物生产。其中气候调节、土壤保持、废物处理、生物多样性和食物生产都有所增加，特别是食物生产和废物处理两项功能价值大幅增加，由 1990 年的 11 594 万元和 75 899 万元增加为 15 215 万元和 88 085 万元。气体调节、水源涵养、原材料生产和娱乐休闲等功能服务价值有所减少。整体而言，雅鲁藏布大峡谷森林生态系统服务价值略微增加，生态安全保障能力整体平稳略有加强。

第二篇

西藏地区重点资源适度开发利用研究

第 5 章

高寒脆弱区矿产资源开发生态适宜性评价

内容提要： 鉴于那曲地区脆弱的生态环境、重要的生态服务功能和丰富的矿产资源，选择那曲地区作为典型区域，开展高寒脆弱区矿产资源开发生态适宜性评价。综合考虑那曲地区矿产资源及其开发状况，以及矿产资源开发对地质地貌、土壤、植被和生物多样性等方面的影响，综合分析了矿产资源开发的生态环境效应，构建了高寒脆弱区矿产资源开发生态适宜性评价指标体系和评价模型，明确了那曲地区适宜矿产资源开发的区域，并提出了相应的对策和措施，可以为那曲地区及相关高寒脆弱区矿产资源开发提供决策依据。

5.1 研究区域

5.1.1 自然地理

（1）地理位置

本研究选择西藏自治区那曲地区作为典型区域，开展高寒脆弱区矿产资源开发生态适宜性评价研究。本区位于 $83°55'E \sim 95°5'E$、$29°55'N \sim 36°30'N$，冈底斯山—念青唐古拉山主脊分水岭以北，昆仑山、唐古拉山以南，西与阿里地区为界，东缘与昌都地区毗邻，总面积达约 45 万 km^2。

（2）地形地貌

那曲地区是长江和怒江的发源地，为青藏高原腹地。在综合自然区划上属羌塘高原高山草原带和怒江上游高山灌丛草甸带。整个地势东南低、西北高，由西到东逐渐倾斜，渐次降低。东部怒江上游河源流域，一般海拔在 $4\,000 \sim 4\,500$ m，地形上处于高山峡谷向内陆高原的过渡地带，切割破碎，河谷宽浅，为高山宽谷，并镶嵌许多山间湖盆。西部是羌塘高原的主体，一般海拔为 $4\,500 \sim 5\,000$ m，地形切割微弱，高原形态完整，山脉断续分布，山体浑圆，山势和缓，低山丘陵与宽谷盆地相间分布，呈波状起伏。内流河短小，纵横交叉，大小不等的湖泊星罗棋布，为典型的高原湖盆地貌。

图5.1 那曲地区植被类型及其分布

（3）气象气候

那曲地区气候由东至西逐渐寒冷、干燥，为典型的大陆性高原气候。东部濒临横断山脉一带的地区，由于受到溯南北向的怒江而入的印度洋暖湿气流影响，较为湿润，属寒冷半湿润高原季风气候区。年均温 −2 ~ 0℃，最暖月均温 6 ~ 10℃，最冷月均温 −10 ~ −15℃，年降水量400 ~ 700 mm。西部除羌塘最北缘的昆仑山地气候非常恶劣、极为冻寒干旱、植被贫瘠外，主要为寒冷半干旱高原季风气候。全年长冬无夏，极端最低气温可达 −42℃，年降水量约为100 mm，且往往是以雪粒、冰雹等固态形式降落。

（4）植被与生物资源

那曲地区植被除东部怒江干流两侧分布有零星的乔木树种外，其余地区均为灌丛、草甸、草原植被。因受高原气候等生态条件的抑制，一般都具有抗寒、抗旱的形态特征，植株矮小、生长期短促、靠营养繁殖、干物质产量少。除高山草甸外，植被覆盖度较低，常在 30% 以下。本区生态系统类型主要为高寒草甸生态系统、高寒草地生态系统、灌丛、荒漠、农田生态系统和亚热带高山针叶林生态系统。那曲地区主要生态系统分布如图 5.2 所示。

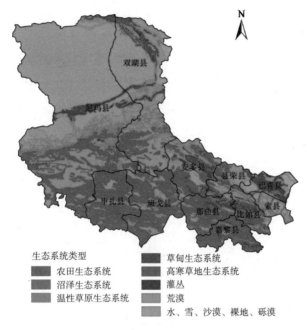

图 5.2 那曲地区主要生态系统分布

就土地利用类型而言，那曲地区主要为草地，且从东南部向西北部盖度逐渐降低。灌木林地、疏林地和有林地主要分布在东南部的峡谷，而在海拔较高的地区，主要为裸岩石砾地、冰川和永久积雪，如图 5.3 所示。

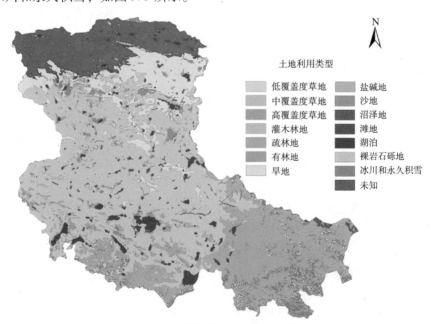

图 5.3 那曲地区土地利用现状

那曲地区共有维管植物 880 种，隶属于 255 属 63 科，以菊科、禾本科、豆科和十字花科等的草本植物为主。兽类 39 种，隶属于 6 目 13 科，其中有 13 种系青藏高原特有种，有 6 种被列为国家一级保护动物，如藏羚羊、藏野驴、野牦牛和藏原羚等。

5.1.2　社会经济

（1）行政区划

那曲地区下辖十县一区，即那曲县、比如县、巴青县、安多县、班戈县、嘉黎县、尼玛县、索县、聂荣县、申扎县和双湖区。地区行政公署驻那曲县，如图 5.4 所示。

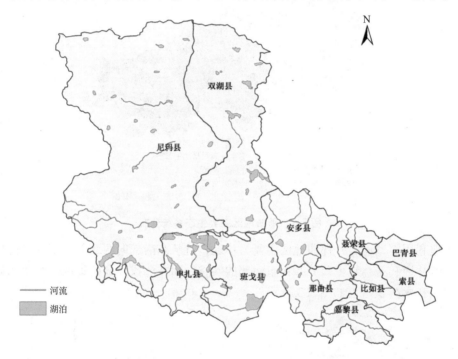

图 5.4　那曲地区行政区划

（2）经济

那曲地区经济发展较为落后，需要其他省市和大型国企的支持，如浙江和辽宁两省以及中石油、中石化、中海油、中信集团、神华集团五大国有企业均对那曲有很多的支持。2009 年，全地区生产总值 45.11 亿元，比 2008 年增长 11.4%，占西藏全区 GDP 的 10.2%。农牧民人均纯收入为 3 750 元。

那曲县的经济综合发展水平最高，其后依次是比如县、巴青县、安多县、班戈县、嘉黎县、尼玛县、索县、聂荣县、申扎县和双湖区。那曲地区公路通车总里程达 2 万余公里，114 个乡镇、854 个行政村通公路，乡、村公路通达率分别达到 100% 和 71.7%。那曲地区"十县一区"2009 年经济指标如表 5.1 所示。

表 5.1　那曲地区"十县一区"2009 年经济指标　　　　　　单位：万元

县域	GDP	人均GDP/元	一产增加值	二产增加值	三产增加值	财政总收入	税收	消费品零售总额	农牧民人均纯收入/元
那曲县	57 386	7 700	16 681	13 154	27 551	22 822	1 290	18 206	3 936
嘉黎县	26 475	8 600	5 592	8 754	12 129	14 431	1 328	7 541	4 557
比如县	42 148	6 900	13 683	11 222	1 724	16 430	365	6 894	4 795
聂荣县	27 413	8 800	5 568	9 430	12 418	13 168	273	2 802	2 938
安多县	35 945	9 800	7 136	9 323	19 487	13 857	348	5 884	3 944
申扎县	22 118	11 300	4 080	4 653	13 385	9 182	195	2 884	2 879
索县	27 600	6 400	7 376	6 638	13 587	13 419	337	7 947	3 031
班戈县	30 189	8 100	9 811	7 992	12 387	12 644	283	5 439	3 187
巴青县	37 120	8 300	9 835	7 905	19 380	15 252	386	9 363	3 812
尼玛县	29 908	10 900	7 079	5 285	17 543	8 635	247	5 893	3 621
双湖区	16 278	13 100	4 453	2 852	8 973	4 770	874	4 053	4 560

（3）人口

2000 年全那曲地区总人口为 362 200 人。其中藏族占总人口的 99%，非农业人口占总人口 9.5%。那曲地区人口密度非常低，最高的那曲县和比如县也仅有 5 人/km^2，最低的是双湖区，为 0.1 人/km^2（表 5.2）。

表 5.2　那曲地区"十县一区"人口分布

县域	人口	面积/km^2	人口密度/（人/km^2）
那曲县	81 786	16 195	5.1
嘉黎县	30 784	13 056	2.4
比如县	61 084	11 680	5.2
聂荣县	31 151	9 017	3.5
安多县	36 678	43 411	0.8
申扎县	19 573	25 546	0.8
索县	43 125	5 744	7.5
班戈县	37 270	28 383	1.3
巴青县	44 722	10 326	4.3
尼玛县	27 438	72 499	0.4
双湖区	12 425	116 637	0.1

5.2 矿产资源及其开发状况

5.2.1 矿产资源禀赋现状

那曲地区地热资源、水利资源、湖泊资源、矿产资源丰富，现已发现著名的藏北、藏南两大超基性岩带，蕴藏着丰富的与超基性岩有关的各种矿产，特别是我国急缺的金、铬、铜、钼、硼等矿种。

根据已有的调查成果认定，那曲地区矿产资源十分丰富，开发潜力巨大。铁、铬、金、锑、铅锌、铜、硼、锂、石盐、石膏等矿产储量大，资源优势明显。石油、天然气、油页岩等潜在资源丰富。截至 2009 年年底，全地区累计发现矿产 55 种，矿产地矿床、矿点 338 处。有资源储量的矿产有 9 种，包括能源矿产 1 种，金属矿产 5 种，非金属矿产 3 种。上储量表的矿区有 30 个，其中能源矿区 9 个、金属矿区 13 个、非金属矿区 8 个。上储量表的矿区中大型矿床有 5 个、中型矿床 4 个、小型矿床 21 个。有资源储量的矿泉水产地 1 处和地热 1 处未上储量表。

那曲地区已探明的矿种有 232 种，其中，黄金、白银、铬、铅、锌、食盐、锂、玛瑙、水晶、硼镁、石油、玉石等已探明储量，蕴藏量极为丰富的有黄金、铅锌、食盐、硼砂、玉石等十多种，铬铁、锑等矿种无论从储量到质量都居全国之首，地热、铜、铁、硼、菱镁等矿种均居我国前列，锂矿的远景也很大。据不完全统计，全地区共发现黑色、有色、贵金属、非金属及宝玉石矿共 46 种，矿产地 335 处。其中大型矿床 11 处、中型矿床 20 处、小型矿床（点）304 处。经勘查探明储量的矿种 12 种，矿产地 20 余处。其中各县区的主要矿产资源种类见表 5.3。

表 5.3 那曲地区各县区主要矿产资源种类

县域	主要矿产资源	矿山数
那曲县	铬、铁、铅、锌、锑、硫、砂金、煤等	22
嘉黎县	金、铅、水晶、云母等	22
比如县	铅、黄金、铜、煤、油页岩、玉石等	10
聂荣县	铅、锌、煤、花岗岩等	14
安多县	煤、铁、铬、铜、锌、铅、锑、铝、砂金、铂、银、宝石、水晶石、玉石、石灰岩、石膏、云母、地热等	60
申扎县	砂金、铁、铅、锌、铜、盐、硼砂、磷等	27
索县	铅、煤、硫黄、石膏等	3
班戈县	金、硼砂、碱、盐、水晶石、铜、铁等	26
巴青县	煤、铁、铬等	2
尼玛县	金、硼砂、碱、盐、水晶石、铜、铁等	52
双湖区	硼、砂金、锡、铬铁、盐、油页岩、玉石、云母、紫水晶等	20

那曲有名的矿点有当曲铁矿，系黑色金属矿，为热液型菱铁矿床，地表储量极为丰富，号称铁墙。铬铁矿在那曲地区分布极为广泛，在藏北依拉山一带的岩体中，就发现三处铬铁矿区，即那曲县的依拉山矿区、安多县东巧矿区、安多琪林湖矿区。近年来，找矿和开发相结合，发现了不少的矿点和富含铬铁矿的超基性岩带，主要分布在班公湖至扎布、东巧乃至怒江两岸的深断裂岩两侧，岩体众多，已知有 56 个岩体及岩群，大小岩体多达百余，总面积约为 1 500 km²。作为铬铁矿伴生物的贵金属铂矿，相应也很丰富，而且品位极高，目前部分矿点已开始综合开发。在那曲西部已发现多处锑矿矿点，均属优质矿种，初步确定东起昌都地区的丁青县，西到那曲地区的班戈县，有一长达 700 多 km 的优质锑矿带，将成为我国第二大锑矿基地，现正进一步勘察开发。铜矿在全地区也有广泛分布，尤以聂荣县、安多县、巴青县等地分布集中且品位高。小型砂金矿点遍布全地区，目前已探明的金矿点十几处，那曲金矿具有广阔前景，被看作怀抱一个"金娃娃"。银矿点在全地区分布也较广，特别是在嘉黎县境内发现了规模较大的矿床。

此外，藏北众多的盐湖中，蕴藏着丰富且品位极高的硼砂资源，与此相关的食盐资源也极为丰富，无数天然盐矿遍布藏北高原，目前已经确认能够开采的大型天然盐湖有五处，产盐量可达上亿吨，同时还伴生丰富的碱、硼、芒硝等重要的高质量化工原料。此外各种宝石也都有发现，如金刚石、红宝石、盐晶石、花斑瑙、青金石、水晶石、青白玛瑙、花斑玛瑙、羊脂玉、绿松石、玛瑙、琥珀、猫眼石等，现正进一步勘探矿床。

上述丰富的矿产资源，为那曲地区乃至整个西藏自治区经济社会发展提供了雄厚的资源优势。但是受自然气候、交通运输、能源、技术等多种因素的制约，大多数矿产尚未开发，少数开发的矿产也处于出售原料阶段。

5.2.2 矿产资源开发现状

近年来，那曲地区矿业发展速度较快，在当地国民经济和社会发展中的地位越来越重要。随着经济体制改革的不断深化，那曲地区矿山企业的经济类型也逐步趋于多样化，已形成国有矿山企业、集体矿山企业、股份有限公司、股份合作公司、集体联合企业、有限责任公司和个体开采并存的局面。目前，矿业已成为那曲地区社会经济发展的六大特色的支柱产业之一，成为那曲地区重要的经济增长点。矿产资源开发还带动了那曲地区交通、能源等基础设施建设的发展。但也应看到，在大力发展矿产资源的同时，对当地的生态环境造成了很大的破坏。由于那曲地区地处高寒生态脆弱区，生态环境一旦破坏，恢复过程极其缓慢，甚至不可逆；加之那曲地区重要的生态服务功能，矿产资源开发的生态环境效应越来越引起关注。其中，矿产资源开发现状调查和分析是开展矿产资源开发生态适宜性评估的基础性工作。

（1）矿山总量及分布

各类调查和统计资料表明，目前那曲地区共有矿山约 258 座，各个县域的矿山数量差异显著。其中，安多县矿山最多，为 60 座；其余从多到少依次为尼玛县 52 座、申扎县 27 座、班戈县 26 座、那曲县和嘉黎县均为 22 座、双湖区 20 座、聂荣县 14 座、比如县 10 座、索县 3 座；巴青县最少，为 2 座。

本研究提取了那曲地区 11 个县区有代表性的矿点 24 个，其矿产资源类型有锑矿、金矿、铜矿、铅矿等本地区的主要矿产，其空间分布范围如图5.5、图5.6所示，其中每个矿点选其多边形中心点的经纬度来表示。这些矿山的平均面积为16.8 km²，平均海拔为5 000 m。

图5.5　那曲地区代表性矿山面积分布

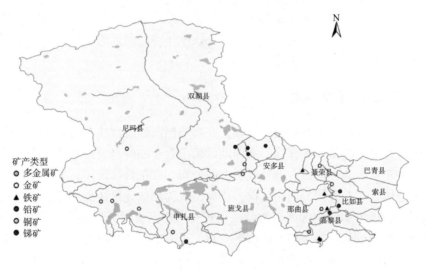

图5.6　那曲地区代表性矿山类型分布

（2）矿山分布与经济社会的相关分析

那曲地区各县域的矿山数量与其经济社会因子有一定的相关性，如矿山数量与县域面积呈正相关，但双湖区的矿山数量远低于平均水平，这可能主要是由于其经济不够发达，且位于保护区内有关。

具体而言，矿山数量与人口密度呈显著的负相关，说明人口越密集的地方，矿山数量越少，矿山主要集中在人口稀少的区域。矿山数量增加，能够提高人均GDP，但对农牧民而言，其人均纯收入并不会发生改变，说明农牧民并没有从矿山开采中获益。那曲地区各县区主要矿山分布状况如表5.4所示，图5.7为那曲地区各县域矿山数量与经济社会因子之间的关系。

表5.4 那曲地区各县区主要矿山分布状况

县区	矿点名称	面积/km²	经度 (E) / (°)	纬度 (N) / (°)	海拔/m
安多县	多木钦玛锑矿	10.84	90.495 6	32.712 5	4 889
安多县	宝古多卡锑矿	34.61	90.483 3	32.883 0	4 997
安多县	齐日埃加查岩金矿	11.6	90.391 7	32.433 0	5 009
班戈县	永确陇巴锑矿	54.79	90.126 4	32.916 7	5 234
聂荣县	擦琼铜矿点	2.94	92.608 3	31.191 7	4 771
嘉黎县	那罗拉铜铅锌矿点	4.45	92.569 4	30.333 0	5 132
申扎县	桑绿砂金矿	45.79	87.037 5	32.858 3	4 986
嘉黎县	色日荣铅多金属矿点	14.79	92.254 2	30.549 7	5 294
尼玛县	卓尼乡砂金矿	7.35	87.387 5	31.189 2	4 923
比如县	卡则铅矿点	2.93	93.100 0	31.283 1	5 074
比如县	恰则铅锌矿点	11.69	93.133 0	31.683 3	4 638
班戈县	萨加琼岩金矿	25.44	90.345 6	32.162 2	4 852
嘉黎县	扎下苦铁矿	2.96	92.541 6	30.375 0	5 043
那曲县	扎拉铁矿	3.29	92.687 5	31.622 8	5 100
安多县	杂嘎隆巴铁矿	5.81	92.058 1	32.275 0	4 746
那曲县	薄称配铁矿	2.94	92.766 7	31.216 7	5 093
尼玛县	堂过嘎波砂金矿	5.86	86.276 9	31.391 7	5 294
申扎县	下你弄巴铜铅锌矿	4.82	88.729 2	30.279 2	5 375
安多县	尕尔尼姜锑矿	4.68	90.997 8	32.947 2	5 204
比如县	色扎岩金矿点	48.49	92.900 0	31.883 0	4 660
尼玛县	鸡弄岩金矿点	49.83	86.612 5	31.408 3	4 919
申扎县	钉仁拉金矿点	13.31	88.358 3	30.537 5	5 200
嘉黎县	麦地卡铅矿	1.47	92.841 7	31.084 7	4 911
聂荣县	彭曲砂金矿	32.99	92.553 9	32.393 1	4 880

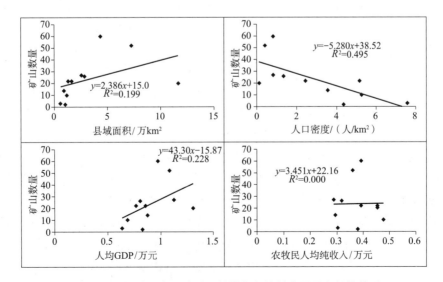

图5.7 那曲地区各县域矿山数量与经济社会因子之间的关系

5.3 矿产资源开发的生态环境效应

那曲矿产资源开发环境效应的特殊之处在于地处高寒脆弱区，生态环境脆弱，一旦破坏很难恢复。因此，有必要对研究区域内矿产资源开发造成的环境效应进行分析，为进一步的评价提供依据和对策。通过实地调查和遥感图像的解译与判读，在矿产资源开采活动中，对环境的影响主要表现在对区域地质地貌、土壤、生物多样性和生物量的影响。

5.3.1 对地质地貌的影响

在采挖的过程中造成地面不均沉降，常引起地层变形、局部塌陷，生成不规则裂缝。此外，大量废渣的堆放不仅占用大量土地，且形成局部人工地貌，破坏地表结构，易引起滑坡、地震、泥石流等次生地质灾害，对矿区生态环境和工作人员的生命和健康造成威胁。且很多矿区开采之后没有治理和恢复地貌，任由废矿和废渣堆放，严重破坏了地表景观和当地的生态环境。露天开采在矿区形成众多大大小小的露天采坑，其中小者一般深几米至十几米不等，长和宽一般为 20 ~ 40 m，而大者深可达数十米，长达数百米。采坑开挖边坡高度 2.5 ~ 30 m 不等，坡度一般在 60° ~ 85°，个别地段呈近直立状态，崩塌隐患严重。地面露天开采占用和扰动地表面积规模大，弃土弃渣数量多，这又为水土流失的形成提供了基础。

5.3.2 对土壤的影响

采矿采挖的过程最直接的影响就是对土壤的影响，矿区的土壤大部分都会遭到毁灭性的影响，此外，产生的废液、废渣、废气会污染当地土壤环境。通过对矿区土样进行分析，发现土壤矿化度、酸碱度和重金属含量明显大于周边地区，污染严重，且土质退化严重，极易造成土壤贫瘠和风沙化。

通过对未退化草地、退化草地和矿区草地土壤样品的分析，表明矿区土壤的碱解氮、全氮、有机质、速效钾、速效磷、粉粒和黏粒的含量低于未退化草地和退化草地，而沙砾含量则相对偏高。其中下降最为明显的是碱解氮和全氮，仅有未退化草地的约40%，退化最不明显的是速效钾，分别为未退化草地的82%和退化草地的95%。

矿区由于人工开挖表层土壤和矿渣占压地表植被，优良河谷草场破坏殆尽，砂卵砾石裸露。有机质含量高的河谷草甸土表层土壤裸露，经过采金冲洗以及风化、侵蚀等作用，弃渣土层中的大量黏（壤）质成分、有机质成分随之流失，其毛细作用大大降低，土壤肥力降低、土质恶化。另外，矿渣中重金属含量较高，重金属随尾矿砂进入矿区周边土壤，土壤中绝大多数金属污染物都难以溶解，其生物有效性较低，植物难以吸收利用。同时，由于受到因采矿引起水土流失的影响，矿区下游草场也受到影响，导致下游草地土壤沙化、草场退化。矿区地处高寒高海拔区，生态环境脆弱，生态系统的抗干扰能力弱，植被一经破坏，自然恢复极其困难。因此，在自然状态下，露天开采对植被的破坏往往是不可逆转的，由于露天开采造成的植被破坏很难恢复到原始状态。表5.5列出了那曲地区未退化、退化和矿区草地土壤状况比较。

表5.5 那曲地区未退化、退化和矿区草地土壤状况比较

项目	未退化草地	退化草地	矿区草地
碱解氮/（mg/kg）	314.57	259.74	186.33
全氮/%	0.47	0.34	0.19
有机质/%	9.65	8.48	3.94
速效钾/（mg/kg）	189.49	163.59	156.53
速效磷/（mg/kg）	4.96	3.54	2.76
砂粒/%	51.01	54.90	58.29
粉粒/%	35.14	30.33	28.02
黏粒/%	5.91	5.10	4.64

5.3.3 对植被和生物多样性的影响

采矿活动破坏了地表结构和土壤水体环境，也破坏了地表的植被，使植被面积减少，矿区周围群落的结构和功能发生变化，造成生境破碎和生物多样性受损，进而影响矿区植被群落的演替和生物多样性的构成。

研究表明，与未退化草地相比，矿区草地的单位面积物种数降低了51%，Shannon-Wiener指数降低了39%，盖度降低了46%，生物量降低了34%，如表5.6所示。

表5.6 未退化、退化和矿区草地植物多样性与生物量比较

项目	未退化草地	退化草地	矿区草地
物种数	16.5	10.3	8.1
Shannon-Wiener多样性	0.87	0.71	0.53
盖度/%	78.7	52.9	42.7
地上生物量/（g/m²）	146.1	124.6	95.7

图5.8 废矿和废渣无序堆放

5.4 矿产资源开发生态适宜性评价

5.4.1 评价指标

5.4.1.1 指标选择原则

高寒脆弱区矿产资源的生态适宜性评价所研究的是矿产资源开发过程中对生态环境质量的影响，因而要确定矿产资源开发的生态适宜性评价指标体系，这就要求分析矿产资源开发过程中对环境的影响效应以及与生态因子之间的相互关系，确定对生态环境质量产生影响的环境因子，然后对这些因子进行系统归纳分析，确定主要因素，将其作为评价指标。其中指标选取和确定的原则为：

（1）科学性和全面性原则

全面客观地反映矿产资源开发造成的生态环境影响，指标体系的选择要全面，保证足够的信息量，考虑影响因素的各个方面；同时要考虑指标的实用性和可操作性，适应矿区的经济发展水平和环境统计水平。

（2）针对性原则

指标体系的建立和选择要针对矿区这一特定目标以及处于高寒脆弱区独特的地理环境，有针对性地选择影响矿区开发的环境因子。

（3）可比性原则

为了便于与相似地区的比较，要求指标数据的选取和计算采取通行的口径和标准，保证评价指标和结果在横向上具有类比性质。各项指标要含义明确，计算方法科学规范，有明确的分级和范围标准，便于进行比较分析。

（4）优先原则

对指标的选取，要考虑优先原则。如对环境质量影响大的污染物优先；有可靠监测手段并能获得准确数据的污染物优先；已有环境标准或有可靠性资料依据的污染物优先。矿产资源开发生态适宜性评价指标体系，如表 5.7 所示。

表 5.7 矿产资源开发生态适宜性评价指标体系

准则层	指标层	分级标准			
		适宜 4	较适宜 3	较不适宜 2	不适宜 1
地质与地貌环境（B1）	C1：岩土性质	坚硬岩类	中等坚硬岩	软弱岩类	松散岩类
	C2：地面坡度/（°）	<10	10~25	25~45	>45
	C3：相对高差/m	<50	50~149	150~250	>250
	C4：地质灾害	无	有小型地质灾害分布	有中型地质灾害分布	有大型地质灾害
	C5：断裂构造	距断裂构造大于 100 m	距断裂构造 50~100 m	距断裂构造 20~50 m	距断裂构造 0~20 m
	C6：土地损毁度/%	<10	10~25	25~35	>35

续表

准则层	指标层	分级标准			
		适宜4	较适宜3	较不适宜2	不适宜1
土壤环境(B2)	C7:土壤质地	黏质	砾质	壤质	沙质
	C8:土壤重金属含量/(mg/kg)	<1	1~2	2~3	>3
	C9:土壤pH值	6.5~7.5	6~6.5	7.5~8	>8或<6.5
	C10:土壤有机质含量/%	>1.2	0.6~1.2	0.3~0.6	<0.3
水环境(B3)	C11:溶解氧量/(mg/L)	≤10	10~15	15~20	>20
	C12:pH值	6~7	5.5~6/7~7.5	5~5.5/7.5~8	<5或>8
	C13:水质矿化度/(g/L)	1~3	3~10	10~50	>50
	C14:氨氮含量/(mg/L)	≤0.5	0.5~1	1~2	>2
大气环境(B4)	C15:总悬浮颗粒物/(mg/m³)	<0.3	0.3~0.5	0.5~0.7	>0.7
	C16:SO₂浓度/(mg/L)	<0.05	0.05~0.15	0.15~0.25	>0.25
植被与生物环境(B5)	C17:植被覆盖率/%	>70	50~70	30~50	<15
	C18:生物丰度	>10	6~10	3~6	<3
	C19:植被类型	阔叶林、针叶林、萌生矮林	草甸、稀疏灌木、草原	荒漠草原、稀疏植被	荒漠
政策与保护(B6)	C20:自然保护区/个	0	0	0	≥1
	C21:国家公园/个	0	0	0	≥1
	C22:风景名胜区/个	0	0	0	≥1
社会环境指标(B7)	C23:人口密度/(人/km²)	<25	25~100	100~500	>500
	C24:人均道路面积/m²	>7	5~7	3~5	<3
	C25:居民聚集区的距离/km	>20	>10且<20	5~10	<5

5.4.1.2 评价指标体系

根据高寒脆弱区矿产资源开发形式和典型矿产资源开发区调查结果,结合矿区开发过程中对环境的影响效应。运用层次分析法将评价指标体系分为目标层、准则层和指标层三个层次。在此基础上,结合研究区的实际情况,参考国内外文献、区域调查的相关资料,基于针对性、科学性、比较性的原则,建立了研究区矿产资源开发的环境适宜性评价指标体系,如表5.7所示。

(1)目标层(A)

即高寒脆弱区矿产资源开发生态适应性评价的总体目标,评价矿山生态环境质量适宜的程度,是指标体系的最高层次。

(2)准则层(B)

指标体系的中间层次,评价影响矿山生态环境适宜性的7个准则层,按照系统进行分类,分别为地质与地貌环境层、土壤环境层、水环境层、大气环境层、植被与生物环境层、政策与保护层以及社会环境指标层。

(3)指标层(C)

指标体系的最基本层次,包括每个准则层所包含的所有具体细化的指标,指标是反映矿山生态环境质量的直接可度量因子,按照指标选取的原则,有针对性地选取了25个指标来进行评价。

5.4.1.3 评价指标权重

采用专家打分—层次分析法,构造判断矩阵,从层次结构模型的第2层开始,对于从属于(或影响)上一层每个因素的同一层诸因素,用成对比较法和1—9比较尺度构造成对比较阵,直到最下层;然后计算权向量并做一致性检验,对于每一个成对比较计算最大特征根及对应特征向量,利用一致性指标、随机一致性指标和一致性比率做一致性检验。若检验通过,特征向量(归一化后)即为权向量;若不通过,需重新构造成对比较阵。基于专家判断和根据Satty-9级标度法确定的各个指标权重确定评价指标体系的权重,判断矩阵的一致性比例均小于0.10,具有满意的一致性。各个因子在评价指标体系中的权重分值,见表5.8。

表5.8 矿产资源开发生态适宜性评价指标权重

准则层	权重	指标层	权重
		C1:岩土性质	0.011 3
		C2:地面坡度	0.014 8
		C3:相对高差	0.011 4
地质与地貌环境(B1)	0.102 8	C4:地质灾害	0.025 2
		C5:断裂构造	0.028 8
		C6:土地损毁度	0.011 3

准则层	权重	指标层	权重
土壤环境(B2)	0.125 8	C7:土壤质地	0.047 5
		C8:土壤重金属含量	0.015 8
		C9:土壤 pH 值	0.023 6
		C10:土壤有机质含量	0.038 9
水环境(B3)	0.136 9	C11:溶解氧量	0.057 1
		C12:pH 值	0.031 3
		C13:水质矿化度	0.017 2
		C14:氨氮含量	0.031 3
大气环境(B4)	0.296 2	C15:总悬浮颗粒物	0.118 9
		C16:SO_2 浓度	0.177 3
植被与生物环境(B5)	0.109 9	C17:植被覆盖率	0.016 8
		C18:生物丰度	0.019 2
		C19:植被类型	0.072 9
政策与保护(B6)	0.1294	C20:自然保护区	0.072 8
		C21:国家公园	0.037 4
		C22:风景名胜区	0.019 2
社会环境指标(B7)	0.1	C23:人口密度	0.052 5
		C24:人均道路长度	0.026 9
		C25:居民聚集区的距离	0.020 6

5.4.2 评价模型

选取综合指数法进行定量评价,此方法不仅能对全部因素进行综合分析,并能较好地体现主导因素,比较符合客观实际。其数学模型为:

$$M_i = \sum_{j=1}^{n} P_i \times W_i$$

式中,M_i——各评价单元的综合指数值;

P_i——该评价单元中评价因子的性状数据取值;

W_i——该评价单元中评价因子的综合权重值。

根据计算,环境适宜性综合指数值在 1 ~ 4。依据适宜程度由大到小划分为四个等级,如表5.9所示。

表5.9 矿产资源开发的环境适宜性综合指数评价分级

等级	I	II	III	IV
分值	[3,4)	[2.5,3)	[2,2.5)	(1,2)
状态特征	适宜	较适宜	较不适宜	不适宜

5.4.3 评价结果

按照评价模型方法,通过 ArcGIS 软件对各指标按分级标准逐一量化,生成专题图层,再按照适宜性的分级指标体系进行赋值,生成每一准则层面的专题适宜性图(图5.9)。

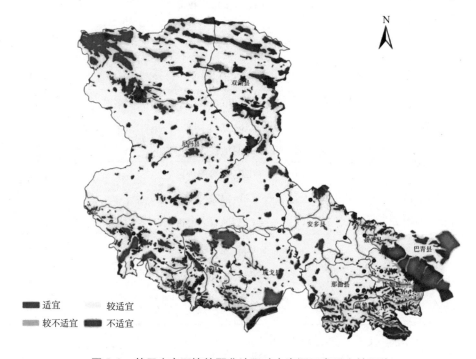

图5.9 基于生态环境的那曲地区矿产资源开发适宜性评价

(1)基于生态环境的矿产资源开发适宜性评价

根据目前的数据可得性,主要考虑植被与生物环境层面的植被类型、植被覆盖度、生物丰度进行叠加分类赋值,得到生态适宜性开发区域图。由图5.9可见,生态适宜性较高的主要位于尼玛县、申扎县和双湖区等,较不适宜和不适宜的主要位于东南部的巴青县和班戈县等。

(2)基于生态保护的矿产资源开发适宜性评价

在政策与保护准则层,考虑区域内各种自然保护区,结合国家生物多样性保护优先区进行叠加,参照生态适宜性评价标准,生成在政策与保护层面的专题图层,如图5.10所示。

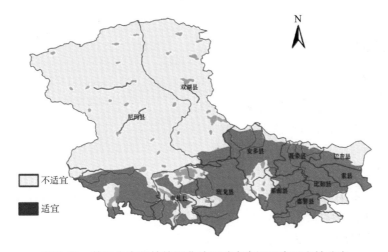

图5.10　基于生态保护的那曲地区矿产资源开发适宜性分布

那曲地区已建立各类自然保护区17个,其中国家级自然保护区2个、自治区级自然保护区2个、县级自然保护区13个,整个保护区总面积23.6万 km²,占全地区国土面积的56.2%。根据《中华人民共和国自然保护区条例》,这些区域均不能进行矿产资源开发活动,因此基于生态保护的那曲地区矿产资源开发适宜性分布面积大为缩小,不到全区面积的50%。

(3)矿产资源开发生态适宜性评价

对每一准则层通过叠加加权计算,根据评价模型和分类体系,进行重分类,最终生成那曲地区总的生态适宜性评价图。适宜进行矿产资源开发的区域主要为尼玛县和申扎县南部和那曲地区的中东部(图5.11)。

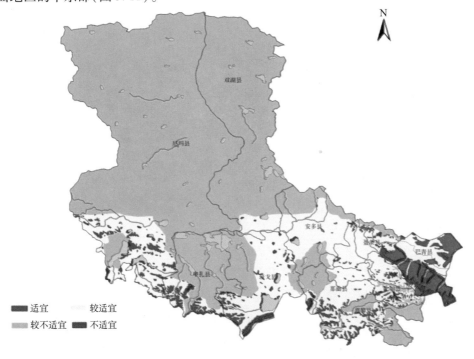

图5.11　那曲地区矿产资源开发生态适宜性评价

5.5 建议措施

（1）深入研究矿产资源开发对高寒生态系统的影响

基于那曲地区高寒生态系统的重要性和脆弱性，以及目前矿产资源开发的热潮，迫切需要对此地区矿产资源开发对高寒生态系统的影响进行深入研究，特别是受损后的恢复进程和机制。

（2）划定生态红线，加大保护力度

对一些非常脆弱和重要的生态系统，必须纳入生态红线，与目前的自然保护区管理体系一起，为保障区域生态安全提供管理制度基础。

（3）矿业结构调整与优化

积极利用市场机制，通过联合开发的办法，提高那曲地区矿业开发水平，积极引进和推广先进技术和工艺方法，提高矿业开发的效益，确保有效保护和合理开发利用矿产资源。

第6章

雅江源区草地资源可持续利用及其生态补偿研究

内容提要:根据草地资源禀赋、草地管理政策、生态环境状况、土地利用/覆被现状等,建立了雅江源区草地资源可持续利用评价方法,确定了该区草地资源可持续利用的区域和规模。结合雅江源区牲畜存栏量,提出了该区基于牲畜存栏量削减的草地资源可持续利用的调控途径。根据全国、西藏地区本地种绵羊净利润的平均水平,估算了雅江源区草地资源可持续利用的调控成本。综合考虑退牧还草工程的群众自筹投资额等因素,确定了雅江源区草地资源可持续利用的生态补偿标准和机制。

6.1 研究区域

6.1.1 地理位置

雅鲁藏布江源头区(以下简称雅江源区)地处西藏自治区西南部、日喀则地区西部,喜马拉雅山西段和冈底斯山之间,主要包括仲巴县大部分和革吉县、普兰县、萨嘎县小部分,南起29°08′30″N,北到30°58′12″N,西起81°05′07″E,东到84°30′20″E,平均海拔4 600 m以上。

6.1.2 气象气候

雅江源区属高原亚寒带半干旱气候区,具有光照充足、辐射强、干湿季节明显、暖季凉爽、冬季严寒等特点。雅江源区水热条件严酷,年平均气温在 $-30 \sim -1.2℃$,年降雨量186 ~ 290 mm,多集中在6—9月,占全年降水的90%左右;年蒸发量呈现逐年增大的趋势,年平均气温每升高1℃时,年蒸发量大约增加99 mm。

6.1.3 生态环境

雅江源区主要的土壤类型包括草甸土、高山草原土、高山草甸土、寒漠土等,植被类型以紫花针茅（*Stipa purpurea*）、高山嵩草（*Kobresia pygmaea*）、青藏苔草（*Carex moorcroftii*）、固沙草（*Orinus thoroldii*）等为主。雅江源区地势高亢，植物群落结构简单，生态系统抗干扰和自我恢复能力差，生态环境十分脆弱。

雅江源区高寒草甸、高寒草原等草地类型分布广泛，具有重要的水源涵养、防风固沙、土壤保持和生物多样性保护等生态服务功能，其生态环境质量直接关系到中游经济发达地区、下游生物多样性丰富地区和孟加拉湾三角洲洪涝灾害严重地区的生态安全，是西藏高原国家生态安全屏障的重要组成部分。

6.1.4 社会经济

就经济、社会发展而言，雅江源区是纯牧业区，区内仲巴县、萨嘎县和革吉县均属牧业县，普兰县也属半农半牧县。根据西藏自治区统计年鉴，2011年仲巴县、萨嘎县、普兰县和革吉县的牧业产值占农林牧渔业产值比例分别为96.18%、85.98%、66.90%和97.77%。可以说，畜牧业是雅江源区的支柱产业，是广大牧民群众世世代代经营并赖以生存、发展的基础产业，使得雅江源区人类生产、生活对自然环境和草地资源呈强烈的依赖性。

随着人口数量、居民生活需求和牲畜存栏量的不断增加，近年来雅江源区人畜压力加剧、草畜矛盾突出，草地盖度随之下降，草地退化、沙化、荒漠化现象十分突出。其中，仲巴县轻度退化、中度退化和重度退化草地面积分别为598.24万亩、628.15万亩和269.21万亩，分别占可利用草地面积的13%、13.7%和5.7%。超载过牧、草地资源不合理利用成为制约雅江源区畜牧业、经济社会持续发展的瓶颈，更为重要的是对雅江源区生态环境质量、生态服务功能和雅江流域生态安全造成极大威胁。

针对雅江源区草地生态系统的脆弱性、重要生态服务功能及其在区域经济社会发展和西藏高原国家生态安全屏障中的重要地位，特别是超载过牧及其引起的草地退化、沙化、荒漠化等生态环境问题，亟须开展雅江源区草地资源可持续利用和生态补偿研究，确定草地资源可持续利用规模，提出畜牧业可持续发展调控对策，构建草地生态补偿机制，对于雅江源区草地生态环境改善、畜牧业可持续发展，特别是雅江流域生态安全具有重要的战略意义。

6.2 雅江源区草地资源可持续利用评价

6.2.1 理论框架

近年来，国内外学者提出了一系列草地资源评价的理论和方法。纵观国内外草地资源可持续利用研究进展，草地资源评价侧重于草地资源生产能力、草地资源基况、草地资源生产价值评价等方面，尚未综合考虑草地资源的社会、经济和生态效益。总体上，草地资源可持续利用评价指标体系与评价方法研究还处于发展阶段。

联合国粮食及农业组织（FAO）发表的《持续土地管理评价大纲》中指出，可持续土地利用必须符合以下原则：①生产性原则，土地利用方式有利于保持和提高土地的生产力，包括农业和非农业的土地生产力以及环境美学方面的效益;②稳定性原则,有利于降低生产风险,使土地产出稳定;③保护性原则,保护自然资源的潜力和防止土壤和水质的退化;④经济可行性原则,如果某一土地利用方式在当地是可行的,那么这种土地利用一定有经济效益,否则肯定不能存在下去;⑤社会可接受性原则,如果某种土地利用方式不能为社会所接受,这种土地利用方式必然失败。

根据草地资源及其可持续利用的自身特征、主要制约因素和存在的问题等综合因素,结合生产性、稳定性、保护性、经济可行性和社会可接受性等可持续利用基本原则,构建草地资源可持续利用评价指标体系。其中,草地资源可持续利用的生产性主要包括草地自然生产力、草地载畜能力、草地现实生产水平;稳定性主要包括抗灾能力、生产波动性、草地改良投入;保护性主要包括草地退化程度、草地利用方式、草地生态建设投入;经济可行性包括草地牧业生产效益、草地牧业增产潜力;社会可接受性包括社会需求满足程度、畜产品结构、草地使用制度和区位条件等。

基于上述评价指标体系的评价方法,是目前草地资源可持续利用评价的主要方法,适用于草地资源利用的现状、历史和方案评价,属于草地资源利用状况评价,但是无法确定草地资源的可持续利用规模、牲畜养殖规模及具体调控措施。根据草地资源自身属性、草地资源利用方式、存在的主要问题等,综合考虑生产性、稳定性、保护性、经济可行性和社会可接受性,评估和预测草地资源可持续利用规模及其对应的牲畜数量,更有利于草地生态保护与监管、草地生态补偿、畜牧业发展规划制定及其调控等,从而推动草地生态服务功能可持续发挥、畜牧业和经济社会可持续发展等。

6.2.2　研究方法

6.2.2.1　草地资源可持续利用

(1)草地资源可持续利用的区域

根据草地资源可持续利用的管理需求,特别是地形地貌、生态脆弱性、生态保护和管理等对畜牧业发展的制约作用,划定草地资源不适合利用的区域,包括坡度超过40°的坡草地、生长旺季植被盖度在40%以下的低覆盖草地、依法设定的保护区域、流动沙地等劣地分布区,以及强度、极强度、剧烈生态退化区。这类区域的天然草地对外界干扰的耐受能力较弱、在区域生态环境保护中占重要地位,过度放牧极易加剧生态破坏,降低草地生态系统的土壤保持、水源涵养、生物多样性保护等生态服务功能,甚至诱发草地退化、沙化、荒漠化等生态环境问题,对区域生态安全、生态环境质量等构成威胁。

首先,利用雅江源区植被分布图、保护区域边界、土壤侵蚀、土地利用、劣地等矢量数据,通过各类数据的叠加分析,提取雅江源区草地资源不适合利用的区域边界矢量数据;通过与雅江源区天然草地矢量数据的叠加分析,结合雅江源区草地资源调查资料,获取雅江源区草地资源可持续利用的区域边界及其草地资源特征数据。

(2)草地资源可持续利用的阈值

以草地型为基本单元,以平均亩产鲜草量、可食牧草量等为评价指标,利用20世纪80年代以来不同草地型生长季NDVI的动态变化率,对雅江源区不同草地型的产草量进行修正。结合草地资源可持续利用区域的草地面积和不同草地型的产草量、标准干草折算系数等参数,确定雅江源区草地资源可持续利用的牧草生物量。

根据雅江源区野生动物的种类、数量及其与标准羊单位的折算系数,估算野生动物的牧草需求量,计算公式为:

$$PD_i = \sum_{k=1}^{O} (X_{ik} \times R_k \times I \times D_k)$$

式中,PD_i 为区域 i 野生动物牧草需求量,kg;k 和 O 为野生动物物种的序号和总数;X_{ik} 为区域 i 第 k 种野生动物的数量;R_k 和 D_k 为第 k 种野生动物的标准绵羊单位折算系数和采食天数;I 为标准绵羊单位的采食量,kg/d。

在不同草地型的适合放牧面积、产草量、放牧利用率等基础上,求出野生动物的牧草需求量,评估雅江源区草地资源可持续利用量,计算公式如下:

$$P = \sum_{j=1}^{n} (S_j \times Y_j \times E_j \times H_j) - PD$$

式中,P 为草地资源可持续利用量;S_j、Y_j、E_j 和 H_j 为草地型 j 的可放牧面积,hm^2、产草量,t/hm^2、放牧利用率,% 和标准干草折算系数;PD 为满足野生动物保护需要的牧草量。

结合标准羊单位的日食草量,估算雅江源区草地资源可持续利用的载畜量,计算公式如下:

$$C = \frac{P}{I \times D}$$

式中,C 为草地资源可持续利用的载畜量,羊单位;I 为标准羊单位的日食草量,kg/d;D 为放牧天数,d。

6.2.2.2　草地资源可持续利用的调控措施

根据雅江源区草地资源可持续利用的载畜量和牲畜存栏量,确定该区草地资源可持续利用需要削减的牲畜存栏量;结合牲畜的市场价值,估算草地资源可持续利用的调控成本。其中,牲畜存栏量需要折算为标准羊单位。

(1)各类牲畜的标准羊单位折算系数

以《西藏自治区建立草原生态保护补助奖励机制2011年度实施方案》提出的"各类牲畜折合为标准家畜单位(绵羊单位)的折算系数"为基础,参考《天然草地合理载畜量的计算》(NY/T 635—2002)对"现存家畜与标准家畜的换算系数"的界定,以及《四川省草原载畜量及草畜平衡计算方法(试行)》等,将各类牲畜折合为标准羊单位的折算系数确定为:

成年畜:1 匹马骡 =6 个绵羊单位,1 头牛 =5 个绵羊单位,1 头牦牛 =4 个绵羊单位,1 头驴 =3 个绵羊单位,1 只山羊 =0.8 个绵羊单位,1 只绵羊 =1 个绵羊单位等。

幼畜:按成年畜的 50% 折合为羊单位。

成年畜、幼畜划分标准为牦牛 4 岁、黄牛 3 岁、绵羊 1.5 岁、山羊 1 岁、马 4 岁、驴骡 3 岁以上为成年畜,以下为幼畜。

(2)牲畜市场价值

根据《全国农产品成本收益资料汇编》,2010 年西藏地区每只绵羊平均体重 39.25 kg,每百只绵羊的总产值(包括产品畜、毛绒和副产品产值)合计 17 764 元,总成本合计 7 292.64 元,净利润 10 471.36 元;每只绵羊平均体重和每百只绵羊净利润的全国平均水平分别为 39.79 kg 和 16 217.42 元。

根据西藏地区绵羊的净利润与其全国平均值,结合标准羊单位定义,将标准羊单位的市场价值分别定义为 133.4 元和 203.8 元。

6.2.3　数据来源

本研究的数据来源主要包括:

(1)雅江源区 1987—1998 年 Pathfinder AVHRR NDVI 和 1999—2011 年 SPOT VEGETA-TION NDVI 指数数据集;

(2)1987 年西藏自治区草地资源调查资料;

(3)雅江源区地形图、植被图、自然保护区、土壤侵蚀数据、基础地理信息等资料;

(4)中国统计年鉴、中国畜牧业年鉴、西藏自治区统计年鉴、日喀则地区统计年鉴和各类调查、统计资料等。

6.2.4　结果与分析

6.2.4.1　雅江源区草地资源可持续利用评价

根据实地调查、遥感监测、资料分析,雅江源区天然草地总面积 19 154.64 km², 主要包括高寒草甸草原类、高寒草原类、暖性灌草丛类、山地草甸类、高寒草甸类和沼泽类六大草地类型。

从草地类型分布来看,雅江源区高寒草原类的分布最广泛,面积 11 770.12 km², 占该区天然草地总面积的 61.45%;其次是高寒草甸类,面积 6 971.18 km², 占该区天然草地总面积的 36.39%;高寒草甸草原类、暖性灌草丛类、山地草甸类、沼泽类的面积分别为 270.01 km²、18.27 km²、92.09 km² 和 32.97 km², 分别占该区天然草地总面积的 1.41%、0.10%、0.48% 和 0.17% (图 6.1)。

广泛分布的高寒草原和高寒草甸为雅江源区畜牧业发展提供了良好的物质基础和生产资料。其中,高寒草原产草量高,牲畜喜食,可收贮青干草;高寒草甸类,特别是高山嵩草热值含量较高,草质较软,适口性好。而且高寒草原和高寒草甸都具有较强的耐牧性,是理想的放牧型草地。

然而,考虑到地形地貌、生态脆弱性、生态保护和管理等因素的制约,雅江源区部分草地不适宜畜牧业发展,放牧活动,特别是过度放牧极易加速草地退化,引发草地生态服务功能下降和土地沙化、荒漠化扩张等生态环境问题。

通过不适合、不能放牧的草地分析,结合雅江源区天然草地及其空间分布情况,雅江源区适合放牧的草地总面积为 17 558.37 km², 占该区天然草地总面积的 91.67%,包括高寒草甸草原类、高寒草原类、暖性灌草丛类、山地草甸类、高寒草甸类和沼泽类六大草地类型,见图 6.2。其中,适合放牧的高寒草原类面积仍然最大,达 10 646.77 km², 占该区适合放牧草

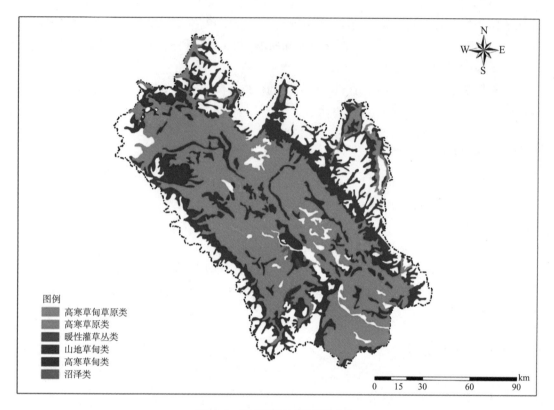

图 6.1　雅江源区天然草地分布

地总面积的 60.64% ;其次是高寒草甸类,其适合放牧面积为 6 518.49 km²,占该区适合放牧草地总面积的 37.12% ;高寒草甸草原类、暖性灌草丛类、山地草甸类、沼泽类适合放牧的面积分别为 257.82 km²、13.95 km²、90.68 km² 和 30.66 km²,分别占该区适合放牧草地总面积的 1.47%、0.08%、0.52%、0.17%。

与雅江源区天然草地相比,该区适合放牧的草地比例为 91.67% ,各草地类型适合放牧的草地面积比例各不相同。其中,雅江源区山地草甸适合放牧的比例最高,达 98.47% ,超过雅江源区的平均水平;高寒草甸草原、高寒草甸、沼泽适合放牧的比例也都超过雅江源区天然草地适合放牧比例的平均水平,分别为 95.49%、93.51%、92.99%。高寒草原和暖性灌草丛适合放牧的比例相对较低,分别为 90.46% 和 76.35%。由于高寒草原和高寒草甸在雅江源区的广泛分布,高寒草原和高寒草地仍是雅江源区畜牧业赖以发展的物质基础。

考虑到雅江源区无自然保护区分布,不适合和不能放牧的草地资源一般为坡草地、低覆盖草地,或分布于生态退化区、劣地区的草地资源,因此,适合放牧比例较高的草地类型,其生态环境状况相对较好。在雅江源区六类草地资源中,高寒草甸草原、高寒草甸和沼泽是适合放牧比例相对较高的草地类型,主要源于其良好的水热条件,生态环境状况相对较好。现场调查显示,丰水年雅江源区草地生长状况远远好于平水年和枯水年。总体来看,水热条件,特别是降水,是雅江源区草地资源生长状况及其对畜牧业发展支撑能力的决定性因素,畜牧业应根据水热条件的空间差异、动态变化做出相应的调整,从而实现草地资源可持续利用和畜牧业可持续发展。

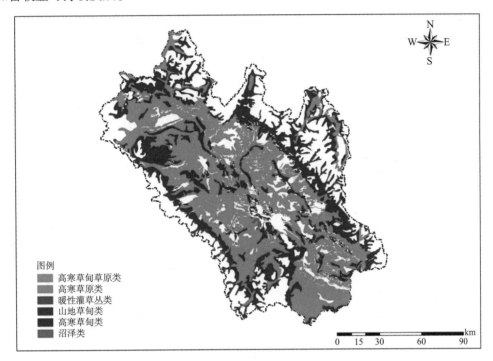

图6.2　雅江源区适合放牧的天然草地分布

6.2.4.2　雅江源区草地资源可持续利用调控

综合考虑地形地貌、生态脆弱性、生态保护和管理等因素对草地资源利用的制约作用，在草地生态系统良性循环、草地资源永续利用、生态服务功能持续发挥的前提下，雅江源区草地资源可持续利用量为85.55万t(以标准干草计)，对应的草地载畜量为127.19万羊单位。

目前，雅江源区牛、马、山羊、绵羊的年底存栏量分别为109 894头、6 374头、383 348头和251 731头，合计132.72万羊单位。根据草地可持续利用对应的载畜量(127.19万羊单位)，雅江源区草地资源可持续利用需要削减5.54万羊单位。

参照西藏地区50 kg本地绵羊的净利润(133.4元)，从标准羊单位的市场价值来看，雅江源区草地资源可持续利用需要削减牲畜存栏量对应的市场价值为738.55万元。若以50 kg本地绵羊净利润的全国平均水平(203.8元)为准，雅江源区草地资源可持续利用需要削减牲畜存栏量对应的市场价值为1 128.3万元。

6.3　雅江源区草地资源可持续利用生态补偿研究

6.3.1　理论框架

近年来，国内外开展了大量针对生态补偿的研究和实践探索，但至今尚未形成统一的生态补偿定义。《环境科学大辞典》将自然生态补偿定义为"生物有机体、种群、群落或生态系统受到干扰时,所表现出来的缓和干扰、调节自身状态使生存得以维持的能力,或者可以看作生态负荷的还原能力"。20世纪90年代前期生态补偿通常是生态环境损害赔偿的代名词。20世纪90年代以来生态补偿更多地被理解为一种资源环境保护的经济刺激手段。

李文华等将生态补偿定义为以保护和可持续利用生态系统服务为目的,以经济手段为主调节相关者利益关系的制度安排。广义的生态补偿应该包括环境污染和生态系统服务两个方面的内容。但从我国目前的实际情况看,由于在征收排污费方面的工作已经有了一套比较完善的法规,因此生态补偿的重点是生态系统服务领域。

补偿政策、补偿标准、补偿模式、补偿绩效评价和补偿法律制度是建立草地生态补偿机制的核心内容,是生态补偿政策和资金能否顺利实施和发挥作用的关键,也是生态补偿项目能否成功的决定性因素。因此,生态补偿机制研究成为生态补偿研究的重要内容。

生态补偿标准是建立生态补偿机制的核心问题。国内外确定补偿标准的方式因条件和地域而有差异,方式多种多样,具有代表性的方法主要有:①以生态建设成本与生态效益差额作为流域生态补偿的标准;②以生态重建成本作为补偿标准;③以生态系统服务价值为上限,牧民损失的机会成本为下限,介于受偿者的机会成本与其所提供的生态系统服务的价值之间的补偿标准;④以机会成本确定补偿额度;⑤以生态足迹的差异及退耕还草的生态保护价值确定补偿标准;⑥以经营者和受益者协商后,由权威机构根据经营者和受益者提出的补偿额,采用双向竞卖和最终开价仲裁法确定补偿额大小;⑦以生态损失量与补偿期限以及道德习惯等因素确定补偿标准。以生态保护者的投入及生态破坏的恢复成本为补偿标准下限,以生态系统服务的价值为补偿标准上限,是目前普遍采用的生态补偿标准确定方法。

一个国家或区域的经济发展水平决定了生态补偿的层次和规模,生态补偿模式因层次、规模和生态系统的不同而采取不同的补偿模式。按补偿规模分为全球性补偿、区际补偿、地区性补偿和项目性补偿等模式。按补偿层次分为国家补偿、地区补偿、部门补偿和产业补偿等模式。按补偿类型分为政府主导模式(财政转移支付、专项基金、重大生态建设工程等)和市场化运作模式(生态补偿费、排污费、资源费、环境税、排污权交易等)。按补偿付费形式分为生态补偿费与生态补偿税、生态补偿保证金制度、财政补贴制度、优惠信贷、交易体系和国内外基金等模式。

草地资源利用与生态环境保护行为具有明显的外部性特征,主要表现为两个方面,一是资源开发造成生态环境破坏所形成的外部成本,二是生态环境保护所产生外部效益。由于这些成本或效益没有在生产或经营活动中得到很好的体现,从而导致了破坏生态环境的行为没有得到应有的惩罚,保护生态环境产生的效益却无偿享用。

畜牧业是雅江源区经济发展的支柱产业,也是该区居民收入、生活资料的主要来源。但是受严酷的自然条件、粗放的养殖方式、低下的经济水平、物价上涨趋势、传统意识习惯等因素的制约,雅江源区牧民普遍通过增加牲畜存栏量,增加自身财富,提高生活水平。因此,牲畜存栏量削减必然会对牧民生活、区域发展构成强烈影响。

依托国务院西部办、国家发改委、财政部、农业部、国家粮食局投资,在自治区农牧厅、日喀则地区农牧局、草原站等支持下,近年来雅江源区各县、乡(镇)开始实施了一系列天然草地退牧还草工程,使得雅江源区退化的天然草地植被得到了较好的恢复,涵养水源、防风固沙、固碳增汇等生态服务功能随之提升。2009 年雅江源区退牧还草工程项目总投资 2 800 万元,其中,国家投资 2 050 万元,占总投资的 73%;群众自筹 750 万元,占总投资的 27%。由于雅江源区经济社会水平低下,居民收入途径单一且有限。因此,生态保护与建设工程项目经费的群众自筹部分对于当地牧民来说仍是较大负担。

根据草地资源利用与生态环境保护的外部性特征、雅江源区在雅江流域生态安全中的重要地位、雅江源经济社会发展的自身特征,综合考虑草地资源可持续利用对区域经济发展和居民生活的影响,以及雅江源区生态保护与建设工程的投资情况,迫切需要开展草地资源可持续利用的生态补偿,以推动雅江源区生态环境保护与建设、区域经济社会和畜牧业可持续发展。

6.3.2　草地生态补偿标准

雅江源区草地生态补偿主要包括两个方面:一是草地资源可持续利用需要削减牲畜存栏量,由此导致牧民损失的机会成本额;二是退牧还草等生态保护与建设工程投资,特别是地方配套资金、群众自筹资金。

按照 50 kg 本地种绵羊净利润的西藏水平(133.4 元)和全国水平(203.8 元),雅江源区草地资源可持续利用导致牧民损失的机会成本额分别为 738.55 万元和 1 128.3 万元。雅江源区退牧还草工程的群众自筹投资额 750 万元。

因此,从牧民损失的机会成本来看,雅江源区草地资源可持续利用的生态补偿标准为 1 128.3 万元;从生态保护与建设投资来看,雅江源区草地资源可持续利用的生态补偿标准为 750 万元。

6.3.3　草地生态补偿机制

就草地资源的生态保护者和生态受益者而言,雅江源区草地可持续利用的生态保护者包括地方政府和牧户,生态受益者包括雅鲁藏布江流域中下游和全国。

结合草地资源可持续利用的生态补偿标准,牧户是基于机会成本的生态补偿的主要补偿对象,地方政府是基于生态保护与建设投资的生态补偿的主要补偿对象。鉴于此,建议基于牲畜市场价值西藏水平的机会成本(738.55 万元)由雅鲁藏布江流域中下游来补偿;基于牲畜价值全国水平的机会成本(389.75 万元)由国家财政补偿;基于生态保护与建设投资的生态补偿(750 万元)由国家财政补偿,减少地方政府配套资金、牧户筹资压力。

补偿渠道包括财政转移支付、剩余劳动力输出、牧场异地安置、退化草地生态恢复与治理等,同时建立草地资源可持续利用生态补偿专项资金、受损方与受益方对口帮扶等制度。

6.4　结论与建议

(1)雅江源区天然草地面积 19 154.64 km²,高寒草甸和高寒草原分布最广泛,区内还有高寒草甸草原、暖性灌草丛、山地草地和沼泽分布。雅江源区适合放牧的草地面积为 17 558.37 km²,占该区天然草地总面积的 91.67%。高寒草甸和高寒草原是雅江源区畜牧业发展的主要草地类型,各草地类型的适合放牧比例存在显著差异,山地草甸、高寒草甸草原、高寒草甸、沼泽适合放牧的比例相对较高,主要源于其相对优越的水热条件。

(2)雅江源区草地资源可持续利用量为 85.55 万 t,对应的草地载畜量为 127.19 万羊单位。从草地资源可持续利用来看,雅江源区需要削减牲畜存栏量 5.54 万头,对应的市场价值分别为 738.55 万元(西藏水平)和 1 128.3 万元(全国水平)。

(3)雅江源区草地生态补偿主要包括牧民损失的机会成本和生态保护与建设工程投资。从牧民损失的机会成本来看,雅江源区草地资源可持续利用的生态补偿标准为 1 128.3 万元;从生态保护与建设投资来看,该区草地资源可持续利用的生态补偿标准为 750 万元。

(4)就草地资源可持续利用而言,生态保护者包括地方政府和牧户,生态受益者包括雅鲁藏布江流域中下游和全国。基于牲畜市场价值西藏水平的机会成本(738.55 万元)由雅鲁藏布江流域中下游来补偿;基于牲畜价值全国水平的机会成本(389.75 万元)由国家财政补偿;基于生态保护与建设投资的生态补偿(750 万元)由国家财政补偿。

第7章

拉萨河流域水资源适度开发及其调控研究

内容提要：西藏地区水资源开发方式以水电开发为主，水电开发通常集发电、供水、防洪等多功能于一体，对于协同解决西藏地区的能源供给问题和工程性缺水问题具有重要作用。然而，水电开发在兴水利和除水害的同时，也会对流域生态系统产生一定的威胁，如何合理地开发水资源，如何确定水资源开发的适度规模以及如何在水资源开发过程中同步实行有效的生态环境保护措施。这些问题的解决对于协调水资源开发过程中发挥社会经济效益与破坏自然生态环境之间的矛盾，并促进水资源开发活动的可持续发展具有积极的促进作用。本章面向西藏地区未来巨大的水能开发潜力，从水电开发前期的生态适宜性评价，到水电开发中期的生态效应评价与适度规模优化，再到后期的伴随水电工程的生态环境保护对策实施，形成针对水电开发"适宜选址—适度规模—生态保护"的从上至下的一套生态保护与适度规模调控技术。

7.1　研究区域

本研究先在西藏全区尺度上进行水电开发的生态适宜性评价和水电开发的生态效益评估，再选择水电开发适宜区域——拉萨河流域，开展后续的水电开发的适度规模调控和水电开发的生态补偿机制研究。因此，研究区概况分别为西藏全区和拉萨河流域的水资源和水能资源概况。

7.1.1　西藏水资源特征及开发现状

水资源总量丰富，湖泊、冰川与地表径流共生。西藏全区人均水资源占有量约为152 969.2 m³，数十倍于全国人均水资源占有量。西藏冰川面积和储量分别占全国的48.2% 和53.6%，冰川蕴含的水资源总量约3 000亿 m³，每年冰川融水径流量达325亿 m³。西藏的湖泊面积约40 000 km²，占全国湖泊总面积的30%（韩俊宇，2011）。同时，亚洲著名大河如长江、湄公河、萨尔温江、伊洛瓦底江、布拉马普特拉河、恒河、印度河均源于或流经西藏,西藏多年平均出境水量达 3 900 亿 m³。

水能蕴藏量丰富,待开发潜力巨大。西藏全区共有 356 条河流,河流径流充沛,落差巨大。根据《西藏自治区"十二五"时期水利规划》,西藏全区水能资源理论蕴藏量为 2.01 亿 kW,占全国水能资源总量的 30%,居全国首位。全区 500kW 以上的水电站技术可开发资源量为 1.1 亿 kW,占全国的近 20%,居全国第二位。目前,西藏自治区开发水电站 400 余座,年发电量约 430 亿 kW·h,只占技术可开发量的 6.99%,开发率仅为全国平均水平的一半。

水质良好,废污水排放呈减少趋势。根据《西藏自治区水资源公报 2009》,西藏全区河流水质以Ⅱ类和Ⅲ类水为主,占全部河长的 90% 以上,水质超标河长仅占全部河长的 2% 以下,且湖库水质和跨界水体水质均达到Ⅱ~Ⅲ类。根据《中国统计年鉴 2009—2012》,西藏全区工业废污水排放呈减少趋势,年均工业废污水排放减少 6.8%。

水资源季节和地域分配不均,工程性缺水严重。境内河流补给主要源于降水、冰雪融水和地下水,降水和径流地区差异大。在地域上,水资源多分布于南部雅鲁藏布江中下游及东部横断山脉的怒江、澜沧江和金沙江,而占全区面积近 2/3 的藏北高原,水资源只占全区的 1%~2%。水资源年内分配也极不均匀,河流径流丰枯特征十分明显,雨季(6—9 月)降雨量占全年降雨量的 80% 以上。加上境内调节性水库容量不足,使西藏面临工程性缺水。

7.1.2 拉萨河水资源特征及开发现状

拉萨河为雅鲁藏布江中游左岸最大的一级支流,干流全长 551 km,流域面积 32 875 km²,平均海拔高程约 4 500 m,地处西藏—江两河的中心地区(图 7.1)。拉萨河多年平均径流总量为 104 亿 m³,地表径流丰枯季节特征十分明显。流域内多年平均降雨量为 450 mm,多年平均蒸发量为 1 400 mm。拉萨河干流天然落差 1 620 m,河口多年平均流量为 320 m³/s,水能资源理论蕴藏量为 2 547.8 MW。

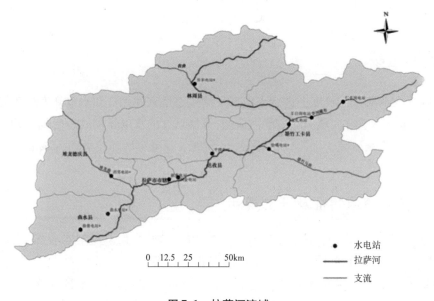

图 7.1 拉萨河流域

根据《西藏自治区"十二五"时期水利规划》,拉萨河流域水利发展的主要目标包括农村安全饮水工程、城市饮用水水源工程、农牧灌溉水利设施、流域洪涝和地质灾害防治等方面,由此带来包括地表径流、湖泊和地下水资源的开发。由于水能开发特别是大型水利枢纽建设,通常集水力发电、供水、防洪等多种功能于一体,目前拉萨河流域的水资源开发通常以发电和灌溉为主,兼顾防洪、城市供水和流域治理等其他方面。流域内现已建成纳金、献多、平措、直孔等4座水电站,总装机容量为115.1 MW。旁多水电站正在建设,拟装机容量为120 MW。

7.2　研究方法

在水电开发生态适宜性评价的基础上,开展水电开发的生态效应评估和流域水电开发适度规模调控,并同步开展水电开发的生态补偿研究。

7.2.1　水电开发的生态适宜性评价方法

通过对西藏重点流域内生态资源的调研,运用专家判断等进行决策分析,确定具有代表性的因子作为区域生态适宜性判断的影响因子。运用层次分析法确定各因子的权重,构建流域水电开发的生态适宜性评价模型(孙霞等,2004)。并通过 GIS 的空间分析功能进行评价,获得流域水电开发的生态适宜性分布图(王海鹰等,2009),确定西藏地区水电开发的适宜区域。

(1)生态适宜性评价指标体系

指标选择主要遵循以下几个原则:①代表性原则,选取的指标可以代表和反映自然生态系统某方面的特性;②综合性原则,选取的指标可以综合反映系统特征现状和未来演化趋势;③可量化原则,尽量选择客观可测量的指标,以量化分析生态适宜性水平。基于以上原则,确定具有代表性的 10 项指标作为区域生态适宜性判断的影响因子,从环境、生态、社会经济三个子系统进行评价(表 7.1)。此外,为保证生态保护区的健康发展,将生态敏感区作为限制因子。

根据所选评价指标,将各因子的统计数据用评价标准进行定量化处理,确定评价因子适宜度评分值。单因子适宜性评分值分为4级,赋值按照等级高低分别为100、75、50、25,分值越高,表示适宜性越好。综合评价中,适宜度根据不同因子加权求和确定,因子权重取决于某一特定因子对适宜性的贡献程度。为提高评价过程的可操作性,力求最大限度地降低评价工作中的主观性和片面性,指标权重采用层次分析法与专家打分法相结合的方法确定。具体的评分和权重结果如表 7.1 所示。

表 7.1　西藏地区水电开发生态适宜性评价指标体系

目标层	准则层	指标层 1	指标层 2	等级	指标	权重系数
生态适宜性等级 A	环境子系统 B1	地形指标 C1	高程/m	1	≤3 000	0.086 3
				2	(3 000,3 500]	
				3	(3 500,4 000]	
				4	>4 000	
			地貌	1	谷地区	0.083 0
				2	峡谷区	
				3	湖盆区	
				4	高山区	
		环境质量指标 C2	地表水质等级	1	优于Ⅲ类	0.082 1
				2	Ⅲ~Ⅳ类	
				3	Ⅳ~Ⅴ类	
				4	劣于Ⅴ类	
		土地利用 C3	土地覆盖类型	1	河流	0.280 9
				2	其他	
	生态子系统 B2	气候 C4	年平均气温/℃	1	≥15	0.091 0
				2	[7,15)	
				3	[0,7)	
				4	<0	
			年平均降水量/mm	1	≥500	0.098 3
				2	[350,500)	
				3	[200,350)	
				4	<200	
		生态质量 C5	EI 指数[a]	1	≥60	0.089 4
				2	[45,60)	
				3	[30-45)	
				4	<30	
	社会经济子系统 B3	密集程度 C6	人口密度/(人/km²)	1	≤1	0.0812
				2	(1,5]	
				3	(5,10]	
				4	>10	
		经济水平 C7	生产总值增长速度/%	1	≥16	0.0539
				2	[13,16)	
				3	[10,13)	
				4	<10	
			人均 GDP/(万元/人)	1	≥3.5	0.0539
				2	[2.5,3.5)	
				3	[1.5,2.5)	
				4	<1.5	

[a] 生态环境指数(Ecological Environment Index):是指反映被评价区域生态环境质量状况的一系列指数的综合。计算方法为:EI = 0.25×生物丰度指数 + 0.2×植被覆盖指数 + 0.2×水网密度指数 + 0.2×土地退化指数 + 0.15×环境质量指数。

（2）生态适宜性评价模型

通过对各单因子的加权叠加运算进行生态适宜性综合评价,计算公式如下：

$$S = \sum W_i X_i$$

式中,S 为生态适宜性等级,X_i 为第 i 种评价因素的得分（无量纲）；W_i 为第 i 种评价因素的权重。

7.2.2　水电开发的生态效应评估方法

水电开发的生态效应是指水电工程全生命周期内对生态系统的结构和功能产生的扰动影响。

7.2.2.1　生态效应评估指标体系

按照生态环境影响的空间范围,水电开发的生态效应可分为库区生态效应和下游生态效应。下游生态效应的产生来源于水电站对下游河道的水文干扰,从而改变下游洪泛区和河口生态系统的生态过程。一般来说,在满足下游河道生态需水的前提下,水利工程对下游的生态环境影响程度是可以接受的,不至于使下游生态系统损害到难以恢复的程度。因此,本研究重点评估水电开发的库区生态效应。

针对库区生态效应,根据生态系统服务理论,从供给、调节、文化、支持四个方面,利用生态系统服务价值的方法核算水电站建设和运行对库区生态系统产生的生态效应总量（Li et al.,2014）。由于水电站建设对库区生态系统结构的扰动,使其生态效应主要体现为负效应,并表现在以下两方面：

第一,水电站大坝（堰）建设阻断河流连通性,造成库区泥沙淤积和水生生物多样性下降；第二,库区蓄水后改变原有土地利用类型,使林地、草地、耕地和未利用地向水域和建筑用地转化,改变了一系列库区原有的生态系统服务功能（表7.2）。

表7.2　西藏地区水电开发生态效应核算指标体系

空间范围	影响指标	核算方法
库区	农林作物产量损失	市场价值
	固碳释氧功能损失	影子价格
	土壤侵蚀	机会成本恢复费用
	水分流失	影子工程
	水质下降	影子工程
	景观娱乐功能损失[*]	条件价值
	人类栖息地损失	恢复工程
	鱼类栖息地损失	恢复工程
	泥沙淤积	恢复费用
下游	下游洪泛区和河口生态系统的生态过程受扰	在满足下游河道生态需水前提下,对下游的负效应处于可接受水平

注：[*] 水电站建设一般避免涉及寺庙、文化遗产等敏感人文景观,因此本研究不核算景观娱乐功能损失。

7.2.2.2 生态效应评估模型

（1）农林作物产量损失

森林、草地以及农田生态系统被淹没转化为水域后，为人类提供粮食、牧草等产品功能下降，利用市场价值法衡量生态系统的产品供给功能的损失。

$$V_{pro} = \sum P_i \cdot A_j \cdot T$$

式中，V_{pro} 为生态系统产品供给价值，元；P_i 为第 i 类陆地生态系统单位面积产值，元/（$hm^2 \cdot a$）；A_i 为第 i 类陆地生态系统面积，hm^2；T 为水电运行年份，小水电站 T 取30，大水电站 T 取50。

（2）固碳释氧功能损失

森林、草地以及农田生态系统被淹没转化为水域后，陆地生态系统的固碳释氧功能下降，其损失的价值核算以净初级生产力为依据，根据水库建设淹没地区植被所固定 CO_2 和释放 O_2 量两部分计算得到。

$$N_{CO_2} = \sum NPP_i \cdot T \cdot \alpha_{CO_2}$$
$$N_{O_2} = \sum NPP_i \cdot T \cdot \alpha_{O_2}$$

式中，N_{CO_2} 为水库蓄水带来的固碳增加量，t；NPP_i 为第 i 类陆地生态系统净初级生产力，t/（$hm^2 \cdot a$）；T 为水电运行年份，小水电站 T 取30，大水电站 T 取50。根据光合作用公式，由于植物生产 1 g 干物质可吸收 1.62 g CO_2 同时释放 1.2 gO_2，则 $\alpha_{CO_2} = 1.62$、$\alpha_{O_2} = 1.2$。

$$V_{C\&O} = P_{CO_2} \cdot N_{CO_2} + P_{O_2} \cdot N_{O_2}$$

式中，$V_{C\&O}$ 为固碳释氧价值，元；利用造林成本法计算得到，P_{CO_2} 为固定二氧化碳价格 273.3 元/t，P_{O_2} 为释放氧气价格 369.7 元/t（张明阳等，2009）。

（3）土壤侵蚀

库区原有陆地生态系统转化为水域生态系统后，陆地生态系统的土壤保持功能损失包括三方面，即保持土壤养分价值损失、减少废弃土地经济价值损失以及减少泥沙淤积经济价值损失，土壤养分经济价值主要指生态系统保持土壤中 N、P、K 营养物质的经济价值，因土壤侵蚀而造成的土壤废弃土地价值采用机会成本法核算，泥沙淤积经济价值利用工程恢复费用法核算。土壤保持功能经济价值损失计算方法如下

$$V_{soil} = \sum V_{soil,i} \cdot A_{soil,i} \cdot T$$

式中，V_{soil} 为土壤保持功能损失价值，元；$V_{soil,i}$ 为第 i 类（$i = 1,2,3$，分别表示森林、草原与农田）陆地生态系统单位面积年均土壤保持经济价值损失，元/（$hm^2 \cdot a$）；$A_{soil,i}$ 为水库蓄水第 i 类陆地生态系统淹没面积，hm^2。

（4）水分流失

陆地生态系统转化为水域生态系统后，陆地的涵养水源功能下降，其水分流失价值采用影子工程法计算得到，计算公式如下：

$$V_{WC} = V_{WC} \cdot \sum W_i \cdot A_i \cdot T$$

$$W_i = R_i - E_i = \theta_i \cdot R_i$$

式中,V_{WC}为建设 1 m^3 库容需投入成本;R_i为第 i 类陆地生态系统年均降雨量,mm/a;E为第 i 类陆地生态系统年均蒸发量,mm/a;θ为第 i 类陆地生态系统径流系数。

（5）水质下降

陆地生态系统转化为水域生态系统后,陆地生态系统水质净化价值也随之下降,采用影子工程方法计算水质下降损失,陆地生态系统水质净化价值 V_{wp}（元）可表示为

$$V_{wp} = V_{wp} \cdot Q_i \cdot A_i \cdot T$$

式中,V_{wp}为单位体积水质净化费用;Q_i表示各生态系统年均水源涵养量,t/hm^2。

（6）人类栖息地损失

水库蓄水淹没人类生境,产生移民,造成人类栖息地损失。利用西藏统计年鉴中农村人均住宅面积以及单位住宅面积造价得到库区移民安置费用,利用该价值估算电站初期蓄水时期人类生境损失(Zhang and Xu,2013)。

$$V_{\text{human habitat}} = Pop_{\text{emigrant}} \cdot A_{\text{house}} \cdot P_{\text{house}}$$

式中,$V_{\text{human habitat}}$为水库蓄水造成人类生境损失价值,元;Pop_{emigrant}为库区淹没导致的移民总人数,人;A_{house}为当地人均住宅面积,m^2/人;P_{house}为当地单位面积住房价格,元/m^2。

（7）鱼类栖息地损失

水电站的大坝蓄水,使库区原有的天然河流生态系统变为人工湖泊生态系统,河流连通性的阻断造成局部鱼类栖息地损失。采用影子工程法,利用水电站附属鱼道或养鱼设施等工程建设成本核算鱼类栖息地损失价值。

（8）泥沙淤积

大坝建设一方面阻断河流连通性,另一方面也使得入库径流流速下降,造成径流的挟沙能力下降,出现泥沙淤积,降低水库蓄水效益。利用多年平均悬移质入库沙量以及多年平均推移质入库沙量得到水库运行期泥沙淤积造成水库库容损失量。针对引水式和径流式水电站,由于其坝高较低或者无坝,泥沙淤积损失为0。针对筑坝式水电站,若泥沙淤积的损失库容小于水电站的死库容,泥沙淤积损失价值为0;若泥沙淤积的损失库容大于水电站的死库容,利用工程恢复法,根据单位体积泥沙清淤费用计算水电站运行时期库区泥沙淤积损失价值(元)。

$$V_{sd} = Vol_{sd} \cdot P_{sd}$$

式中,V_{sd}为泥沙淤积损失价值,元;Vol_{sd}为水库泥沙淤积总体积,m^3;P_{sd}为单位体积泥沙清淤费用,元/m^3。

7.2.3 水电开发的适度规模调控方法

由于拉萨河流域水能理论蕴藏量和技术可开发量都远大于近期藏中电网内部的水电需求,本研究的适度规模是指在环境约束和满足近期水电需求的前提下,水能开发的最优模式。环境约束表现在两方面:第一,满足下游河道的生态需水,使水电开发对下游的生态环境影响处于可接受水平;第二,对库区产生最小的生态环境影响,使其最小化(Zhang et al.,2014)。

7.2.3.1 多目标约束框架

目标1:满足下游河道的生态需水。

满足下游河道生态需水是为了将水电开发对下游的生态环境影响处于可接受水平。满足下游河道生态需水后,有限的剩余径流是可供水电开发利用的水资源。可接受的生态环境影响程度限制了河流水资源可开发利用量,继而限制了水电开发规模。

目标2:对库区周边的生态环境影响最小。

由于水电开发对库区周边的生态环境影响是不可避免的,且难以科学有效地限制其影响程度。本课题设定最优的水电开发模式应该是提供同等电力下对库区周边生态环境影响最小的模式,使库区生态环境影响最小化。

目标3:满足藏中电网近期水电需求。

根据趋势外推的西藏人口和工农业产值增长速度,预测藏中电网近期(2020年)的需电量所对应的水电装机容量。

7.2.3.2 多目标函数表征

(1)满足下游河道生态需水

河道生态需水用以维持河道的水量平衡、水沙平衡、水盐平衡、下渗需水等功能,以维系河流的生态系统健康。按照西部地区河流的丰枯季节特征,采用河道最小生态需水的年内展布计算法(潘扎荣等,2013),能够较好地体现河流天然径流的年内丰枯变化过程,计算过程如下:

$$\overline{Q} = \frac{1}{12} \sum_{i=1}^{12} \overline{q_i}$$

$$\overline{q_i} = \frac{1}{n} \sum_{j=1}^{n} q_{ij}$$

$$\overline{Q}_{\min} = \frac{1}{12} \sum_{i=1}^{12} q_{\min(i)}$$

$$q_{\min(i)} = \min(q_{ij}), j = 1, 2, \cdots, n$$

$$Q_i = \overline{q_i} \cdot \frac{\overline{Q}_{\min}}{\overline{Q}}$$

式中,$\overline{Q}$为河道多年平均径流量,m^3/s;$\overline{q_i}$为第i个月的多年月均径流量,m^3/s;$q_{\min(i)}$为第i个月的多年最小月均径流量,m^3/s;q_{ij}为第j年第i个月的月均径流量,m^3/s;$\overline{Q}_{\min}$为河道多年最小年均径流,m^3/s;Q_i为第i个月的河道生态需水量,m^3/s;n为统计年数。

根据拉萨河流域下游的拉萨水文站在1956—1998年共43年间逐月的月平均径流记录,计算出拉萨河河道的最小生态需水。满足河道最小生态需水后,河道剩余径流是可供水电站蓄水或引水的可利用水资源。在枯水期,满足河道生态需水后,5月的河道可利用径流最大,为58.0 m^3/s;在丰水期,满足河道生态需水后,8月的河道可利用径流最大,为489.2 m^3/s(图7.2)。

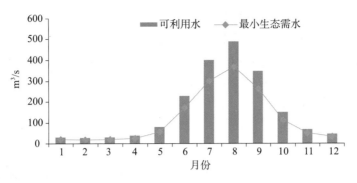

图7.2　拉萨河河道最小生态需水及可利用径流的年内展布

　　拉萨河目前的水电开发特征以年调节型筑坝式大型水电站和引水式小型水电站为主。在丰水期(6—10月),大型水电站蓄水,小型水电站引水。大水电的蓄水过程和小水电的引水过程都暂时降低下游河道的径流,造成累积减水河段,可能会挤占丰水期的生态需水。年调节型水电站的蓄水总量是其调节库容。在枯水期(11月—次年5月),大型水电站的放水过程会增加下游河道的径流量,小型水电站的引水过程依然降低下游河道的径流量(图7.3～图7.5)。大水电的放水能够增加在枯水期小型水电站的可利用水资源,大水电的放水总量是其调节库容(Zhang et al.,2014)。

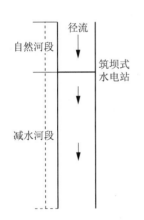

图7.3　丰水期筑坝式水电站运行
对河道径流的影响

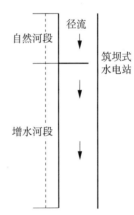

图7.4　枯水期筑坝式水电站
运行对河道径流的影响

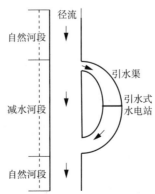

图7.5　引水式水电站运行对河道径流的影响

获取西藏地区 10 座小型水电站的引流数据和和 5 座大型水电站的调节库容数据(图 7.6)。基于大型水电站中日调节、周调节、月调节水库的调节库容,获得其丰水期的蓄水速率,平均为 0.85 m³/(s·MW)。小水电的引水速率平均为 1.80 m³/(s·MW)。筑坝式水电站的蓄水过程和引水式水电站的引水过程造成下游河道径流的减少,可能会挤占下游河道生态需水。

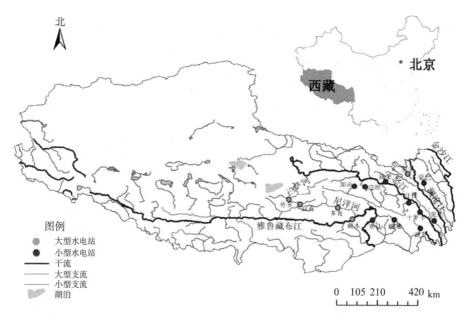

图 7.6　西藏地区 15 座水电站位置分布

因此,满足下游河道生态需水约束可以表征为:

在丰水期,大型水电站的蓄水速率和小水电的引水速率不超过 8 月的最大可利用流量,即:$X_L \times 0.85 + X_S \times 1.80 \leqslant 489.2$。

式中,X_L 和 X_S 分别为大型和小型水电站的装机规模。

在枯水期,小水电的引水速率不超过大水电的放水速率和 5 月的最大可利用流量之和,即:$X_S \times 1.80 \leqslant X_L \times 0.85 \times 0.72 + 58.0$。

式中,0.72 是指丰水期(153 d)和枯水期(212 d)持续的时间比值,假设年调节型大型水电站在丰水期的蓄水量将在整个枯水期均匀释放。

(2)对库区周边生态环境影响最小

基于水电开发的生态效应评估,大型和小型水电站的生态损失平均值分别为 E_l 和 E_s 元/W,则对库区周边生态环境影响最小的函数表征为 $\min f = X_L \times E_l + X_S \times E_s$

(3)满足藏中电网近期水电需求

拉萨河水电开发的目标电网是藏中电网,藏中电网的覆盖范围包括拉萨市、日喀则市、山南地区、林芝地区和那曲地区。藏中电网近期的供电对象为藏中电网内的居民用电和工农业用电。由于西藏地区经济发展的特性,藏中电网中的工农业负荷约占 40%,居民生活用电负荷所占比例约占 60%,市政用电负荷所占比重较小。因此,本课题基于居民生活用电的增长和工农业产值的增长来预测近期藏中电网需要的发电量,预测公式为:

$$\Delta D = \Delta D_1 \times 60\% + \Delta D_2 \times 40\%$$

$$\Delta D_1 = r_u \times \Delta d_u + r_r \times \Delta d_r$$

式中，ΔD 为目标年藏中电网所需要发电量比基准年的增加率；ΔD_1 和 ΔD_2 分别为居民生活用电和工农业用电在目标年比基准年的增加率，工农业用电的增加率等于其产值的增加率；Δd_u 和 Δd_r 分别为城市居民和乡村居民生活用电在目标年比基准年的增加率，等于相应的人口增加率；r_u 和 r_r 分别为人均城市居民和乡村居民的生活用电在总生活用电中所占的比例，且两者的加和等于 1。

根据西藏全区农村人口、城市人口和工农业产值的历史数据，根据其变化趋势，预测 2011—2020 年的农村人口、城市人口和工农业产值年平均增长率。2010 年藏中电网内城市居民的全年人均用电为 457 kW·h，藏中农村居民的全年人均用电为 248 kW·h。结合 2010 年藏中电网的用电总量和用电结构，根据西藏人口和工农业产值的预测增长率，预测藏中电网 2020 年以前的用电需求不超过 462.8 MW（见表 7.3 和表 7.4）。

表 7.3 西藏人口增长率和工农业产值增长率预测

时期	农村人口年平均增长率/%	城市人口年平均增长率/%	工农业产值年平均增长率/%
1991—2000	1.12	3.74	19.68
2001—2010	0.96	3.15	18.52
2010—2020（预测）	0.80	2.56	17.36

表 7.4 藏中电网近期用电预测

时期	年需电量/亿 kW·h	装机容量/MW	增加率/%
2010	9.98	255.6	—
2015（预测）	14.03	359.3	40.54
2020（预测）	18.07	475.5	81.08

2010 年，藏中电网装机容量为 255.6 MW，年发电量为 9.98 亿 kW·h。预测到 2015 年，藏中电网的需电量将比 2010 年增加 40.54%；到 2020 年，藏中电网的需电量将比 2010 年增加 81.08%，达到 18.07 亿 kW·h。若按照水电站满功率年平均运行 3 800h 计算（Li et al.，2012），对应的水电装机容量需达到 475.5 MW。即满足藏中电网近期水电需求的函数表征为：

$$X_L + X_s \geq 475.5$$

7.2.4 水电开发的生态补偿方法

水电开发的生态补偿是指针对水电开发过程中产生的环境破坏和移民损失，由水电开发者和受益者支付一定费用对受损群体和生态环境进行补偿和修复，内化水电开发的外部性，以保护生态环境和实现区域社会发展公平。因此，水电开发生态补偿主要包括两个方面：一是对移民补偿；二是对因水电开发而受到生态环境影响区域的环境修复和保护（Xu et al.，2014）。

7.2.4.1 水电开发生态补偿主客体分析

根据水电开发的实际影响,将水电开发的利益相关者分为直接利益相关者和间接利益相关者。直接利益相关者,指与水电开发工程直接相关的各方利益群体,包括水电开发公司,移民,以及第三方生态环境;间接利益相关者,指水电开发间接相关的各方利益群体,包括国家政府,地方政府,地方环保部门,流域居民,非政府组织,以及可能受影响的其他国家或地区。

直接利益相关者是水电开发生态补偿机制的主体,水电开发公司进行水利开发,带来生态环境不利影响,并产生移民,因此从工程开发角度,生态环境和移民是水电开发生态补偿的补偿客体,水电开发公司是生态补偿的补偿主体。然而水电开发可兼顾发电、防洪、灌溉、供水为一体,因此水电开发生态补偿需要政府作为中间载体,与水电开发公司一同进行生态补偿(图7.7)。

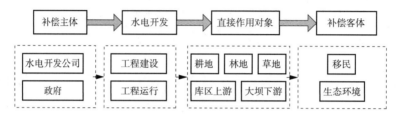

图7.7 水电开发生态补偿主客体分析

7.2.4.2 水电开发生态补偿核算体系

根据水电开发的效益—成本分析确定水电开发的生态补偿额度。即水电开发生态补偿需要以水电开发各补偿客体的损失(水电开发的外部成本)作为下限,以水电开发的净效益为上限。水电开发公司与政府按受益的比例承担相应的补偿额度。

$$EC \in (C_e, B_n)$$
$$B_n = B - C_p$$

式中,EC 是水电开发的生态补偿额度;C_e 是水电开发的外部成本,包括移民成本和生态成本,其核算体系如表7.5所示;B_n 是水电开发的净效益;C_p 是水电开发的工程成本;B 是水电开发的总效益,包括水电开发经济收益和生态效益,核算体系如表7.5、表7.6所示。

表7.5 水电开发外部成本评估体系

补偿客体	影响类别	外部成本类别
移民	农林作物 人类栖息地	移民成本
生态环境	固碳释氧 土壤侵蚀 涵养水源 水质净化 泥沙淤积 生物多样性	生态成本

表 7.6　水电开发效益评估体系

补偿主体		具体指标	效益类别
直接补偿主体	水电公司	发电效益	经济效益
	当地政府 （代表集体利益）	灌溉效益	
		供水效益	
		防洪效益	
间接补偿主体	国家政府 （代表集体利益）	能源替代效益	生态效益

7.3　结果分析

7.3.1　水电开发生态适宜性评价结果

从综合的评价结果(图7.8)可以看出,狮泉河和萨特累季河地处自然条件恶劣的阿里地区,最不适宜进行水电开发项目工程;雅鲁藏布江由西向东横贯西藏南部,水能蕴藏量丰富,辅以相对适宜的气候条件和便利的交通条件,是水电开发选址的较好选择,但是在中上游和下游流经生态敏感区的河段应注意控制开发;青藏高原发育的大江大河金沙江、澜沧江和怒江流经昌都地区,造就了三江并流的风景,昌都有着毗邻川、滇、青三省的独特区位优势和开发条件,除怒江上游那曲段以外都较为适宜进行水电开发;拉萨市作为整个西藏自治区的中心,有着怡人的气候并蕴藏丰富的各类资源,社会经济发展程度高,相对于自治区其他地市,具有较明显的资源优势,为最适宜进行水电开发的区域,拉萨河是雅鲁藏布江中位居第三位的支流,在未来的发展规划中可以加强水电开发力度。

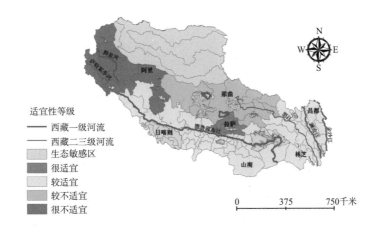

图 7.8　西藏水电开发生态适宜性综合评价

相对于传统的数值评价方法,基于 GIS 的适宜性评价方法将地面信息的获取、数值计算和空间数据的处理有机结合,能够简单、直观、方便和快速地实现定量分析。本研究在生态调查的基础上,综合考虑环境、经济社会、生态等因素,遵循"生态优先"的原则选取评价指标。采用层次分析法确定各评价指标的权重,减少了权重评价的主观性。运用多因素综合评价模型对西藏地区进行水电开发生态适宜性评价为后续研究提供了支持。

7.3.2 水电开发生态效应评估结果

本研究选取西藏雅鲁藏布江与三江流域 15 座具有代表性的水电工程作为生态效应评估案例点。根据《水利水电工程等级划分及洪水标准》(SL 252—2000)将装机容量大于 50 MW 的水电站定义为大型水电工程,装机容量小于 50 MW 的水电站定义为小型水电站工程。15 座水电站中,大型水电站 5 座,均为堤坝式,小型水电站 10 座,除觉巴为堤坝式之外,其余 9 座均为引水式水电工程。整体而言,大型水电站单位装机容量的生态损失大于小水电,分别为8.98 元/W 和 2.47 元/W(表 7.7)。

表 7.7   西藏地区水电开发的生态损失

电站名称	装机容量/MW	单位装机容量的生态损失/(元/W)	备注
藏木	510	2.35	
果多	160	4.05	大型水电工程
多布	120	7.72	单位装机容量生态效应
旁多	120	26.66	平均值为8.98 元/W
直孔	100	4.15	
觉巴	40	0.82	
嘎堆	13.7	2.44	
波罗	8	1.82	
曲乡	4	5.60	
新荣	2.52	0.87	小型水电工程
汪排	1.89	1.65	单位装机容量生态效应
边坝	1.6	1.53	平均值为2.47 元/W
果达	1.2	6.73	
加贡	0.64	2.10	
十字卡	0.64	1.17	

7.3.3　拉萨河流域水电开发适度规模

基于环境约束和用电需求约束,多目标规划得到拉萨河近期水电开发的适度规模为大水电 386 MW,小水电 89.5 MW,总计 475.5 MW,约为其水能理论蕴藏量的 18.7%。

在不考虑电力需求约束下,环境约束下的拉萨河水电最大可开发规模为 494.0 MW,其中大水电和小水电分别为 421.1 MW 和 72.9 MW,约占拉萨河水能理论蕴藏量 2 547.8 MW 的 19.4%。

环境约束下拉萨河流域水电开发适度规模能够满足流域内部近期电力需求。拉萨河流域在运水电站包括一座大型水电站(直孔,100 MW)和三座小型水电站(纳金,献多,平措),共 115.1 MW,在建的旁多水电站装机容量为 120 MW。拉萨河流域水电的待建规模为大水电 201.1 MW,小水电 57.8 MW(表 7.8)。

表 7.8　拉萨河近期水电的适度开发规模

水电站类型	已建规模/MW	适度规模/MW	待建规模/MW
大水电	220	421.1	201.1
小水电	15.1	72.9	57.8

7.3.4　水电开发的生态补偿机制

根据拉萨河流域的两大主要水电工程规划,直孔水电站建设期 5 年,运行期 50 年,旁多水电站建设期 7 年,运行期 50 年,分别对其运行期内的成本效益进行核算,结果如下:旁多水电开发的生态补偿范围(434 866.2 万元,866 762.15 万元),直孔水电开发的生态补偿范围(23 958.8 万元,676 960.22 万元)。

根据旁多和直孔水电站的环境影响评价报告书,各水电工程投资预算均设有环境保护费用、水土保持工程费用和移民占地补偿费用,用于水电开发的生态补偿。根据上节的外部成本结果,可得出各水电开发的生态补偿程度,如表 7.9 所示。

表 7.9　拉萨河流域大型水电工程生态补偿评估结果　　　　　　　单位:万元

类别	移民成本	移民征地补偿费	移民补偿差额	生态成本	环境保护费	水土保持费	生态环境补偿差额
旁多	15 301.02	33 299.00	(17 997.98)	419 565.18	37 203.00	2 244.00	380 118.18
直孔	5 592.75	8 642.46	(3 049.71)	18 366.04	1 176.53	827.53	16 361.98

由此可以看出,拉萨河流域现阶段水电开发的生态补偿程度不均,主要表现为对生态环境的补偿程度较低。一方面,各水电开发生态补偿客体的被补偿程度不均衡,现阶段重点主要集中在移民生态补偿,而对于生态环境的生态补偿力度不够。另一方面,对于水电开发的生态补偿主体而言,仅依靠对水电开发公司征收的移民补偿费用是远不够的,需要依靠各方利益群体按其经济效益比例分担各自补偿份额,见表 7.10。

表 7.10　拉萨河流域大型水电工程生态补偿分摊结果

类别	补偿主体	补偿比例	补偿[*]/万元
旁多水电站	水电开发公司	36.78%	163 554.25
	地方政府	10.72%	47 680.30
	国家政府	52.50%	233 432.81
直孔水电站	水电开发公司	40.28%	21 117.22
	地方政府	2.24%	1 174.11
	国家政府	57.48%	30 139.55

注：*以外部成本核算，结果为补偿下限。

7.4　结论与讨论

7.4.1　基于生态适宜性的水电开发选址

　　水电开发的生态适宜性评价充分考虑西藏地区的生态功能分区、生态敏感区、自然保护区、重点宗教文化保护区、地质、地貌、植被、气候等生态限制和社会限制因素，确定水电开发的适宜区域。基于生态适宜性的水电开发选址对于衔接和协调西藏地区的能源发展需求与生态建设和环境保护需求具有积极作用，形成水电开发的合理布局。

　　狮泉河和萨特累季河最不适宜进行水电开发，另外在阿里地区有大面积的生态敏感区需要在开发过程中特别注意，所以在能保证本地居民用电需求的情况下，应控制开发规模；雅鲁藏布江是水电开发选址的较好选择，尤其是目前雅鲁藏布江开发的水电站并不多，且没有大型水电站，在日后的开发规划中，可以考虑适当加大开发力度，但是在中上游和下游流经生态敏感区的河段应注意控制开发；流经昌都地区的金沙江、澜沧江和怒江也能达到较适宜开发的条件，除怒江上游那曲段以外都较为适宜进行水电开发；此外，拉萨河流域为西藏全区最适宜进行水电开发的区域，在未来的水电发展规划中可以加强拉萨河流域的水电开发力度。

7.4.2　基于用电需求和环境约束的拉萨河水电开发适度规模

　　满足藏中电网近期用电需求和环境约束下的拉萨河流域水电最优开发模式为大型水电站装机容量 386.0 MW，小水电 89.5 MW。环境约束下拉萨河水电的最大可开发规模为494.0 MW，占拉萨河水能理论蕴藏量 2547.8 MW 的 19.4%。环境约束下拉萨河流域水电最大可开发规模能够满足其近期内部电力需求。

　　拉萨河流域水电开发的最优模式依赖于大水电与小水电之间的规模配比，近期拉萨河流域应当加快水电开发进程来满足流域内部的电力需求，并且适当提高小水电的开发规模比。

7.4.3　基于分类补偿的水电开发生态环境保护对策

不同于一般的流域生态补偿,水电开发因影响复杂、利益群体错综,其生态补偿机制建设需要结合多种补偿模式和途径逐步展开。

(1)水电开发的补偿主体包括水电开发者和相关受益者,应针对水电开发产生的经济效益和生态效益,建立生态补偿分摊体系,明确各补偿主体的补偿任务。对于水电开发者,需要在现有的移民征地补偿费基础上,加大对生态环境(淹没库区)的补偿力度。对于因水电开发而获益的流域居民群体,可依靠地方政府作为中间媒介,通过税收、补偿电费等渠道进行补偿资金的筹集,进行移民安置建设和流域环境恢复。此外,从水电开发生态获益范围角度,国家政府需要以一定的财政转移对西藏水电开发进行纵向补偿。

(2)水电开发影响的多元性要求水电开发的生态补偿采取不同补偿模式。在环境约束下的水电最大可开发规模之内,需着重关注库区淹没的生态损失。西藏地理位置独特,生态环境脆弱敏感且地位显赫,因此建议以"生境"补"生境"的补偿方式,以实现对水电开发生态损失最直接的补偿。

(3)水电开发生态补偿需要与其他类别的生态补偿如草地生态补偿、矿业开采生态补偿共同规划,以促使藏区生态建设获得最大效益。同时要充分考虑藏民特殊的文化传统和宗教信仰,可采取货币、实物、政策等多种补偿方式相结合,针对库区居民的实地需求开展补偿。

第 三 篇

西藏地区经济社会可持续发展模式研究

第8章

西藏地区经济社会发展优化与调控

内容提要： 根据中央提出的确保西藏实现全面建设农村和牧区小康社会的奋斗目标，结合西藏地区中长期规划和行业发展专项规划，在调控西藏地区社会经济发展速率与规模变量的基础上，使用驱动力—压力—状态—影响—响应（DPSIR 模型）分析框架，设计西藏地区社会经济发展情景方案，模拟各种情景的生态效应，构建西藏地区社会经济可持续发展模式。

8.1 研究方法

可持续发展问题是一典型的人地关系系统问题。将基于西藏地区生态系统支持能力的西藏地区社会经济可持续发展模式视为人地关系系统，假设该系统由人口—社会、自然资源资产、生态系统服务功能、环境容量、人口承载、环境容量等组分构成，并按以下顺序有机整合（图8.1）。

（1）人口—经济社会组分

按中央第五次西藏工作会议精神要求，实现全面建设农村和牧区小康社会是西藏发展的基本目标，这是指驱动系统发生变化的基本因素，视为系统运行的经济社会驱动力（Social-economic Driving Force，D），其作用强度可由各种驱动力的发展目标值（DE）和现状值（DN）的差值来衡量（DE – DN），经济社会驱动力的强度（DD）随该差值的加大而增强。

（2）自然资源资产组分

经济社会发展需要自然资源资产的支撑，随经济社会驱动力的类型与强度变化而呈现出相应的配置方式与格局，将之视为系统承载的"压力"（Pressure，P）。自然资源资开发与利用可以通过资源存量（PS）和资源流量（PF）来反映。对于可再生自然资源而言，保证资源流量（PF）在其再生量范围内是关键；对于不可再生资源，保证资源边际是关键。

（3）生态系统服务功能组分

在经济社会发展驱动力作用下的自然资源资产开发与利用、保持一定生活水平，将对生态系统产生重大影响，呈现出不同的"状态"（State，S），具体表现为生产性服务功能（供给功能和文化功能）与服务性功能（支持功能和调节功能）的数量（SN）与价值（SQ）的变化。当 SN 和 SQ 同时变小则说明生态系统服务功能在逐渐丧失，保障经济社会可持续发展的生态安全（ES）水平在下降，生态风险上升。

（4）环境容量组分

每种初级自然资源开发与利用都会作为一种废弃物或者排放物而被排泄到环境中去，加上人类生活排放，这种"影响"（Impact, I）是生态系统的最终环境效果。

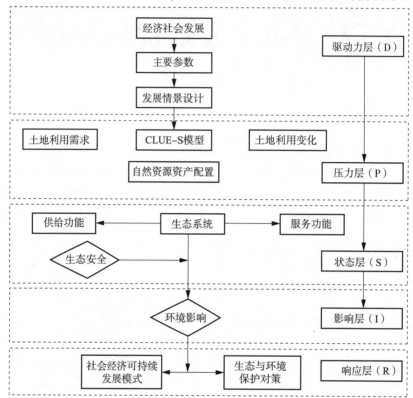

图8.1 驱动力—压力—状态—影响—响应（DPSIR）分析框架

（5）发展模式

为实现自然资源资产的持续利用、生态系统服务功能的持续发挥、环境容量的持续保持，需要通过某种有效的发展模式将经济社会驱动力控制在合理的阈值内，这是系统的运行机制，包括了人口—社会发展的理性"响应"（Response, R）和可持续模式的内在要求。

上述组分与过程的划分具有明显的因果关系，能够通过之间的连续反馈机制研究西藏高原人地关系系统特征，并为分析基于生态系统支持能力的西藏地区社会经济可持续模式提供支持。

8.2 中央关于西藏工作的基本目标

8.2.1 推进西藏实现跨越式发展和长治久安战略部署

中央长期以来高度重视西藏发展工作。2010年中央第五次西藏工作会议明确了今后一个时期做好西藏工作的指导思想、主要任务、工作要求，对推进西藏实现跨越式发展和长治久安做出战略部署。

会议指出：推进西藏跨越式发展，要更加注重改善农牧民生产生活条件，更加注重经济社会协调发展，更加注重增强自我发展能力，更加注重提高基本公共服务能力和均等化水平，更加注重保护高原生态环境，更加注重扩大同内地的交流合作，更加注重建立促进经济社会发展的体制机制，实现经济增长、生活宽裕、生态良好、社会稳定、文明进步的统一，使西藏成为重要的国家安全屏障、重要的生态安全屏障、重要的战略资源储备基地、重要的高原特色农产品基地、重要的中华民族特色文化保护地、重要的世界旅游目的地。

8.2.1.1　主要奋斗目标与路径

根据中央第五次西藏工作会议，西藏经济社会发展的主要目标是：到 2020 年，农牧民人均纯收入接近全国平均水平，人民生活水平全面提升，基本公共服务能力接近全国平均水平，基础设施条件全面改善，生态安全屏障建设取得明显成效，自我发展能力明显增强，社会更加和谐稳定，确保实现全面建设小康社会的奋斗目标。

实现路径：从西藏资源条件、产业基础和国家战略需要出发，统筹规划，科学布局，着重培育具有地方特色和比较优势的战略支撑产业，稳步提升农牧业发展水平，做大做强做精特色旅游业，支持发展民族手工业，加强基础设施建设和能源资源开发，深化改革开放，增强自我发展能力。坚持把生态保护作为西藏生态文明建设的基础，把建设资源节约型、环境友好型社会放在西藏发展的突出位置，按照保护优先、综合治理、因地制宜、突出重点的原则，统筹生态环境保护和经济发展、社会进步、民生改善，促进生态保护和经济建设协调发展、环境优化和民生改善同步提升，实现西藏生态系统良性循环。

中央提出确保西藏实现全面建设农村和牧区小康社会的奋斗目标，经济社会发展目标详见表8.1。

表 8.1　中央关于西藏工作的经济社会发展目标（2020 年）

经济社会驱动力（D）			
序号	目标①	指标	数值
1	农牧民人均纯收入　接近全国平均水平	城乡居民人均收入比 2010 年翻一番②	≈1.2 万元③
2	人民生活水平基本公共服务能力　全面提升	恩格尔系数	≤40%
3		人均住房使用面积	≥27m²
4		5 岁以下儿童死亡率	≤20‰
5		平均预期寿命	≥75 岁
6		居民文教娱乐服务支出占家庭消费支出比重	≥16%

---

①　《全面建设小康社会统计监测方案》中的指标数量为 23。本表中多了主要劳动力年龄平均受教育年限、地方财政收入比例（%）、实现国内生产总值、城乡居民人均收入比。

②　中共第十八次代表大会《坚定不移沿着中国特色社会主义道路前进为全面建成小康社会而奋斗》报告（2012 年 11 月 8 日，简称十八大报告）关于城乡居民收入翻番目标。

③　国家统计局《2010 年国民经济和社会发展统计公报》，农村居民人均纯收入 5 919 元。翻番后约为 1.2 万元。

续表

序号	目标		指标	数值
7			地方财政收入比例	≤90%
8			实现国内生产总值比2010年翻一番①	≈1100亿元②
9			人均GDP比2010年翻番③④	3.4万元/人
10			R&D经费支出占GDP比重	≥2.5%
11	自我发展能力	明显增强	第三产业增加值占GDP比重	≥50%
12			城镇失业率	≤6%
13			文化产业增加值占GDP比重	≥5%
14			平均受教育年限	≥10.5年
15			主要劳动力年龄平均受教育年限⑤	11.2年
16			城镇人口比重	≥60%
17			基尼系数	≤0.4
18			城乡居民收入比	≤2.8
19	社会安全	更加和谐稳定	地区经济发展差异系数	≤60%
20			基本社会保障覆盖率	≥90%
21			高中阶段毕业生性别差异系数	=100
22			公民自身权利满意度	≥80%
23			社会安全指数	≥100
24	基础设施条件	全面改善	综合交通运输体系，能源建设、水资源利用和保护，信息化水平	

压力层（P）

序号	目标		指标	数值
1	重要的高原特色农产品基地	—	—	—
2	重要的战略资源储备基地	—	—	—
3	资源节约利用	能耗	单位GDP能耗	≤0.4t标准煤/万元

---

① 十八大报告关于国内生产总值翻番目标。

② 据《西藏统计年鉴》（2013）2010年西藏自治区GDP值为507.46亿元，翻番后约为1 100亿元。

③ 李克强总理出席中德工商界午宴讲话：人均GDP比2010年翻一番，中国经济只要保持7%左右的增速就可以了。

④ 国家统计局《全面建设小康社会统计监测方案》，2008年6月，以下简称"全面小康目标"。未特别标识的，均为全面小康目标。

⑤ 国家中长期教育改革和发展规划纲要（2010—2020年）中人力资源开发主要目标。

续表

状态层（S）			
序号	目标	指标	数值
1	生态系统良性循环	重要的生态安全屏障	建设取得明显成效	—

影响层（I）			
序号	目标	指标	数值
1	环境友好型社会	环境优化和民生改善同步提升	环境质量指数	100

响应层（R）		
序号	措施	内容
1	切实保障和改善民生	着力改善农牧民生产生活条件，解决好零就业家庭和困难群众就业问题，建设覆盖城乡居民的社会保障体系
2	加快发展社会事业	优先发展教育，进一步完善以免费医疗为基础的农牧区医疗制度，逐步提高国家补助标准和保障水平
3	加强基础设施建设	完善综合交通运输体系，加强能源建设、水资源利用和保护，加快提升信息化水平
4	加快发展特色产业，增强自我发展能力	从西藏资源条件、产业基础和国家战略需要出发，统筹规划，科学布局，着重培育具有地方特色和比较优势的战略支撑产业，稳步提升农牧业发展水平，做大做强做精特色旅游业，支持发展民族手工业，加强基础设施建设和能源资源开发
5	加强生态环境保护	特别是重点地区生态环境建设，加快建立生态补偿长效机制，让西藏的青山绿水常在，积极构建高原生态安全屏障

8.2.1.2　中央关于西藏工作目标实现程度

截至 2012 年，西藏地区全面小康实现程度为 77%，详见表 8.2，图 8.2，经济发展质量、城镇化水平、收入与支出水平是制约未来达标的主要方面。

第三产业增加值占 GDP 比重、地区经济发展差异系数、基本社会保险覆盖率、公民自身民主权利满意度、社会安全指数、耕地面积指数、环境质量指数等 7 个指标已初步达到要求。第三产业增加值占 GDP 比重虽已达到目标，但质量较低，以低端的三产为主。除拉萨市相对发达，其他地区经济整体欠发达，导致地区经济发展差异系数偏小。

失业率（城镇）、城乡居民收入比、高中阶段毕业生性别差异系数、人均住房使用面积、平均预期寿命等 5 个指标完成程度达到 90% 以上，已经接近要求。人均 GDP、R&D 经费支出占 GDP 比重、城镇人口比重、基尼系数、居民人均可支配收入、恩格尔系数、5 岁以下儿童死亡率、文化产业增加值占 GDP 比重、居民文教娱乐服务支出占家庭消费支出比重、平均受教育年限、单位 GDP 能耗等 11 个指标距要求仍有较大差距。

表8.2　西藏地区全面小康社会综合评价

监测指标	单位	权重/%	标准值 2020年	2012年 现状值	实现程度/%
一、经济发展		29			
1. 人均 GDP	元	12	≥31 400	22 936	73.04
2. R&D 经费支出占 GDP 比重	%	4	≥2.5	0.11	4.56
3. 第三产业增加值占 GDP 比重	%	4	≥50	53.9	100
4. 城镇人口比重	%	5	≥60	22.7	37.83
5. 失业率（城镇）	%	4	≤6	2.6	98.22
二、社会和谐		15			
6. 基尼系数	—	2	≤0.4	0.474	45.24
7. 城乡居民收入比	以农为1	2	≤2.80	3.15	91.38
8. 地区经济发展差异系数	%	2	≤60	41.18	100
9. 基本社会保险覆盖率	%	6	≥90	98.21	100
10. 高中阶段毕业生性别差异系数	%	3	100	82.12	98.88
三、生活质量		19			
11. 居民人均可支配收入	元	6	≥15 000	8 513.14	56.75
12. 恩格尔系数	%	3	≤40	52.66	75.96
13. 人均住房使用面积	m²	5	≥27	26.61	98.56
14. 5 岁以下儿童死亡率	‰	2	≤12	22.5	53.33
15. 平均预期寿命	岁	3	≥75	71	94.67
四、民主法制		11			
16. 公民自身民主权利满意度	%	5	≥90	90	100
17. 社会安全指数	%	6	≥100	100	100
五、文化教育		14			
18. 文化产业增加值占 GDP 比重	%	6	≥5	3	60
19. 居民文教娱乐服务支出占家庭消费支出比重	%	2	≥16	2.18	13.65
20. 平均受教育年限	年	6	≥10.5	7.9	75.24
六、资源环境		12			
21. 单位 GDP 能耗	吨标准煤/万元	4	≤0.84	1.22	68.85
22. 耕地面积指数	%	2	≥94	99.57	100
23. 环境质量指数	%	6	100	100	100
全面建设小康社会实现程度					77

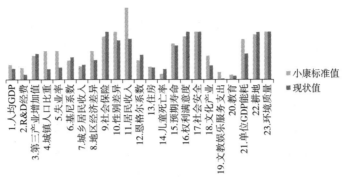

图 8.2 西藏地区小康实现程度（2012—2020 年）

8.3 西藏地区社会经济发展情景方案设计

8.3.1 情景设计方法

8.3.1.1 社会经济发展变量选择

根据中央关于西藏工作决策部署的主要"抓手"，选择人口承载、经济总量、产业结构、收入水平、就业容量、自我发展能力等 6 类 12 个变量作为内生变量设计发展情景，见表 8.3。其他变量，诸如人均住房使用面积、5 岁以下儿童死亡率、平均预期寿命、居民文教娱乐服务支出占家庭消费支出比重、平均受教育年限、基尼系数、地区经济发展差异系数、基本社会保障覆盖率、高中阶段毕业生性别差异系数、公民自身权利满意度和社会安全指数等，暂视为外生变量，只起解释变量作用。

表 8.3 西藏地区社会经济发展情景设置变量

序号	指标项	变量名称	单位	备注
1	人口承载	总人口	万人	常住人口
2		人口自然增长率	‰	
3		城镇化率	%	常住人口
4	经济总量	GDP 总量	亿元	
5		人均 GDP	万元	GDP 总量/总人口
6	产业结构	一二三产业结构	—	
7		第三产业比重	%	
8	收入水平	农牧民人均纯收入	元	
9		其中：来自农业收入比例	元	
10	就业容量	劳动力供给总量	万人	
11		农业劳动力比重	%	
12	自我发展能力	地方财政收入比重	%	占财政总收入的比重

8.3.1.2 变量逻辑关系

（1）人口系统变化

人口规模动态变化，总人口 = 基期人口 × （1 + 人口自然增长率）。城乡人口分布，乡村人口 = 总人口 – 总人口×城镇化率。劳动力变化，剩余劳动力 = 劳动力供给 – 就业容量。

（2）经济系统变化

经济增长，经济总量 = 基期经济 × （1 + 经济增长率），经济增长率 = f（产业结构调整）。财政收入 = 地方财政收入 + 援藏资金，地方财政收入 = f（经济总量）。

（3）人口经济系统变化

人均 GDP = 经济总量/总人口，人均收入 = f（经济总量）/总人口。

8.3.1.3 调控变量

选择表 8.3 中人口自然增长率、城镇化率、人均 GDP、第三产业比重、农牧民人均纯收入非农比重、农业劳动力比重、地方财政收入比重等 7 个变量作为调控变量，即为自变量。其余 5 个变量作为因变量。社会经济变量间的逻辑关系如图 8.3 所示。

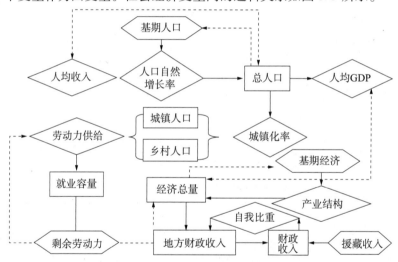

图 8.3 社会经济变量间的逻辑关系

调控变量水平（规模和速度）设置依据来源于 5 个方面：

（1）基于过去发展态势的回归分析

根据 1990—2012 年的发展趋势，建立线性或非线性的回归模型，预测 2020 年的目标值。

（2）中央关于西藏工作决策中的主要奋斗目标

对于有明确数量要求的，直接采用该数量。对于接近全国平均水平、缩小与全国的差距、全面改善、逐步增加、全面提高、显著改善等定性描述的，采用相关国家中长期发展规划纲要（2010—2020 年）中的全国平均水平。

（3）西藏地区中长期规划和行业发展专项规划

西藏地区到 2015 年的中期水平，采用西藏自治区"十二五"时期国民经济和社会发展规划纲要和西藏自治区"十二五"时期专项发展规划中的预期值。到 2020 年的长期水平，采用主体功能区规划、城镇化规划、土地利用规划等长期规划中的预期值。

（4）各地市发展态势

各地市在有关指标上形成的高、中、低发展梯度也是设计发展方案高、中和低情景的重要参考。

（5）补充来源

对于中央西藏工作决策部署和西藏地区中长期规划和行业发展专项规划中未明确提出的目标值，使用西藏各地区的中长期规划和行业发展专项规划予以补充。当某一经济社会是关键变量但缺乏规划预期值来源或难以做回归预测时，采用专家打分法（熟悉西藏经济会发展的官员与学者）或文献法（从有关预测西藏社会经济发展的研究报告或论文中提取）予以补充。

8.3.2　西藏地区经济社会发展情景设计

8.3.2.1　高方案特征

人口增长速度快，人口总量规模持续增大。城镇化进程加快，城镇人口集聚规模大，劳动力供给中农业劳动力比例持续下降。GDP 增长速度快，人均 GDP 值不断提高，一、二、三产业结构不断优化，第三产业比重不断提高。城乡居民收入水平高，特别是农牧民人均纯收入中非农来源比例高。财政收入增长快、规模大，其中中央财政转移支付占财政收入比例持续下降。

8.3.2.2　低方案特征

人口增长速度慢，人口总量规模变化缓慢。城镇化进程较慢，城镇人口集聚规模较小，劳动力供给中农业劳动力比例仍然较高。GDP 增速较低，人均 GDP 值低，一、二、三产业结构变化不大。城乡居民收入水平不高，农牧民人均纯收入中农业来源比例高。财政收入增长慢、规模小，其中中央财政转移支付占财政收入比例较高。

8.3.2.3　中方案特征

人口增长速度、城镇化率、农业劳动力比例、人均 GDP 值、一、二、三产业结构、农牧民人均纯收入中农业来源比例、中央财政转移支付占财政收入比例，介于高与低方案之间。

8.3.2.4　指标数值设置及依据

上述 7 个调控变量的高、中和低水平设置见表8.4。

表 8.4　西藏地区社会经济发展情景调控变量水平设置（2020）

序号	指标项	变量名称	单位	水平		
				高方案	中方案	低方案
1	人口承载	人口自然增长率	‰	18	14	10
2		城镇化率	%	45	35	30
3		农业劳动力比重	%	15	25	30

序号	指标项	变量名称	单位	水平		
				高方案	中方案	低方案
4	经济发展	人均GDP	万元	5.5	4	3
5		第三产业比重	%	70	60	50
6	收入水平	农牧民人均生产性收入中非农比例	%	80	60	50
7	自我发展能力	中央转移支付比重	%	70	80	90

（1）人口自然增长率

1990—2012年，西藏地区人口自然增长率处于缓慢下降过程（图8.4），已由17.10‰降到10.27‰，但近年来呈反弹上升趋势。从7地市看，近20年的变化区间为8.23‰到20.30‰。取10‰作为低方案水平，接近全区历史最低值9.96‰，取18‰作为高方案水平，处于全区历史最高值17.10‰和地市最高值20.30‰之间，取中值14‰作为中方案水平。

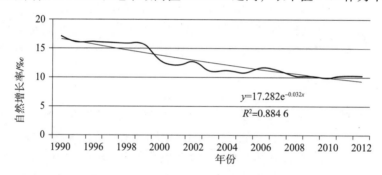

$$y=17.282e^{-0.032x}$$
$$R^2=0.884\,6$$

图8.4　西藏地区人口自然增长率变化（1990—2012年）

（2）城镇化率

西藏地区城镇化水平（城镇常住人口口径）由1990年的16.70%增长至2012年的22.70%（图8.5），属于城镇化水平较低、发展速度较慢的区域。采用拉萨市远期城镇化目标值45%作为高方案水平，西藏地方远期城镇化率目标值35%作为中方案水平，西藏地方中期城镇化率目标值30%作为低方案水平。

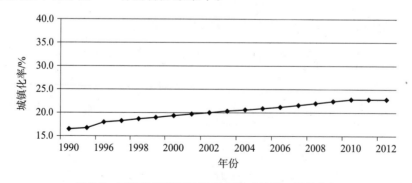

图8.5　西藏地区城镇化发展态势（1990—2012年）

（3）农牧业劳动力比重

1990—2012 年，西藏地区劳动力供给中农牧业劳动力比重处于快速下降阶段（图8.6），已由接近 80% 减至约 45%，呈明显的线性递减态势。采用 30% 作为低方案水平，略高于线性回归模型（$y = -0.018\ 5x + 0.827\ 5$，$R^2 = 0.977\ 4$）预测 2020 年的 27.25%。采用西藏地方远期主要发展目标 25% 作为中方案水平（1 - 非农产业从业人员比重）。采用拉萨市远期目标值 15% 作为高方案水平。

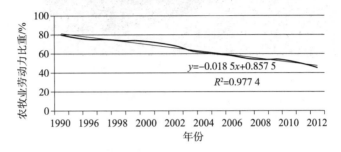

图8.6　西藏地区农牧业劳动力比重发展态势（1990—2012 年）

（4）人均 GDP

1990—2012 年，西藏地区经济总量不断增大，人均 GDP 值由 1 276 元增至 2.29 万元（图8.7），呈明显的指数增长态势，距 2020 年全国全面小康值的底线 3.14 元万仅为 0.85 万元。按接近全国全面小康值底线的 3 万元作为低方案水平，将西藏地方远期主要发展目标 4 万元作为中方案水平，将按指数回归模型预测的 2020 年的值 5.5 万元作为高方案水平。

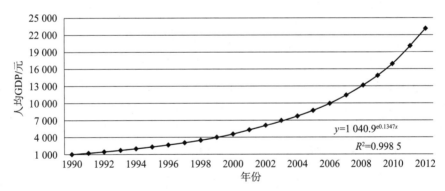

图8.7　西藏地区人均 GDP 增长态势（1990—2012 年）

（5）第三产业比重

1990—2012 年，西藏地区 GDP 结构由 "132" 向 "321" 转变（图8.8）。工业产值比重变化不大，仅从 6.9% 增至 7.9%，建筑业产业比重快速增长，由 5.8% 增长至 26.7%。第一产业由 50.9% 迅速下降至 11.5%。第三产业由 36.2% 快速增至 53.9%，虽然比重较高，但以低端产业为主。在西藏地区远期发展目标中，工业产值比重将提高至 20%，假定第一产业比重维持在 10%，第三产业比重理论上限为 70%，将之作为高方案水平。第三产业比重自 2004 年达到最高值 56%，此后长期维持在 54% 上下波动，近期出现下降趋势，这在一定程度上反映增长乏力，将 50% 作为低方案水平，达到 2020 年全国全面小康值的≥50%的底线。60%作为中方案水平，是50%，70%的中值。

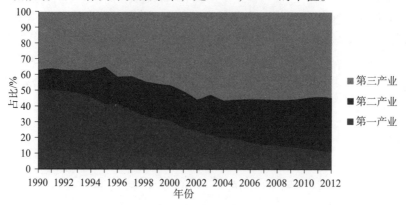

图8.8　西藏地区产业结构变化态势（1990—2012年）

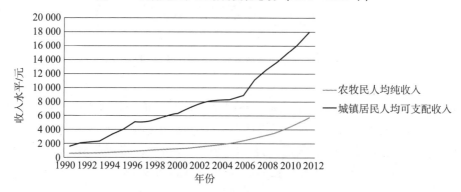

图8.9　西藏地区农牧民和城镇居民收入变化（1990—2012年）

（6）农牧民人均收入非农比例

西藏地区农牧民人均纯收入由1990年的582元增长至2012年的5 719元，城镇居民可支配收入则由1 613元增长至18 028元（图8.9）。在农牧民生产性收入中（图8.10），第一产业收入比例由87%下降至66.7%，第二产业收入比例由3.15%上升至22.6%，第三产业收入比例由9.85%上升至10.67%。基于2012年西藏自治区农牧厅编制《农牧业特色发展规划》实施的农牧民收入抽样调查分析结果，非农比例5级分层（≤20%，20%~40%，40%~60%，60%~80%，≥80%）中的80%为高方案水平，60%为中方案水平，50%为低方案水平。

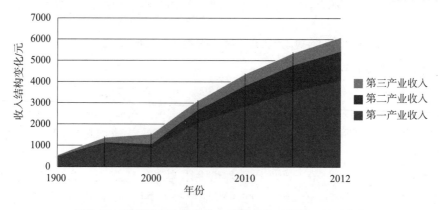

图8.10　西藏地区农牧民收入结构变化（1990—2012年）

（7）中央转移支付比重

1990—2012 年，西藏地方财政收入规模持续增大，由 0.18 亿元跨越式增长至 95.63 亿元，占 GDP 的比重达到 13.6%。人均财政收入由 580 元跨越式增长至 2.93 万元。在财政总收入中，中央转移支付比例由接近99%仅波动下降至90%左右（图8.11）。将中央转移支付比例90%作为低方案水平，将 7 地市各县中比例最低的 70% 作为高方案水平，80% 作为中方案水平，为70%，90% 中值。

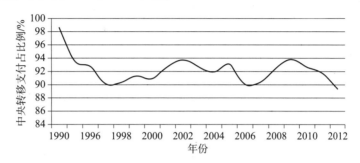

图 8.11　西藏地区财政收入中央转移支付比例（1990—2012 年）

8.4　发展情景生态效应模拟

8.4.1　人口—经济社会（D）变化

高、中和低方案情景下主要的人口—经济社会系统变量发展趋势见图8.12 和表8.5。

8.4.1.1　人口系统

西藏地区到2020 年，人口规模将由 2010 年的300.22 万人，分别增长至358.85 万人、345.00 万人和331.63 万人。其中，农村人口将由 232.16 万，分别增至 197.37 万人、224.25 万人和232.14 万人，农村劳动力供给量将由 126.08 万人分别变化至 106.58 万人、121.10 万人和125.36 万人。

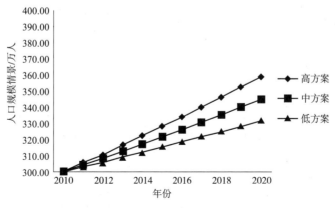

图 8.12　西藏地区人口发展情景模拟（2010—2020 年）

表 8.5　西藏地区人口—经济社会发展情景模拟

序号	变量名	单位	基期	高方案		中方案		低方案	
			2010	2015	2020	2015	2020	2015	2020
1	人口规模	万人	300.22	328.23	358.85	321.83	345.00	315.53	331.63
2	其中：农村人口	万人	232.16	214.57	197.37	228.30	224.25	232.15	232.14
3	乡村劳动力	万人	126.08	115.48	106.58	123.45	121.10	125.78	125.36
4	地区生产总值	亿元	507.46	998.69	1 973.70	836.01	1 380.00	711.74	994.89
5	其中：工业生产总值	亿元	39.73	185.61	394.74	169.00	276.00	83.12	198.98
6	第三产业总值	亿元	274.82	634.25	1 381.59	405.50	828.00	378.42	497.44
7	农牧民收入	万元	0.57	0.80	1.20	0.80	1.20	0.80	1.20
8	其中：非农收入	万元	0.22	0.16	0.24	0.32	0.48	0.40	0.60
9	财政收入	亿元	573.46	1 512.39	2 232.05	1 460.41	2 145.90	1 263.92	2 062.74
10	其中：中央转移支付	亿元	531.00	1 058.67	1 562.44	1 168.33	1 716.72	1 137.53	1 856.47

8.4.1.2　经济发展

西藏地区到 2020 年，GDP 将由 2010 年的 507.46 亿元分别增至 1 973.70 亿元、1 380.00 亿元和 994.89 亿元，年均增速需要分别达到 14.5%、10.5% 和 7%（图 8.13）。其中，工业总值由 39.73 亿元分别增至 394.74 亿元、276.00 亿元和 198.98 亿元，第三产业总值由 274.82 亿元分别增至 1 381.59 亿元、828.00 亿元和 497.44 亿元。

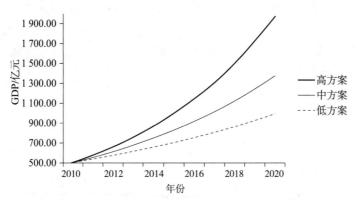

图 8.13　西藏地区 GDP 发展态势（2010—2020 年）

8.4.1.3　收入水平

根据党的十八大关于城乡居民收入翻番的发展目标，到 2020 年西藏地区农牧民人均纯收入和城镇居民人均可支配收入由 2012 年的 0.57 万元和 1.80 万元，翻番至 1.20 万元和 3.60 万元。其中，农牧民非农来源收入由 0.22 万元分别增长至 0.24 万元、0.48 万元和 0.60 万元。

8.4.1.4　中央转移支付

由于西藏地区各项事业发展滞后，为缩小与全国平均水平差距，财政支出势必呈扩大趋势，按人均财政支出翻一番的发展目标，至 2020 年西藏地区人均财政支出将由 2012 年的 3.11 万元翻番至 6.22 万元。财政收入总额将由 2010 年的 573.46 亿元分别增至 2 232.05 亿元、2 145.90 亿元和 2 062.74 亿元，中央转移支付需要由 531.00 亿元分别增至 1 562.44 亿元、1 716.72 亿元和 1 856.47 亿元。

8.4.2　自然资源资产（P）变化

8.4.2.1　自然资源资产存量

（1）1985 年存量

截至 1985 年年底，除去约 17.95 万 km² 的城乡、工矿、居民用地、滩涂、滩地和未利用土地外，全区自然资源资产存量达到 102.29 万 km²。其中耕地面积约 5 676.08 km²，占当年存量的 0.56%；林地面积约 12.52 万 km²，占存量的 12.45%；草地面积约 84.06 万 km²，占存量的 81.92%；水域面积约 5.13 万 km²，占存量的 5.03%（表 8.6）。

表 8.6　1985 年西藏自治区自然资源资产存量

一级类型	面积/km²	二级类型	面积/km²
耕地	5 767.08	水田	213.31
		旱地	5 553.77
林地	125 189.26	有林地	92 056.04
		灌木林	26 498.29
		疏林地	6 609.74
		其他林地	25.18
草地	840 642.02	高覆盖度草地	324 323.18
		中覆盖度草地	295 943.83
		低覆盖度草地	220 375.01
水域	51 348.56	河渠	1 243.31
		湖泊	25 785.10
		水库坑塘	31.20
		永久性冰川雪地	24 288.95
合计	—	—	1 022 946

（2）2000年存量

截至2000年年底，除去约18.01万km²的城乡、工矿、居民用地、滩涂、滩地和未利用土地外，全区自然资源资产存量到达102.23万km²。其中耕地面积约5 757.91km²，占当年存量的0.56%；林地面积约12.73万km²，占存量的12.45%；草地面积约83.79万km²，占存量的81.96%；水域面积约5.14万km²，占总存量的5.03%（表8.7）。

1985—2000年，全区自然资源资产由102.29万km²减至102.23万km²，减少了600.02km²，年均减少40.01km²。其中林地、水域面积分别由12.52万km²、5.13万km²增至12.73万km²和5.14万km²，增加了2 089.9km²和35.44km²。草地面积由84.06万km²减至83.79万km²，减少2 716.38km²，耕地面积耕地面积由0.576万km²减至0.575万km²，减少了9.17km²。

（3）2010年存量

截至2010年年底，除去约17.97万km²的城乡、工矿、居民用地、滩涂、滩地和未利用土地外，全区自然资源资产存量达到102.27万km²。其中耕地面积约5 671.61km²，占当年存量的0.56%；林地面积约12.74万km²，占存量的12.46%；草地面积约83.64万km²，占存量的81.79%；水域面积约5.31万km²，占总存量的5.19%（表8.8）。

2000—2010年，全区自然资源资产由102.23万km²增至102.25万km²，增加了235km²，年均增长23.5km²。其中林地、水域面积分别由12.73万km²、5.14万km²增至12.74万km²和5.31万km²，增加了134.04km²和1 730.77km²。草地和耕地面积分别由83.79万km²、0.575万km²减至83.63万km²和0.567万km²，减少了1 543.44km²和86.3km²（表8.7，表8.8）。

表8.7　2000年西藏自治区自然资源资产存量

一级类型	面积/km²	二级类型	面积/km²
耕地	5 757.91	水田	213.03
		旱地	5 544.88
林地	127 279.16	有林地	92 075.12
		灌木林地	28 537.53
		疏林地	6 619.71
		其他林地	46.80
草地	837 925.64	高覆盖度草地	321 798.75
		中覆盖度草地	295 920.29
		低覆盖度草地	220 206.60
水域	51 384	河渠	1 262.26
		湖泊	25 826.71
		水库、坑塘	37.97
		永久性冰川雪地	24 257.06
合计	—	—	1 022 346

表 8.8　2010 年西藏自治区自然资源资产存量

一级类型	面积/km²	二级类型	面积/km²
耕地	5 671.61	水田	213.89
		旱地	5 457.72
林地	127 413.2	有林地	92 155.42
		灌木林地	28 591.38
		疏林地	6 615.1
		其他林地	51.32
草地	836 382.2	高覆盖度草地	321 702.9
		中覆盖度草地	295 487.8
		低覆盖度草地	219 191.5
水域	53 114.77	河渠	1 250.76
		湖泊	27 586.06
		水库、坑塘	19.13
		永久性冰川雪地	24 258.82
合计	—		1 022 582

1985—2010 年，全区自然资源资产由 102.29 万 km² 减至 102.25 万 km²，共减少了 365km²，年均减少 14.6km²。其中增加最多的是林地，增加的面积达到 2 223.94km²，年均增长率为 0.07%；水域增加面积 1 401.13km²，年增长率为 0.14%。草地和耕地面积有不同程度的减少，其中草地面积减少了 4 259.82km²，年均减速为 0.02%；耕地减少了 95.47km²，减速为 0.07%。

8.4.2.2　自然资源资产流量变化（1985—2010 年）

（1）1985—2000 年

1985—2000 年，全区自然资源资产减少了 600.02km²，年均减少 40.01km²，基本没有变化。其中林地、水域面积分别增加了 2 089.9km² 和 35.44km²，年均增长率为 0.11% 和 0.005%；草地面积减少 2 716.38km²，年均减速为 0.02%，耕地则减少了 9.17km²，年均减速为 0.01%（表 8.9）。

表 8.9　1985—2000 年西藏自治区资源资产流量　　　　　　　　　　　单位：km²

序号	二级类型	1985 年存量	2000 年存量	变化总量	年均变化量	年均变化率/%
1	水田	213.31	213.03	-0.28	-0.02	-0.01
2	旱地	5 553.77	5 544.88	-8.89	-0.59	-0.01
3	有林地	92 056.04	92 075.12	19.08	1.27	0.00
4	灌木林地	26 498.29	28 537.53	2 039.24	135.95	0.50

序号	二级类型	1985 年存量	2000 年存量	变化总量	年均变化量	年均变化率/%
5	疏林地	6 609.74	6 619.71	9.97	0.66	0.01
6	其他林地	25.18	46.8	21.62	1.44	4.22
7	高覆盖度草地	324 323.18	321 798.8	−2 524.43	−168.30	−0.05
8	中覆盖度草地	295 943.83	295 920.3	−23.54	−1.57	0.00
9	低覆盖度草地	220 375.01	220 206.6	−168.41	−11.23	−0.01
10	河渠	1 243.31	1 262.26	18.95	1.26	0.10
11	湖泊	25 785.1	25 826.71	41.61	2.77	0.01
12	水库、坑塘	31.2	37.97	6.77	0.45	1.32
13	永久性冰川雪地	24 288.95	24 257.06	−31.89	−2.13	−0.01
	合计	1 022 946	1 022 346	−600.20	−40.01	0.00

（2）2000—2010 年

2000—2010 年，全区自然资源资产增加了 235km^2，年均增长 23.5km^2，基本没有变化。其中林地、水域面积分别增加了 134.04km^2 和 1 730.77km^2，年均增长率为 0.01% 和 0.33%；耕地、草地面积有不同程度的减少，草地面积减少 1 543.44km^2，年均减速为 0.01%，耕地以每年 0.1% 的速度，共减少了 86.3km^2（表 8.10）。

表 8.10　2000—2010 年西藏自治区资源资产流量　　　　　　　　　　　单位：km^2

序号	二级类型	2000 年存量	2010 年存量	变化总量	年均变化量	年均变化率/%
1	水田	213.03	213.89	0.86	0.06	0.03
2	旱地	5 544.88	5 457.72	−87.16	−5.81	−0.11
3	有林地	92 075.12	92 155.42	80.3	5.35	0.01
4	灌木林地	28 537.53	28 591.38	53.85	3.59	0.01
5	疏林地	6 619.71	6 615.1	−4.61	−0.31	0.00
6	其他林地	46.8	51.32	4.52	0.30	0.62
7	高覆盖度草地	321 798.8	321 702.9	−95.85	−6.39	0.00
8	中覆盖度草地	295 920.3	295 487.8	−432.49	−28.83	−0.01
9	低覆盖度草地	220 206.6	219 191.5	−1 015.1	−67.67	−0.03
10	河渠	1 262.26	1 250.76	−11.5	−0.77	−0.06
11	湖泊	25 826.71	27 586.06	1 759.35	117.29	0.44
12	水库、坑塘	37.97	19.13	−18.84	−1.26	−4.47
13	永久性冰川雪地	24 257.06	24 258.82	1.76	0.12	0.00
	合计	1 022 346	1 022 582	235	23.5	0.00

（3）1985—2010 年

1985—2010 年，全区自然资源资产减少了 365km²，年均减少 14.6km²，基本没有变化。其中增加最多的是林地，增加的面积达到 2 223.94km²，年均增长率为 0.07%；水域增加面积了 1 401.13km²，年均增长率为 0.14%；耕地和草地面积有不同程度的减少，其中草地面积减少了 4 259.82km²，年均减速为 0.02%，耕地减少了 95.47km²，减速为 0.07%（表 8.11）。

表 8.11　1985—2010 年西藏自治区资源资产流量　　　　　　　　　单位：km²

序号	二级类型	1985 年存量	2010 年存量	变化总量	年均变化量	年均变化率/%
1	水田	213.31	213.89	0.58	0.02	0.01
2	旱地	5 553.77	5 457.72	-96.05	-3.84	-0.07
3	有林地	92 056.04	92 155.42	99.38	3.98	0.00
4	灌木林地	26 498.29	28 591.38	2 093.09	83.72	0.30
5	疏林地	6 609.74	6 615.1	5.36	0.21	0.00
6	其他林地	25.18	51.32	26.14	1.05	2.89
7	高覆盖度草地	324 323.2	321 702.9	-2 620.28	-104.81	-0.03
8	中覆盖度草地	295 943.8	295 487.8	-456.03	-18.24	-0.01
9	低覆盖度草地	220 375	219 191.5	-1 183.51	-47.34	-0.02
10	河渠	1 243.31	1 250.76	7.45	0.30	0.02
11	湖泊	25 785.1	27 586.06	1 800.96	72.04	0.27
12	水库、坑塘	31.2	19.13	-12.07	-0.48	-1.94
13	永久性冰川雪地	24 288.95	24 258.82	-30.13	-1.21	0.00
	合计	1 022 947	1 022 582	-365	-14.60	0.00

（4）2010—2020 年

将高、中和低方案情景下的人口—经济社会变量在 2010—2020 年的变化情况代入土地利用/土地覆盖变化预测模型 CLUE-S 模型，模拟出不同情景下的自然资源资产的变化。

①高方案情景。森林、草地、湿地和农田的变化率分别为 0.012%、-0.15%、-0.08% 和 -0.02%。人口总量的快速增长、城镇化进程的加快、工业化进程加快，对建设用地需求增大，农田、草地和湿地向建设用地转换加快。自然资源资产流失加剧。

②中方案情景。森林、草地、湿地和农田的变化率分别为 0.012%、-0.11%、-0.05% 和 -0.015%。农牧用地和生态用地向建设用地转换的趋势明显，自然资源资产仍在减少。

③低方案情景。森林、草地、湿地和农田的变化率分别为 0.013%、0.13%、0.010% 和 0.01%。人口规模变化缓慢、城镇化进程较慢、工业化水平较低，建设用地增长较慢。农村劳动力规模仍维持较大存量，在增收压力和农牧业现代化驱动下，劳动力人均农地量将持续加大，导致大量宜农宜牧的荒地和耕地后备资源被开发，草地和农田规模扩大。自

然资源资产总量持续增加。

8.4.3 生态系统服务功能（S）变化

8.4.3.1 服务功能变化评估（1990—2012 年）

（1）供给功能与文化功能

1）农产品供给：西藏地区生态系统服务功能的农产品供给功能主要是提供青稞、小麦和玉米等粮食作物，豆类，薯类，油料，蔬菜和青饲料。1990—2012 年，生态系统供给总量由 73.79 万 t 增至 198.43 万 t，其中粮食产量由 60.83 万 t 增至 94.90 万 t（图 8.14）。

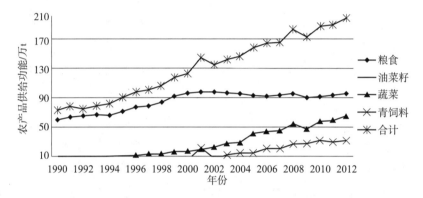

图 8.14　1990—2012 年生态系统服务功能的农产品供给功能

2）畜产品供给：西藏地区生态系统服务功能的畜产品供给功能主要是提供牛、羊、猪等大牲畜的肉制品、奶制品和皮毛。1990—2012 年，生态系统供给总量由 4 609 万个羊单位增至 4 737 万个羊单位，峰值达到 5 000 万个单位（图 8.15）。

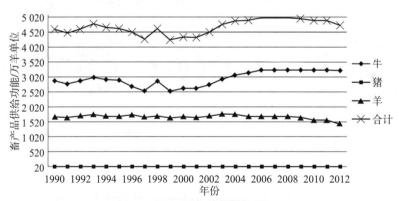

图 8.15　1990—2012 年生态系统服务功能的畜产品供给功能

3）林产品供给：主要是林下产品（松茸、香菇、核桃、花椒等）和木材，1990—2012 年，生态系统供给总量分别由 107t、13.13 万 m³ 增长至 4 889t、22.86 万 m³（图 8.16）。

4）工业品供给：西藏地区生态系统服务功能的工业品供给功能主要是提供矿石、水电、水泥等，1990—2012 年，生态系统供给总量分别由 9.31 万 t、2.48 亿 kW·h、13.23

万 t 增长至 12. 35 万 t、18. 99 亿 kW·h 和 286. 67 万 t（图 8. 17）。

5）文化功能：西藏地区生态系统服务功能的文化功能可以从旅游业中体现。1995—2012 年接待旅游人数由 20. 66 万人增至 1 058. 38 万人，其中外国游客由 6. 78 万人增长至 19. 49 万人（图 8. 18）。

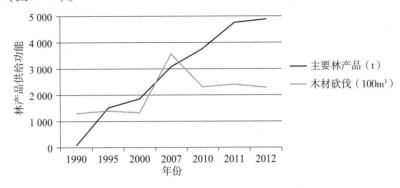

图 8. 16　1990—2012 年生态系统服务功能的林产品供给功能

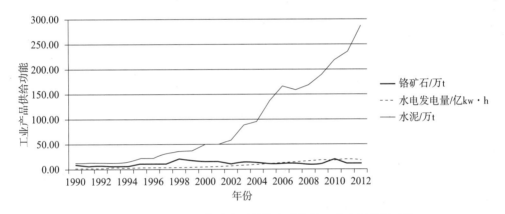

图 8. 17　1990—2012 年生态系统服务功能的工业产品供给功能

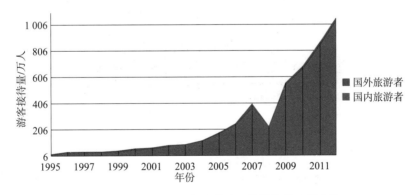

图 8. 18　1995—2012 年西藏地区旅游接待人数变化

（2）生态系统服务性功能（支持功能和调节功能）

生态系统服务性功能包括水源涵养、水土保持、防风固沙和碳固定等调节类服务功能。

1）水源涵养服务功能：1990—2012 年西藏高原林、草、湿生态系统水源涵养服务功能在波动中有所提升，平均水源涵养量为 894.60 亿 m³，单位面积水源涵养量为 743.98m³/hm²。其中，1990—2008 年林、草、湿生态系统平均水源涵养量为 892.47 亿 m³；2008—2012 年平均水源涵养量为 913.44 亿 m³，相比增加了 2.35%。

2）水土保持服务功能。1990—2012 年西藏土壤侵蚀量呈下降趋势，1990—2012 年平均土壤风蚀量为 10.31 亿 t，年均土壤侵蚀模数为 3 888 t/km²。其中，1990—2008 年年均土壤侵蚀量为 10.5 亿 t，2008—2010 年年均土壤侵蚀量为 9.09 亿 t，侵蚀量显著降低。

3）防风固沙服务功能：1990—2012 年防风固沙服务功能保有率前期有所提升，后期提升效果更加明显，平均防风固沙服务功能保有率为 66.72%。其中，1990—2008 年平均防风固沙服务功能保有率为 66.52%，为 3.57/10a；2008—2012 年平均防风固沙服务功能保有率为 67.61%，为 14.27/10a。

4）碳固定服务功能：1990—2000 年，森林、草地、湿地生态系统碳固定服务功能总量基本持衡，碳固定总量减少了 6.63TgC，减少比例为 0.87%。2000—2010 年，碳固定服务功能总量轻微上升，碳固定总量增加了 27.94TgC，增加比例为 3.71%。

（3）生态系统服务价值

为便于观察生态系统服务功能总价值变化中服务量的绝对变化，采用不变价估计，即价值总量（EV）= $\sum$（各类生产性产品数量 × 产品单价）+ $\sum$（各类服务性产品数量 × 产品单价），生产性产品单价采用 2013 年价格，只计算初级产品，服务性功能产品单价采用支付意愿法（WTP）获得 2013 年价格。仅估算主要产品和服务的价值，因此总价值为不完全值。

1）生产性功能价值：生态系统生产性功能价值总和由 1990 年的 577.14 亿元增长至 2010 年的 992.07 亿元，其中农产品、畜产品、林产品、工业品和文化产品结构见图 8.19，农产品、畜产品和林产品比例由 89.73% 下降至 78.80%。

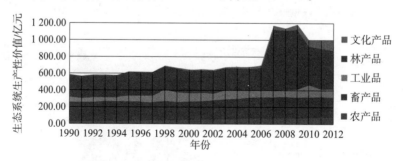

图 8.19　1990—2012 年西藏地区生态系统生产性功能价值总结

2）生态系统调节类功能价值：仅估计水源涵养、水土保持、防风固沙和碳固定等 4 类生态系统调节类服务功能价值。1990—2012 年调节类服务功能价值呈先升后升的"U"形趋势，在 2007 年达到低谷，由 6 391.76 亿元下降至 5 162.12 亿元，继而持续上升至 6 731.38 亿元，各类调节服务价值结构见图 8.20 所示。

3）生态系统服务功能总价值：西藏地区生态系统服务功能总价值由 1990 年的 6 968.90 亿元先下降至 2005 年的 6 407.59 亿元，再逐渐增长至 2010 年的 7 727.76 亿元，其中生产性服务价值比例由 8.28% 增长至 12.89% ，如图 8.21 所示。

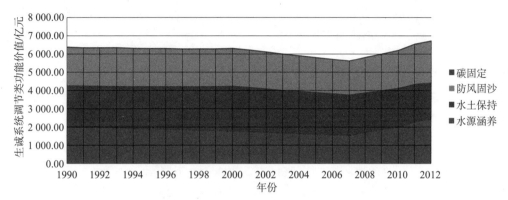

图 8.20　1990—2012 年西藏地区生态系统调节类价值结构

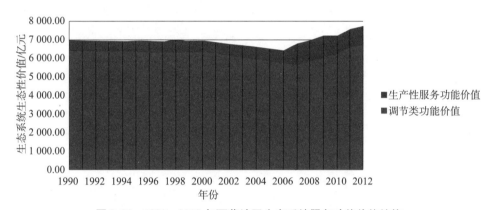

图 8.21　1990—2012 年西藏地区生态系统服务功能价值结构

8.4.3.2　服务功能变化预测（2010—2020 年）

（1）高方案情景

生态系统服务功能价值由 7 210 亿元降至 6 405 亿元，服务价值减少 11.16% 。由于自然资产流失，生态系统的调节类功能价值大量丧失，但生产性服务价值有大幅度增加。农产品供给总量由 185.30 万 t 增至 347.34 万 t，其中粮食产量由 92.36 万 t 增至 196.24 万 t。畜产品供给总量由 4 806 万个羊单位增至 6 352 万个羊单位。文化功能价值由 118.20 亿元增长至 862.14 亿元。

（2）中方案情景

生态系统服务功能价值由 7 210 亿元降至 6 978 亿元，20 年间服务价值减少 3.22% 。生态系统的调节类功能价值有部分损失，但生产性服务价值有小幅上升。农产品供给总量由 185.30 万 t 增至 298.20 万 t，其中粮食产量由 92.36 万 t 增至 155.89 万 t。畜产品供给总量由 4 806 万个羊单位增至 5 410 万个羊单位，文化功能价值由 118.20 亿元增长至 653.45 亿元。

（3）低方案情景

生态系统服务功能价值由 7 210 亿元小幅上升至 7 420 亿元，20 年间服务价值增加 2.91% 。生产性服务价值略有增加，农产品供给总量由 185.30 万 t 增至 269.32 万 t，其中粮食产量由 92.36 万 t 增至 175.12 万 t, 畜产品供给总量由 4 806 万个羊单位下降至 4 585 万个羊单位, 文化功能价值由 118.20 亿元增长至 320.55 亿元。由于自然资源资产存量增大, 生态系统的调节类功能价值有所增大。

8.4.4 环境容量 (I) 变化

8.4.4.1 主要污染物排放与环境损失

（1）主要污染物排放

2000—2012 年, 西藏地区废水排放量由 5 204 万 t 下降至 352 万 t, 废气排放量由 12 亿 m³ 上升至 113.96 亿 m³, 工业烟（粉）尘排放量由 8 530t 下降至 955t, 固体废弃物由 17.5 万 t 下降至 3.3 万 t。总体而言, 除废气排放量在增长, 其他污染物呈下降趋势（图 8.22）。

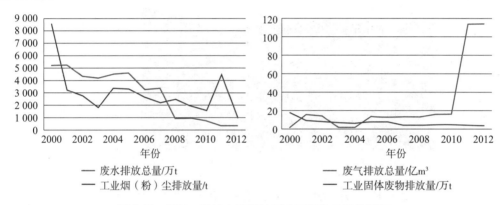

图 8.22　2000—2012 年西藏地区主要污染物排放情况

（2）环境功能价值损失

为便于观察主要污染排放量的绝对变化对环境价值的影响, 采用不变价估计, 采用接受意愿法（WTA）获得 2013 年价格作为单价。2000—2012 年, 因污染物排放造成的环境价值损失由 4 063 亿元下降至 2010 年的 914 亿元, 然后又反弹至 1 947 亿元, 水污染、大气污染（含烟粉尘）和土壤污染造成的环境损失结构, 见图 8.23, 其中大气污染造成的损失比例较大, 由 70% 下降至 45%, 又反弹至 96%。

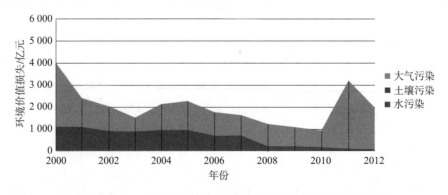

图 8.23　2000—2012 年西藏地区主要污染物排放造成的环境损失

8.4.4.2　环境功能变化预测（2010—2020）

依据城乡人口分布情况估算生活垃圾污水产生量，采用《西藏城镇化发展规划（2014—2020）》垃圾污水集中处理率估算城乡未经处理的垃圾污水排放量。根据 GDP 总量、《西藏二江四河生态文明先行示范区实施方案》中的万元 GDP 耗水量与废水处理率估算未经处理的生产性污水排放量，暂不考虑废气和固废排放量。

环境功能价值损失在不同情景下有所不同。高方案情景下，由 914 亿元增加至 1 634 亿元，增加了 78.84%，中方案情景下，由 914 亿元增加至 980 亿元，增加了 7.26%。低方案情景下，由 914 亿元下降至 420 亿元，减少了 54.03%。

8.4.5　生态环境系统价值整体变化（S－I）

加总生态系统服务功能价值量的增减量和环境功能价值损失，考察生态—环境系统价值整体变化趋势。图 8.24 为高方案生态环境系统价值变化。

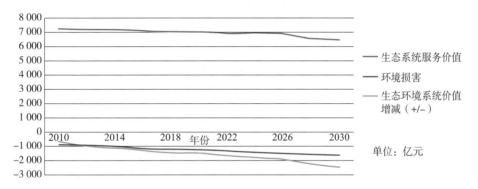

图 8.24　高方案生态环境系统价值变化

高方案情景下，生态环境系统价值损失量由 673 亿元增至 2 439 亿元，增加了 262.54%。生态系统的生产性功能的增加无法削减调节类功能的下降和环境功能的损失。图 8.25 为中方案生态环境系统价值变化。

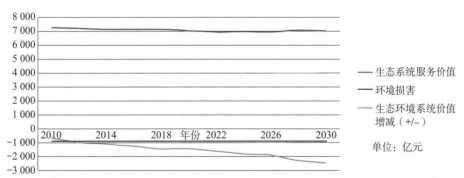

图 8.25　中方案生态环境系统价值变化

中方案情景下，生态环境系统价值年损失由 673 亿元增至 1 212 亿元，增加了 80.17%。同样存在生态系统调节类功能的下降和环境功能的损失已经超过了生态系统的生产性功能的增量。图 8.26 为低方案生态环境系统价值变化。

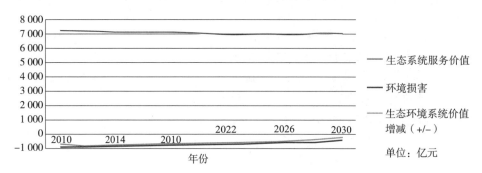

图 8.26 低方案生态环境系统价值变化

低方案情景下，生态环境系统价值年损失由 673 亿元降至 210 亿元，减少了 68.79%。生态系统调节类功能和生产性功能处于增量，环境功能损失在下降。

8.5 西藏地区可持续发展模式分析

8.5.1 生态系统支持经济社会发展能力评估

8.5.1.1 1990—2010 年支持能力

以 1990 年为基准，对 1991—2010 年人口规模、城镇化进程、产业水平、就业水平、收入水平等经济社会变量的驱动力强度作时序分析，强度值为年度现值与 1990 年基准值的比值。经济社会驱动力强度以及生态系统价值变化见图 8.27。随着经济社会驱动力强度加大，人均生态环境系统价值处于长期亏损状态，由 1990 年的 -9.03 万元降至 2000 年的低谷值 -15.65 万元，之后波动式回升至 -3.04 万元。

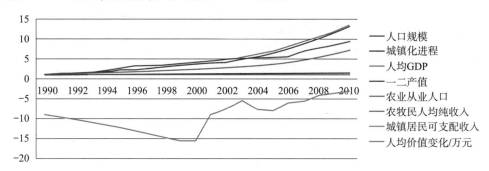

图 8.27 西藏地区经济社会驱动力强度与人均生态环境系统价值变化

每获得 1 元 GDP 的生态环境系统价值代价变化见图 8.28，由 -70.77 元回升至 -1.79 元。每自我积累 1 元财政收入的生态环境系统代价变化见图 8.29，由 -11 050 元回升至 -15.84 元。

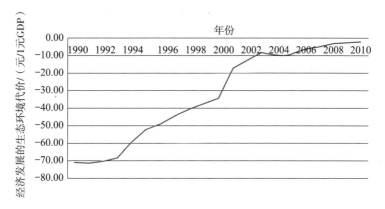

图 8.28　每获得 1 元 GDP 的生态环境系统价值代价变化

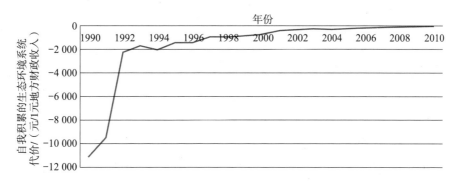

图 8.29　每获得 1 元地方财政收入的生态环境系统价值代价变化

过去 20 年的主要经济社会驱动力的跨越式发展是以生态系统服务功能价值丧失与环境价值损失为代价，2000 年前后开展的一系列生态保护与环境治理对扭转上述态势起关键作用，尤其是 2006 年前后开始实施西藏高原生态安全屏障工程，生态系统服务功能价值逐步恢复与环境价值损失在逐渐减少。

8.5.1.2　2011—2020 年支持能力

（1）经济发展

1）GDP 增长：每获得 1 元 GDP 的生态环境系统价值损失，三种方案均呈现下降趋势。其中，高方案由 −1.33 元下降至 −1.24 元，变化率为 −6.8%。中方案由 −1.33 元下降至 −0.88 元，变化率为 −33.83%。低方案由 −1.33 元快速下降至 −0.21 元，变化率为 −84.21%。

2）工业化进程：随着工业化率（按工业产值/GDP）由 8% 增至 20%，工业用地需求将会增加，土地覆盖变化上林地、草地和耕地被转换为建设用地，生产性的工业生产值在持续上升。生态资产存量在下降，生态系统的调节类价值功能下降。工业废水产生量增大，不能完全处理，环境功能价值仍处于损失状态。整体而言，生态环境系统功能价值呈下降趋势。每获得 1 元工业产值的生态环境系统价值损失，呈现下降态势。高方案情景下，由 −5.08 元减至 −1.85 元，变化率为 −63.58%。中方案情景下，由 −5.08 元减至

-1.32 元，变化率为 -74.02%。低方案情景下，由 -5.08 元减至 -0.32 元，变化率为 -93.70%。

3）第三产业发展：第三产业发展对生态系统的主要影响是垃圾和污水排放造成的环境功能价值损失。环境功能价值损失仍然略高于第三产业产值。高方案情景下，由 -0.12 元减至 -0.09 元，变化率为 -25.00%。中方案情景下，由 -0.12 元减至 -0.07 元，变化率为 -41.67%。低方案情景下，由 -0.12 元减至 -0.02 元，变化率为 -83.33%。

（2）人口增长与城镇化

人口总量持续增长，受城镇化率提高的影响，农村居住人口规模变化较小，但城镇人口规模增长较快，城镇建设用地持续增长。乡村公共服务设施持续改善，农村居民点用地规模增大。土地覆盖变化上草地和耕地被转换为建设用地。生态资产存量在下降，生态系统的调节类价值功能下降。随着人口总量增长，垃圾与污水产生量增大，不完全集中处理，环境功能价值损失在增加。总体而言，人口增长与城镇化进程加快，生态环境系统功能价值处于损失状态，高方案情景下由 -0.9 万元/人增至 -2.72 万元/人，中方案情景下由 -0.9 万元/人增至 -1.41 万元/人，低方案情景下由 -0.9 万元/人降至 -0.25 万元/人。

（3）农业发展与农牧民收入

在农业现代化驱动下，草场和耕地支撑的农牧业总产值持续增长，农牧民总收入中农牧业收入也呈上升趋势。由于农村人口减少量很小，人均产值与收入的增长依赖于生产性功能的过度发挥，造成生态退化，导致调节类功能发挥程度也在下降。农牧业发展的生态安全保障水平在下降。生产性功能价值的增长仍不足以弥补调节类功能价值损失，加上农牧业面源污染造成的环境功能价值损失，生态环境系统价值持续下降。而农牧民收入中非农收入比例越高，则人均产值与收入的增长对生产性功能发挥依赖程度下降，调节类功能发挥程度将有所增加。

高方案情景下，农牧业产值占 GDP 比重较小，农牧民收入中非农收入高，人均产值与收入的增长对生产性功能发挥依赖程度低，生态环境系统价值损失增长幅度较小。每 1 元农牧业总产值的生态环境系统功能价值损失仅由 -1.56 元增长至 -1.68 元，增幅为 7.7%。增加 1 元非农收入的生态环境系统功能价值增收由 1.05 元增至 2.00 元，增幅达 90.48%。

低方案情景下，农牧业产值占 GDP 比重相对较高，农牧民收入中非农收入相对较低，人均产值与收入的增长对生产性功能发挥依赖程度较高，生态环境系统价值损失增长幅度较大。每 1 元农牧业总产值的生态环境系统功能价值损失由 -0.78 元增长至 -4.90 元，增幅为 528.21%。增加 1 元非农收入的生态环境系统功能价值增收由 3.04 元下降至 2.58 元，增幅达 -15.13%。

中方案情景下，每 1 元农牧业总产值的生态环境系统功能价值损失由 -1.04 元增长至 -1.57 元，增幅为 50.96%。每增加 1 元非农收入的生态环境系统功能价值增收由 0.93 元增至 2.49 元，增幅达 167.74%。

（4）中央转移支付

在不考虑外部援助情况下，财政收入的增长依赖于 GDP 增长，财政支出规模越大，财政收入压力越大，GDP 增长压力越大，胁迫生产性功能过度发挥的可能性越大，调节功能损失的风险越高。中央转移支付无疑"豁免"了一部分生产性功能过度发挥，间接减少调节功能损失。每1元中央转移支付的生态环境系统功能价值增收，在高方案中由6.60元增至7.87元，增幅达19.24%，在中方案中由6.70元增至8.46元，增幅达26.27%，在低方案中由6.74元增至12.45元，增幅达84.72%。

8.5.2 西藏地区社会经济可持续发展模式

8.5.2.1 西藏地区人地关系基本特征

观察经济社会（D）—自然资源资产（P）—生态系统服务功能（S）—环境容量（I）的运行特征，无论是1990—2012年的发展态势，还是2010—2020年的预测态势，均体现出以下5个特点。

（1）随着经济社会活动强度的增大，生态环境系统功能价值总是处于损失状态。究其原因，是西藏地区的高、寒、旱环境特征对国土开发有着重大制约，开发活动的生态环境成本远高于取得的经济社会效益。因此，处理人地关系总的原则是：生态环境保护优先于经济开发。

（2）工业化和城镇化进程伴随着生态环境系统服务功能价值损失。人口总量增长情景下的工业化与城镇化对建设用地需求增加，自然资源资产存量损失较大，过度追求生产性功能价值使得调节类功能流量不足，大量垃圾与污水集中处理不足。因此，在经济社会发展中，工业化和城镇化进程需要以不减少自然资源资产存量为前提，需要防止生产性功能价值发挥过度，提高污染物的集中处理率。

（3）自我积累与外部援助的关系。随着各项事业的发展，财政支出规模不断扩大，地方财政收入仅能满足10%左右的支出。倘若全部由自我积累解决财政支出，势必要求更快的GDP增长，生产性功能价值必须进一步扩大，环保投资不足使得环境功能损害将进一步增大，导致每元财政支出的生态环境系统价值损失扩大。必要的外部援助，可在很大程度上缓解地方财政支出对生态环境系统的胁迫。因此，必须坚持现有的援藏制度不动摇。

（4）提高农牧民非农收入与生态系统服务功能修复。草地和农田生态系统的调节类功能有效发挥取决于农牧民降低生产性功能发挥。随着非农收入比例的提高，更多的农牧民倾向于减少或放弃农牧业生产，草场和农田利用强度逐步下降，有利于生态系统调节类功能的恢复。提高农牧民非农收入，不仅有利于促进增收，而且有利于保障生态安全。

（5）第三产业发展与环境容量。有利于降低GDP增长对生态系统服务的供给功能的依赖，但在环保设施不足时易出现环境功能价值损失，且大于第三产业产值。因此，第三产业发展的前提是环境优先。

8.5.2.2 可持续发展模式构建

（1）发展目标

在经济增长、收入增加、自我积累不断增强和城镇化水平提高过程中，生态环境系统功能价值损失逐步降低，即：

①生态环境系统功能价值损失逐年降低，$EEVL_{T+1} \leqslant EEVL_T$，$T = 2010$，$2011$，$\cdots$，

2019，EEVL$_{2010}$ = 673 亿元。

②经济增长，GDP$_{T+1}$ ≥ GDP$_T$，GDP$_{2010}$ = 507.46 亿元。

③城镇化水平不断提高，CP$_{T+1}$ ≥ CP$_T$，CP$_{2010}$ = 68.06 万人。

④农牧民收入不断提高，FI$_{T+1}$ ≥ FI$_T$，FI$_{2010}$ = 4 139 万元。

⑤自我积累（地方财政收入）不断增强，IF$_{T+1}$ ≥ IF$_T$，IF$_{2010}$ = 42.47 亿元。

（2）求解

在高、中和低三种情景方案中生态环境系统功能价值均处于损失状态，主要区别是：在低方案中生态环境系统功能价值损失是逐步降低，然而经济社会发展指标均处于较低水平，与 2020 年全面实现小康目标仍存在一定差距；高、中方案尽管经济社会发展指标有利于到 2020 年全面实现小康目标，但是生态环境系统功能价值损失在持续增加。农牧民收入中非农收入比例、财政总收入中中央转移支付、第三产业比重的上升和农业劳动力比重的下降等过程起到了减少生态环境系统功能价值损失的作用。

为此，可持续发展模式求解思路是：到 2020 年，若保持生态环境系统功能价值损失不增加，即仍然维持在 673 亿元，社会经济发展情景调控变量水平应当设置在何种水平。求解方案是：将人口、经济、收入、自我积累调控变量，由高方案值向低方案值，按同步或异步逐步递减，农牧民收入中非农收入比例、财政总收入中中央转移支付和第三产业比重逐步递增，农业劳动力比重逐步递减，代入土地覆盖 CLUE – S 变化模型，获得自然资源资产存量变化，评估生态环境系统功能价值变化，维持在 –673 亿元水平。

①人口系统。人口自然增长率最高值可达 12‰，人口总量可达 340.67 万人。

②城镇化率。城镇化率最高值可达 37%，城镇人口总量为 127.51 万人，较 2012 年的 69.98 万人可增加 57.53 万人。

③劳动力与收入。农业劳动力比重最低可至 22%，较 2012 年的 45.54% 有大幅度降低。农牧民纯收入中非农比例最低须达到 64%，较 2012 年的 47.23% 有较大提高。

④经济发展。GDP 最高可达 1 752 亿元，年均增长率可达 12%。第三产业比重最低须达到 70%，工业总值不能超出 18%。

⑤中央转移支付最低需要达到 1 857 亿元。

8.5.2.3 对策与建议

（1）生态环境功能价值止损的制度建设

生态环境保护优先于经济开发，提高自然资源资产存量和遏制生产性功能的过度开发，是调节类功能可持续发展的基础，应当尽快建立自然资源资产核算制度，编制自然资源资产负债表，落实底线思维，管制自然资源资产产权和用途，节约集约利用能源、水和土地。

（2）城镇化的环境基础设施保障

城镇化是现代化的主要内容，根据本章图 8.5（1990—2012 年西藏地区城镇化发展态势），可看出西藏城镇化进程缓慢。城镇化率由 2013 年的 23.70% 增至 2020 年的 37%，不仅存在着城镇化市场力量薄弱、城镇空间布局分散、城镇建设成本较高、产业支撑较弱、吸纳劳动力能力不强等诸多内生问题，而且面临着巨大的生态环境功能价值损失的外生问题。

新型城镇化需要积极应对环境功能价值持续损失问题。当前污染物集中处理率不足10%，人均环保设施投入不足 1 000 元，难以满足城镇人口增长产生的垃圾和污水处理设施需求。在 2020 年城镇人口总量为 127.51 万人情况下保持环境功能价值损失不上升，需要将城乡主要污染物集中处理率提高至 90% 以上，需要扩大环境保护基础设施保障覆盖面，由重点城镇向一般乡镇和核心村延伸。

（3）城镇化进程的生态红线

目前土地城镇化快于人口城镇化，是城镇周边生态系统调节类功能发挥的空间缩小的主因。城镇化的空间格局调整战略上，需要提高自然资源资产分布的决策权重，综合考虑产业发展水平、交通骨架、现有城镇分布等条件，科学合理布局城镇空间。为保障生态系统调节类功能价值损失不上升，尽量减少挤占农田草场、村落部落和生态涵养的空间。城镇和农村居民点空间控制目标需要由原先的 488km^2[①] 压缩至 400km^2 以内，森林覆盖率由12.31%[①] 提高至 14.62%，城镇建成区绿地率需要由 38.9%[②] 提高到 50% 以上，全区林草[③]覆盖率由 66.72% 提高至 71.25%。

（4）工业化与生态环境功能价值保护

在西藏地区工业化水平较低时期（1990—2005 年），虽然工业废弃物造成的环境功能损失较小，但农村劳动力困于农牧业产业中，在增收压力驱动下，农田草地森林生态系统的生产性功能发挥处于过度状态，影响了调节类功能的正常发挥，调节类功能价值处于长期的巨大亏损状态，生态环境系统功能价值损失处于持续加大状态。从 2010—2020 年的高方案情景生态环境效应模拟看，工业产值占 GDP 比重维持在 20% 时，调节类功能价值和环境功能价值损失呈现巨大亏损。过低和过高的工业化水平都不利于生态环境系统保护。西藏地区 2020 年工业化水平目标定在 20%，略高于情景模拟值 18%，2013 年工业水平[④]为 9.20%，距之仍有较大空间。

工业总产值由 1990 年的 3.72 亿元增长至 2012 年的 99.41 亿元，其行业结构见图8.30，其中矿产资源开发业比例由 40% 上升至 47%，高原特色的生物和食（饮）品业与民族手工业比例由 16.8% 上升至 21.5%，藏医药产业比例由 14.65% 下降至 11.22%，能源产业维持在 13% 左右，建筑业产值由 16.82 亿元增长至 86.40 亿元。从对生态环境系统功能价值损失的贡献率看，矿产资源开发业、能源产业（尤其是水能开发）和建筑业约占93.64%，尤其是矿产资源开发业约占 62.15%。高原生物和食（饮）品业和藏医药产业发展，稳定提高了农田、草地和森林的存量，但调节类功能价值和环境功能价值略有损失。

西藏地区的"二产上水平"的潜力是高原特色的生物和食（饮）品业、民族手工业和藏医药产业，占工业附加值比例需要提高至 64% 以上，需要控制矿产资源开发业的过度发展，适度发展水电产业。

---

① 《西藏自治区主体功能区规划（2008—2020）》。

② 《西藏自治区城镇化发展规划（2014—2020）》（初稿）。

③ 中、高和低覆盖度草地，有林地、灌木林地、疏林地和其他林地。

④ 工业化水平（%）＝工业附加值/GDP。

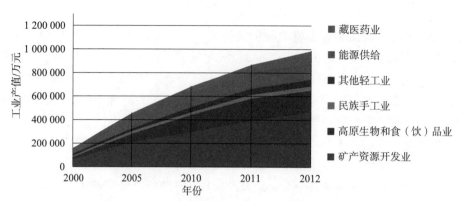

图 8.30　1990—2012 年西藏地区工业经济结构变化

（5）第三产业发展与生态环境功能价值保护

西藏第三产业的快速发展依赖优质的自然资源资产存量，特别是生态系统文化功能的发挥，这在一定程度上促进了调节类功能的发挥。第三产业快速发展中的垃圾和污水排放的造成了环境功能价值处于持续损失状态。2012 年第三产业产值为 377.80 亿元，占 GDP 比例为 53.90%，虽然比重较高，但质量较差，近年呈发展乏力态势，占 GDP 比例略有下降。在 GDP 由年均增长率 12% 的发展速度达到 1 752 亿元，第三产业比重最低须达到 70%，规模达到 1 226.4 亿元，需要保持 12.5% 的增长率，才能保障生态环境系统功能价值损失维持在 2010 年水平而不继续扩大。

从第三产业产值结构看，旅游业占据了第三产业收入的 60% 以上。旅游总收入由 1995 年的 2.14 亿元快速增长至 2012 年的 146.28 亿元，其中国内旅游收入由 0.63 亿元增长至 119.80 亿元（图 8.31）。旅游接待人数由 20.66 万人增至 1 058.38 万人，其中外国游客由 6.78 万人增长至 19.49 万人。

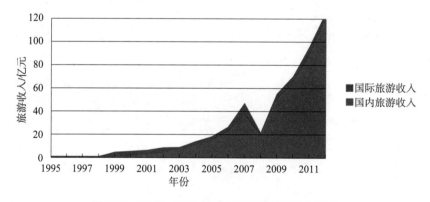

图 8.31　1995—2012 年西藏地区旅游总收入变化

西藏地区实施三产大发展战略重点是做强做精旅游业，旅游业占第三产业附加值比重需达到 80% 以上。

（6）农牧民就业、增收与提高非农收入比重

农牧民就业、收入对于生态环境系统功能价值的影响关键在于非农收入比重。非农就业和非农收入比重越高，对于农田草地生态系统的生产性功能依赖程度越低，调节类功能过度发挥的可能性会降低。在增收压力下，由 2012 年的 5 719 元增至 2020 年的 1.2 万元

过程中，非农收入比重需要维持在64%以上，由2 700元增长到7 680元。

劳动力就业结构，其中第一产业就业比例由80.7%降至46.3%，第二产业就业比例由3.8%上升至13.4%，第三产业就业比例由15.5%上升至40.3%（图8.32）。按行业分（表8.12），2012年从事农林牧渔业占46.32%，采矿业、制造业、建筑业占12.89%，零售、住宿、餐饮、居民服务等服务业24.76%。

农牧民生产性收入中（图8.33），第一产业收入比例由87%下降至66.7%，第二产业收入比例由3.15%上升至22.6%，第三产收入比例由9.85%上升至10.67%。

表8.12　2012年西藏地区就业人口行业结构

序号	行业	合计/万人	比例/%
1	总计	2 020 570	100
2	农、林、牧、渔业	935 967	46.32
3	采矿业	38 646	1.91
4	制造业	33 531	1.66
5	电力、燃气及水的生产供就	10 604	0.52
6	建筑业	188 189	9.31
7	交通运输、仓储及邮政业	57 921	2.87
8	信息传输、计算机服务和软件业	10 713	0.53
9	批发和零售业	2 501 28	12.38
10	住宿和餐饮业	92 685	4.59
11	金融业	8 629	0.43
12	房地产业	3 766	0.19
13	租赁和商务服务业	20 328	1.01
14	科学研究、技术服务和地质勘察业	12 530	0.62
15	水利、环境和公共设施管理业	2 631	0.13
16	居民服务和其他服务业	40 882	2.02
17	教育	44 281	2.19
18	卫生、社会保障和社会福利业	17 777	0.88
19	文化、体育和娱乐业	21 094	1.04
20	公共管理和社会组织	117 302	5.81
21	其他	112 966	5.59

（7）援藏

中央转移支付对于生态环境系统功能价值的影响表现为增益作用，通过减少对GDP增长的压力进而减轻对生产性功能发挥的依赖。到2020年需要维持1 857亿元的中央转移支付水平，同时支出结构上应当提高生态补偿和环境保护基础设施的比例。

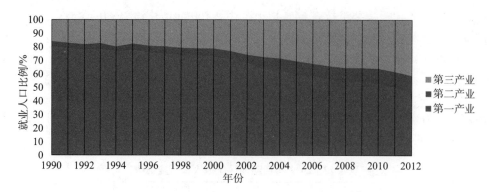

图 8.32 1990—2012 年西藏地区就业人口结构变化

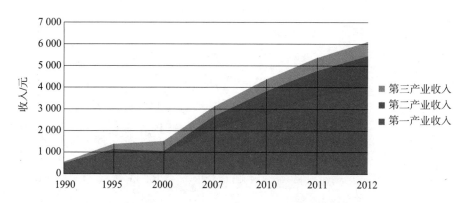

图 8.33 1990—2012 年西藏地区农牧民收入结构变化

第 9 章

西藏地区重点产业发展优化研究

内容提要：结合西藏地区草地资源现状及现有草地畜牧业发展模式，以维持草畜平衡、优化畜群结构和保护草地生态环境为目标，综合考虑牧区畜群结构优化、牧业生产、草畜动态平衡、社会经济收益和生态环境保护 5 个方面的约束条件，构建多目标优化模型，基于牧户行为选择途径及影响因素，在评估西藏地区草地畜牧业生态系统服务功能的基础上，提出西藏地区草地畜牧业发展优化方案及管理对策。

草地是西藏地区生态环境系统的主体组成部分，是生态安全的重要屏障，起着调节气候、涵养水源、防风固沙、保持水土、净化空气、美化环境等作用。同时，草地资源也是牧区农牧民赖以生存发展的基本生产资料和很多珍稀动植物特定的生存地区，是我国巨大的畜牧业生产基地和多民族生存的重要家园。西藏作为我国传统 5 大牧区之一，有天然草地 83 万 km^2，约占全国天然草地面积的 21%，占西藏土地总面积的 68.1%，其中可利用草地 56 万 km^2（Duan et al.，2008）。草地畜牧业一直是西藏国民经济的支柱产业，其产值占自治区大农业产值的 50% 上下，畜产品占全区外贸出口总额的 85%，在社会经济发展中有不可替代的作用（Fischer et al.，2008），是西藏产业发展的主要方向和途径。

然而，随着全球气候变化以及区域社会经济发展速度的提升，近年来西藏地区草地生态环境不断恶化，目前草地退化面积已达到 43 万 km^2，超过了西藏草地总面积的一半以上，其中那曲地区的藏北草原退化趋势尤为明显（Foggin，2006；Fox，2004；Goldstein et al.，2008）。西藏草地资源退化主要表现在冬春草场超载、草地水资源利用效率低、草地种群结构退化、生态系统服务功能减弱、草地生态系统综合生产能力下降等方面，造成这一后果的原因除了自然因素如全球气候变化趋势下导致的西藏高原降水、温度等变化外，更多的是草地资源利用过程中人为原因造成的，如草地过度和粗放利用、超载过牧、管理水平低、草地建设投入不够等，发展草地畜牧业促进生态环境建设，改良干旱、半干旱荒漠与沙化退化草原，加大高寒草甸草原管理力度，提升草地生态系统服务及生产功能，通过教育、示范、实验等途径提升牧户草地管理和生态建设的参与率，以此提高西藏地区草地畜牧业的综合生产能力，具有明显的社会、经济和生态效益，是未来西藏地区生态环境建设的主要途径。

9.1 草地生态系统与畜牧业发展总体态势

9.1.1 草地超载过牧尤其是冬春草场超载问题

西藏草地超载过牧，特别是冬春草场超载的问题非常突出。随着农牧区人口不断增加以及人们对物质生活需求的不断提升，为追求经济利益，西藏地区牧户牲畜饲养量不断增长，加上西藏草地资源没有做到有效确权，草地生态系统具有公共物权以及公共资源特征，在个体农户追求利润最大化的过程中，作为公共资源的草地首先受到威胁和破坏。从2000年和2001年的一项实地抽样调查结果表明，除去无人区草地和不能利用的草地面积，西藏退化草地面积已经超过了50%。1990—2005年的调查显示，西藏草地退化面积仍以每年5%～10%的速度在扩大。根据2005年农业部遥感应用中心和中国农科院农业资源区划研究中心所做的西藏草原资源卫星遥感监测，认为在维持西藏现有草地生态系统平衡的前提下，确保现有野生动物与家养牲畜得到有效的营养供给，即确保现有草食性动物的自然代谢平衡前提下，西藏草地生态系统合理载畜量为3 020.52万个绵羊单位，全区实际载畜量为4 969.59万个绵羊单位，超载牲畜达1 949.07万个绵羊单位（Liu，2009；Salazar.2008；PENG，2007；Oelke et al.，2007），粗放生产模式导致的盲目扩大牲畜存栏量是造成草地超载过牧的主要原因，更是草原退化的首要因素。

9.1.2 缺乏灌溉技术和设施，湿季水资源无法充分利用

由于西藏草地资源面积广阔，牧民居住分散，加上受教育程度低，在传统生产方式影响下，天然放牧、逐水草而居成了主流生活方式。由于草地确权进程滞后，牧民草地管护意识薄弱，尤其表现在西藏草地生态系统水土配置失衡方面，造成了大量草地因过度利用和缺少管护而退化严重。在西藏高原，高原湖盆和河漫滩是水草组合条件较好的区域，随着夏季的来临，无数河流汇集了高山冰雪融水及降水，地表径流和地下水较丰富，这些区域往往在夏日形成水草丰茂的景观。然而，牧民习惯于自然放牧与耕作，对草场水资源管护粗放，夏季之后，随着冰雪融水的减少，优良草场的自然灌溉水源开始不足，但又没有人工水资源存储，导致除夏季外其他季节干旱严重，甚至由于缺乏灌溉技术和设施来调节雨水和融雪的时空差，导致丰水期草地被淹没、枯水期草地面临干旱威胁，加大了草地退化力度（Harris，2010 Pech et al.，2007；Perrement，2006）。

另一方面，由于西藏自然及地形和经济等因素的影响，使得水利工程建设难度大，灌溉技术力量十分薄弱。从现有少量灌溉体系来看，多以江河直接引水漫灌为主，灌溉输水系统缺乏抗冻、防渗、节水等措施，工程设施不健全，配套不完善，设计标准低，工程无人维护，老化失修严重，很多水利灌溉工程难以发挥应有作用，而在广大牧区更是缺少有效灌溉，造成草地生态系统生产能力不断下降。从自然降水看，西藏区内降水量集中于6—9月，冬春季特别是春季缺乏雨水，严重影响牧草萌发，使得草地生物量严重不足，这给藏系绵羊和绒山羊生产带来严重影响。通过调查发现，近五年来，由于草地退化趋势

明显，草地可食生物量产量降低，单位绵羊/山羊采食所需草地面积逐年上升，目前单纯的减畜措施难以有效兼顾牧户经济效益和草地生态恢复，在牧民追求经济利益的背景与前提下，减畜措施难以有效推行，草地生态系统生产能力提升将是遏制生态退化的途径之一。

9.1.3　毒草蔓延，缺乏解毒药物和资源化利用技术

西藏地区天然草地退化过程也是毒害草种类增多和蔓延的过程，由于天然草地管护不力，牧户过度放牧状态下，随着藏系山羊和和绵羊采食量以及采食频度的增加，优质牧草急剧退化，以狼毒和径直黄芪为主的毒草得以快速生长，成为危害天然草地的又一因素，并进而形成恶性循环，导致家畜急性和蓄积性中毒事故增多，仅阿里地区每年因采食毒害草而死的牲畜数量约占牲畜占死亡数的50%。

另一方面，当地畜牧业生产部门为了提高农户饲养牲畜的经济收益，不断引进优良畜种，但由于引进的优良种畜识别毒草如茎直黄芪等的能力低，也缺乏解毒药物，容易中毒，对改良牲畜的生产性能和繁殖性能造成重大损害，其中藏系改良绵羊受害最大，较大地损害了牧户的生产收益，给草地畜牧业良性发展带来了威胁。

9.1.4　人工种草技术落后，草种退化严重

由于西藏地区地理环境特殊，缺乏必要的科技人员，人工种草技术落后。现有的小规模人工种草在选用草种时重点考虑低成本、高成活率和植被快速恢复等因素，仅局限于披碱草等少数几种，这在一定程度上限制了繁育乡土优质草种的积极性。在人工草场发展中缺乏牧草种植技术，播种质量差、草种浪费大，耙耕、翻耕对草场破坏严重；另一方面由于后期管理缺乏，人工草场生产功能没有得到有效发挥，导致人工草场生态和经济效益都不明显，牧户对人工种草工程的接受度低，参与率不高，不利于从生产的角度获得牧户的青睐和拥护。

此外，从生态恢复角度看，现有人工种草中，由于关键技术没有得到有效突破，在补播草场出现植株密度加大、高度变矮、产草量下降等趋势，在3~4年后即发生普遍退化现象，人工恢复的草场达不到应有的生态效应。人工草地建设大多采用引进牧草品种，对西藏特有的适应高寒生境条件的乡土草种利用远远不够，缺乏对当地丰富的野生优良草种的选育和驯化研究。

9.2　畜牧业产业发展牧户行为研究

9.2.1　样本调查基础

以西藏那曲牧户为微观研究对象，调查范围主要为那曲地区畜牧业县，包含聂荣、尼玛、索县、比如、嘉黎、当雄、那曲等7县，从地理结构单元上看，主要为怒江、澜沧江和长江源区，重点分布于昆仑山与念青唐古拉山之间的高原湖盆中。调查中牧户的定义是

家庭主要产业为牧业（牧业产业产值占家庭纯收入 60% 以上的农户）的农户，调查对象基本情况如表 9.1 所示。

表 9.1　调查牧户基本资料

	那曲县	聂荣县	嘉黎县	比如县	索县	当雄县	尼玛县
样本数	231	380	245	306	247	242	239
户主教育程度/%							
未接受教育	63.2	82.5	51.1	53.9	91.4	70.3	47.8
小学	34.5	16.1	47.8	40.0	8.6	29.7	45.6
中学（含以上）	2.3	1.4	1.1	6.1	0.0	0.0	6.7
户主年龄构成/%							
20—40 岁	23.9	37.4	21.6	34.9	24.8	33.6	32.7
40—60 岁	47.2	41.7	48.8	44.7	43.6	42.9	40.9
>60 岁	28.9	20.9	29.6	20.4	31.6	23.5	26.4
家庭人口构成							
平均人口数/个	6.96	7.97	5.58	6.14	6.68	5.80	5.40
平均性别比（男=100）	121.4	109.0	95.9	135.0	101.0	106.2	95.4
平均每户劳动力占家庭成员数比例/%	52.0	45.1	48.0	52.0	42.3	55.1	48.7

资料来源：本研究整理。

由表 9.1 可以看出：

牧户调查中样本数据分布在那曲地区 7 县市，分布相对均匀，能够代表西藏牧户的基本状况。从调查户户主年龄情况看，牧业县户主年龄主要集中在 40—60 岁，占样本总量的44.26%，其中聂荣县、比如县调查牧户年龄较轻，而那曲县户主平均年龄最高。

从户主受教育水平看，调查样本的受教育程度都较低，95% 以上调查户主为小学或没有受过教育，可见在西藏牧区亟待改善教育水平；从家庭人员构成看，平均家庭成员为 6.36 人，劳动力比重为49.03%，劳动力较富裕，与内地农户相比，西藏牧户具有家庭人口多、劳动力比重大、户主受教育程度低、人口平均年龄低等特征。从人口学角度看，西藏属于年轻型社会，未来发展中青壮年劳动力数量大，有利于区域发展劳动密集型产业（李祥妹，2012；刘爱军，2011）。

9.2.2　牧户决策行为研究

9.2.2.1　牧户决策行为影响因素

样本分析方法的主要软件为 SPSS 及 Stata，重点分析了牧户生产决策行为的影响因素（选择利润最大化还是数量最大化生产模式）、牧户降低牲畜存栏量的意愿选择等。根据样本乡镇最佳草地牲畜承载量，计算样本牧户实际牲畜投放量与最佳承载量之差，通过双对数模型对牧户放牧决策影响因子进行分析和对比。

双对数模型的数学形式如下：

$$\ln y_G = \beta_0 + \beta_1 \ln x_1 + \beta_2 \ln x_2 + \cdots + \beta_n \ln x_n + \beta_{n+1} x_{n+1} + \beta_{n+2} x_{n+2} + \cdots + \beta_m x_m + u \quad (G = 绵羊，$$
山羊，牛）

式中，y_G 为牧户畜牧业发展中实际牲畜存栏量与最佳存栏量之比；x_i（$i = 1 \sim n$）为影响放牧决策的主要因素，主要包括牧户家庭教育文化程度（教育年限）、收入、养殖规模、草场利用投入量、畜产品价格、其他生产要素价格、灌溉量等；x_j（$j = n+1 \sim m$）为牧户风险意识、牧户对单纯增加牲畜存栏量的评价、对过度放牧负面影响的态度及当地畜牧业推广服务（推广程度、推广目标）、政府对草场治理的投入情况等，为虚拟变量。

运用 SPSS 软件对模型进行估计（见表 9.2），方程调整可决系数为 0.748，表明模型的拟合程度较好，方程总体回归可以接受，结果可用以解释各个因素对牧户决策行为的影响方向；除地区因素 Pro 变量的 T 值较低外，其他自变量的回归系数均能通过 T 检验，说明除地区变量外的其他因素对牧户决策行为具有显著的影响，而样本地区间并没有表现出显著差异。

表 9.2 牧户决策行为影响因素回归结果

变量	系数	T 值
常数项	6.078	15.490
畜产品价格	−0.786	−7.294***
人均非农收入	−0.091	−2.430*
劳动力教育年限	−0.437	−3.462**
草地质量类别（1——较高，0——较低）	−0.159	−2.374*
牲畜饲养目的（1——自家消费，0——获取收入）	0.187	2.618*
是否进行有效的草场管理（1——是，0——否）	−0.192	−2.443*
是否接受过牧业推广站服务（1——是，0——否）	−0.247	−2.396*
牧户风险意识（1——规避，0——偏好）	0.162	2.487*
是否草地承包到户（1——是，0——否）	−0.312	−0.278

注：***、**、* 分别表示 1%、5% 和 10% 的显著性水平。

9.2.2.2 主要结论

进一步分析样本牧户实际牲畜投放量与最佳承载量之差方程各自变量的弹性系数或回归系数，得到如下结论：

（1）畜产品价格在 1% 的水平上显著，是影响当前牧户行为的最主要的因素，其价格弹性系数为 0.786，即畜产品价格每上涨 1%，牧户会减少 0.786% 的牲畜存量。这一现象在聂荣县牧户行为实验中得到验证，当牧户看到经济效益有效提高后，牧户更愿意改变生产模式，其意愿逐渐从被动接受到主动参与，可见经济效益是牧户选择生产方式的主要原因之一。尽管也有较多牧户关注环境和生态退化，但当生态保护与牧户经济利益之间有冲突时，牧户对生态保护措施的接受度并不高，即使政府大力甚至强行推广减畜政策，牧户也主要是被动接受，甚至会有较多反弹，一旦政府监管不力，依然会多养牲畜。而通过经济手段的示范，当牧户看到减畜带来的确定的经济收益时，牧户开始更多地主动参与生态建设。

（2）畜牧业劳动力文化教育程度在5%的水平上显著，其弹性系数为 -0.437，表明农业劳动力文化教育程度越高，牧户牲畜存栏量越少，在其他条件不变时，畜牧业劳动力文化教育年限每增加1年，则牧户会减少牲畜存栏量为0.437%。尽管改善牧户尤其是户主的教育水平对推行生态保护建设措施有利，但由于提高教育水平和改善教育结构需要长期实践，相对于经济措施而言，这一行动手段更倾向于长期发展。

（3）牧户家庭人均非农收入在10%的水平上显著，即牧户收入来源结构是影响牧户牲畜存栏量的重要因素，其收入弹性为 -0.091，表明当牧户非农业收入增加10%时，牧户会减少0.091%的牲畜存栏量。

（4）牧户是否接受过牧业技术推广站提供的合理存栏量指导显著地影响着牧户牲畜存栏量，其回归系数为 -2.47，那些接受过牧业技术推广服务的牧户会减少牲畜存栏量。同时牧户对待风险的态度回归系数为0.162，说明那些"风险规避"型的牧户会有意识增加牲畜存栏量。

（5）牧户是否进行有效的草地管理以及草地是否承包到户也是影响牧户行为的主要因素，是否进行有效草地管理的回归系数为 -0.192。表明牧户在畜牧业发展中如果进行草地管理，则会有意识减少牲畜存栏量，协助促进草地恢复，而针对实现了草地包产到户的区域，牧户也会根据草地退化程度自觉减少牲畜存栏量，同时，以商品生产为目的的牧户因为受畜产品价格的影响，会较大幅度减少牲畜存栏量。

总之，从上述结果来看，除畜产品价格、人均非农收入这两个最主要的经济变量外，影响牧户牲畜存栏量的因素还有牧户个体特征（如文化教育程度、对待风险的态度等）、生产条件（如草地质量）、生产技术（如是否进行有效的草地管理、是否接受过农业技术服务等）和生产目的不同，这些因素也同样影响着牧户的牲畜存栏量。从提高西藏草地生态系统服务功能、提高生产能力看，西藏草地生态系统管理的关键是增加优化管理力度，尽可能提高管理精度和生产协调度，从经济手段出发，让牧户开始自觉参与到草地持续管护与建设方面，发挥牧户的能动性，最终实现生产与保护的双重收益。

9.2.3　牧户降低牲畜存栏意愿分析

9.2.3.1　建模过程

在现有样本基础上，分析牧户降低牲畜存栏量的意愿。

针对牧户减少牲畜存栏量影响因素分析，采用多元回归的面板数据模型：

$$W_i = a_1 + b_1 \times pop_i + b_2 \times (Sheep_i/LIVESTOCK_i) + b_3 \times (Goat_i/LIVESTOCK_i) + b_4 \times (Yark_i/LIVESTOCK_i) + b_5\delta + b_6\theta$$

式中，W_i 为牧户对降低牲畜存栏量的接受程度，用牧户降低牲畜存栏量的10%之内、20%之内、30%之内，40%之内和40%以上等几个等级表示，可以接受范围越高，说明其降低牲畜存栏量的意愿程度越高；自变量 Po_{pi} 为各牧户的人口数，$LIVESTOCK_i$ 为牧户总牲畜存栏量，$Sheep_i$ 为各牧户绵羊存栏量，$Goat_i$ 为山羊存栏量，$Yark_i$ 为牦牛存栏量，δ 为在畜产品价格提高时各牧户是否调整牲畜结构的变量（不调整其值取 0，调整取 1），θ 为各牧户愿意减少的最高牲畜存栏比重。

根据调查结果，西藏高寒草地合理载畜量为 2.34 绵羊单位/亩，实际载畜量为 10.17 绵羊单位/亩，两者之间的巨大差距存在为今后该地区草地管理政策的制定带来一定的困难。那么，影响牧户减少牲畜存栏量的主要意愿因素是什么呢？

依据面板数据模型，利用农户观察值和 GLS（cross-section）方法估计得到，如表 9.3 所示。

表 9.3 面板数据模型估计结果

变量	系数	T 值
常数项（a_1）	24.143	457.99
牧户的人口数（Pop_i）	−0.634	−88.7***
绵羊饲养比重（$Sheep_i/LIVESTOCK_i$）	−2.571	−91.07*
山羊饲养比重（$Goat_i/LIVESTOCK_i$）	−3.957	−239.61**
牦牛饲养比重（$Yark_i/LIVESTOCK_i$）	−5.684	−341.92*
畜产品价格提高牧户是否调整牲畜结构的变量（1——调整，0——不调整）	4.197	87.7*
牧户愿意减少的最高牲畜存栏比重	−3.248	−139.8*

注：＊＊＊、＊＊、＊分别表示 1%、5% 和 10% 的显著性水平。

9.2.3.2 主要结果

从表 9.3 可以看出：

（1）牧户意愿牲畜存栏量与人口、绵羊饲养比重、牦牛饲养比重、牦牛饲养比重及畜产品最高价格呈负相关，其中牦牛饲养比重对牧户减少牲畜存量的边际倾向值最大，为 −5.684，表明牦牛饲养比重每增加 1 单位，牧户意愿降低牲畜存栏量 5.684 单位，这也表明牦牛饲养产生的经济效益较高，同时牦牛草地需求较多，自然对于是否降低存栏量敏感，其次为山羊饲养比重和绵羊饲养比重的边际倾向值，分别为 −3.957 和 −2.571，表明山羊或绵羊饲养比重每增加 1 个单位，牧户减少牲畜存栏量的意愿将下降 3.957 个单位或 2.571 个单位，这也表明山羊和绵羊饲养比重对草地的依赖性也较大，同时也有较高的经济效益。

（2）畜产品价格的提高与牧户减少存栏量的意愿正相关，相关系数为 4.197，即畜产品价格每增加 1 单位，牧户将倾向于减少 4.197 单位的牲畜存栏量，可见，畜产品价格在提高出栏率和商品率的过程中起着重要作用。另一方面的调查也进一步印证了这一结论。通过调查发现，西藏牧户的经济预期与其对外界的感知相关，当区域交通通达性增加，牧户能够接收更多外界知识，其对草地畜牧业发展的经济预期开始减弱（牧户更倾向于从其他产业获得经济收益），同时，由于通达度提高，区域市场发育较好，畜产品价格扭曲程度低，相对而言更有利于引导牧户理性生产。

9.2.4 牧户对现有牧区发展政策的响应

9.2.4.1 抽样调查

通过调查发现，牧户对国家在西藏自治区实施的生态安全屏障保护与建设规划以及相关的牧业发展政策的态度受地域背景、个体认知和经济状况的影响，其相关变量设定为：区域（调查农户分布区域，包括那曲、聂荣、嘉黎、比如、索县、当雄、尼玛等县）、人均收入、人均草场面积、环境与生态政策认知四类变量（表9.4）。通过对调查农户数据分析，可以看出调查区牧户对生态安全屏障保护与建设政策态度如表9.5和表9.6所示。

表9.4 变量设置与数据分布

变量名称	变量水平	样本数	频率/%	变量名称	变量水平	样本数	频率/%
区域	那曲县=1	231	12.22	意见1 收入下降	下降=1	1 006	53.24
	聂荣县=2	380	20.11		其他=2	884	46.76
	嘉黎县=3	245	12.96	意见2 收入渠道	缺乏=1	1 663	87.99
	比如县=4	306	16.19		其他=2	227	12.01
	索县=5	247	13.07	意见3 基础建设投资	缺乏=1	1 766	93.46
	当雄县=6	242	12.80		其他=2	124	6.54
	尼玛县=7	239	12.65	意见4 相关培训和服务	缺乏=1	1 806	95.58
人均收入	低=1	555	29.34		其他=2	84	4.42
	中=2	1 169	61.87	行为1 在生态安全屏障建设工程实施的禁牧区继续放牧	选择=1	645	34.12
	高=3	166	8.79		不选择=2	1 245	65.88
人均草场面积124.7公顷	无=1	182	9.64	行为2 积极参与生态安全建设工程	选择=1	1 262	66.75
	低=2	877	46.38		不选择=2	628	33.25
	高=3	831	43.98	行为3 圈养舍饲	选择=1	1 040	55.05
环境与生态政策认知	知道=1	506	26.79		不选择=2	850	44.95
	不知道=2	1 384	73.21	行为4 人工种草	选择=1	1 312	69.42
遏制草场退化的态度	赞成=1	1 794	94.93		不选择=2	578	30.58
	反对=2	96	5.07				

资料来源：本研究整理。

9.2.4.2 主要结果

从表9.6可以看出，不同区域牧户对生态安全屏障保护与建设规划以及与之相关的退化草地治理与修复政策态度不同，但从研究区平均值来看，持支持态度的牧户较多，占调查牧户的94.93%，共有1 794户调查牧户表示支持国家宏观政策。从区域差异看，聂荣县牧民对国家宏观政策了解最全面，支持率达97.69%，其次为当雄县，支持率为97.38%，尼玛县和索县牧户对国家政策的支持率较低，主要原因是这些地区牧户居住分散，很多牧户缺少电视、收音机等资讯工具，对国家宏观政策不了解，同时这一区域牧民更多依赖牧业生产，牧民转型困难，因此更倾向于沿袭传统的生产生活方式。

表9.5 不同地市牧户对相关退化草地治理与修复政策的态度

态度		均值	那曲县	聂荣县	嘉黎县	比如县	索县	当雄县	尼玛县
支持	频率	94.93	94.64	97.69	93.28	92.37	95.89	97.38	93.26
	牧户数	1 794	219	371	229	283	237	236	223
反对	频率	5.07	5.36	2.31	6.72	7.63	4.11	2.62	6.74
	牧户数	96	12	9	16	23	10	6	16

资料来源：本研究整理。

表9.6 不同地区牧户对退化草地治理与修复相关政策的行为响应

行为响应	行为1 在禁牧区继续放牧		行为2 积极参与生态安全建设工程		行为3 圈养舍饲		行为4 人工种草	
	牧户/户	频率/%	牧户/户	频率/%	牧户/户	频率/%	牧户/户	频率/%
全区	645	34.12	1 262	66.75	1 040	55.05	1 312	69.42
那曲县	54	23.18	156	67.64	166	71.76	192	83.17
聂荣县	139	36.46	206	54.33	219	57.68	274	72.16
嘉黎县	77	31.44	157	63.89	168	68.44	195	79.47
比如县	106	34.68	213	69.62	134	43.65	207	67.68
索县	103	41.63	177	71.73	123	49.83	147	59.36
当雄县	106	43.64	180	74.38	102	42.14	136	56.27
尼玛县	67	27.83	157	65.66	124	51.87	162	67.84

资料来源：本研究整理。

但在问及生态安全保护与建设工程实施后个体的行为时，研究区66.75%的牧户表示愿意积极参与生态安全建设工程，如果政府提供足够的技术支持和圈舍投资，有55.05%的牧户表示同意圈养牲畜，同时有69.42%的牧户表示愿意人工种草来满足圈舍饲养的牧草需求，其中人工种草响应频率那曲县最高，为83.17%，索县最低，仅为56.27%，这与牧户是否拥有开阔、平坦的土地资源有关。在调查中发现，那曲县、聂荣县、比如县等地牧户居住区人均草场面积较大，有较好的改良空间，因此牧民对人工种草的支持率较高。但在调查中也发现，无论是那曲县还是索县，牧民普遍期望的是政府能够给予更多的支持与补贴，能够增大宣传力度，给牧户以长期的承诺，在西藏因为市场经济发展还比较滞后，大部分牧户更倾向于依赖政府而不是市场来进行生产决策。

9.2.5 牧户行为响应的影响因素分析

9.2.5.1 建模过程

　　基于调查问卷，定量分析了牧户对退化草地治理与修复相关正的响应的影响因素，研究中设牧户人均收入、人均草场面积、户主环境认知度及遏制草地退化的态度为自变量，牧户相关行为为因变量，探讨牧户行为的影响因素（表9.7）。

表 9.7　牧户行为相应的一般模型参数估计及检验

行为 1 在禁牧区继续放牧			行为 2 积极参与工程			行为 3 圈养舍饲			行为 4 人工种草		
Parameter	Estimate	Z	Parameter	Estimate	Z	Parameter	Estimate	Z	Parameter	Estimate	Z
人均草场 =2	0.423 8	0.52	人均草场 =2	0.463 2	0.72	人均草场 =2	0.532 4	0.62	人均草场 =2	0.525 5	0.93
人均草场 =3	1.697 4	0.96	人均草场 =3	0.736 6	1.24	人均草场 =3	0.846 7	1.10	人均草场 =3	2.104 8	1.65
人均收入 =1	0.983 7	0.73	人均收入 =1	1.751 2	0.31	人均收入 =1	2.012 9	0.52	人均收入 =1	1.219 8	0.78
人均收入 =2	0.623 1	0.47	人均收入 =2	2.9333	0.14	人均收入 =2	3.371 6	0.31	人均收入 =2	0.772 6	0.457 5
人均收入 =3	0.323 3	0.16	人均收入 =3	4.260 7	2.39	人均收入 =3	4.897 3	1.28 *	人均收入 =3	0.400 9	1.912 5
环境认知 =1	0.576 4	0.27 ***	环境认知 =1	0.803 1	2.26 **	环境认知 =1	0.923 1	1.27 **	环境认知 =1	0.714 7	1.897 5 *
环境认知 =2	− 0.765 2	− 0.39 *	环境认知 =2	0.105 6	1.37 *	环境认知 =2	0.121 4	0.49 ***	环境认知 =2	− 0.948 8	0.735
遏制草场退化态度 =1	0.924 3	0.72 **	遏制草场退化态度 =1	0.762 5	0.68 **	遏制草场退化态度 =1	0.876 4	0.70	遏制草场退化态度 =1	1.146 1	1.05 ***
遏制草场退化态度 =2	− 0.576 9	− 0.324 6	遏制草场退化态度 =2	0.016 0	0.53 ***	遏制草场退化态度 =2	0.018 4	0.10	遏制草场退化态度 =2	− 0.715 4	0.154 05

Goodness -of -fit	Chi-Square	DF	Sig
Likelihood Ratio	46. 396 7	187	1. 000 0
Pearson	53. 646 8	187	1. 000 0

　　* $P < 0.10$；* * $P < 0.05$；* * * $P < 0.01$

9.2.5.2 主要结论

从表9.7可以看出：人均收入是影响牧户行为的主要因素之一，低收入牧户更倾向于在禁牧区放牧，因为对于低收入牧户而言，除了传统畜牧业发展外，牧户由于自身教育水平等因素，难以有效改变就业途径，因此这一类牧户往往会因为自身生计原因而选择在禁牧区放牧。另一方面，遏制草场退化的态度也影响牧户行为，一般态度越积极的牧户越倾向于选择人工种草和围栏舍饲，因此在未来草场管理和建设中，应进一步促进牧民的收入水平，同时加大宣传力度，让更多的农户了解相关的草地保护政策，自觉维护生态建设现状，积极参与主要生态建设工程。

9.3 典型区畜牧业生态系统功能评价

9.3.1 那曲地区畜牧业生态系统服务功能评价指标权重

畜牧业生态区是畜牧业生态经济的复合系统，因此，畜牧业生态区综合功能的强弱是各种因素的综合反映，而且各因子对综合功能的贡献值不同。建立完善的畜牧业生态区综合功能监测系统，正确地选定指标和确定评价指标体系是很重要的，正确地确定各指标在系统内的地位也同样十分重要。这里采用层次分析法逐级计算下一级各指标对上一级的贡献值。

那曲地区目前尚属经济不发达的初级阶段，同时又是生态脆弱区，区域综合功能的发挥必须兼顾生态、经济和社会功能，特别是西部各县生态环境极其脆弱，草地退化严重，保护生态是当前的首要任务，因此在评价中生态功能和经济功能赋以相同的权重，据此建立一级判断矩阵，计算结果见表9.8。

表9.8 区域生态、经济、社会功能权重序列

	生态功能 B_1	经济功能 B_2	社会功能 B_3	权重 W_i	备注
生态功能 B_1	1	1	3	0.428 6	权重 $W_i = \dfrac{B_i}{\sum\limits_{i=1}^{3} B_i}$，$W_i$ 为 B 层各要素对区域
经济功能 B_2	1	1	3	0.428 6	综合效益的贡献值，B_i 为 B 层各要素的比较贡献值，$\sum\limits_{i=1}^{3} B_i$ 为 B 层各要素比较贡献值之和
社会功能 B_3	1/3	1/3	1	0.142 8	

对排序结果进行一致性检验

$$CI = (\lambda_{max} - n) / (n-1)$$

$$RI = \begin{cases} \text{阶数：} 1,\ 2,\ 3,\ 4,\ \cdots,\ 0 \\ \text{RI：} 0,\ 0,\ 0.58,\ \cdots,\ 1.45 \end{cases}$$

$$CR = CI/RI$$

式中，CI 为一致性指标；λ_{max} 为判断矩阵的最大特征值；n 为判断矩阵的阶数，RI 为平均随机一致性指标，CR 为一致性检验值。当 CR < 0.1 时，判断矩阵有满意的一致性，否则需调整其矩阵。此一级判断矩阵计算结果的检验为 $\lambda_{max} = 3.000\ 5$，CI = 0.000 25，RI = 0.58，故 CR = 0.000 43 < 0.1。结果具有满意的一致性。

与上述原理一致，可分别求取 C 层各要素 C_i 对 B_1、B_2、B_3 的贡献值，并通过一致性检验。

在前面两级排序的基础上，进一步计算 C 层各要素对 A 层综合功能的贡献值，即层次总排序（见表9.9）。表9.10 计算结果为 C 层各要素对 A 层的比较贡献值。因为所选取代表 B 层各功能的指标个数不等，同时 B 层、C 层各指标值都是针对上一层的比较得出的，故 C 层各指标的计算值需按三大功能分别进行正规化处理，其公式为

$$x_i = \frac{y_i}{\displaystyle\sum_{i=1}^{n} y_i}$$

式中，x_i 为 C 层各要素对区域综合功能的贡献值（权重），y_i 为各要素的比较贡献值（即表9.9 所求的结果），$\displaystyle\sum_{i=1}^{n} y_i$ 为 C 层各要素比较贡献值的总和。计算结果见表9.11。

表9.9　C 层各要素比较贡献值

层次		C 层对 B 层的贡献			C 层对 A 层的贡献
		B_1	B_2	B_3	
		0.428 6	0.428 6	0.142 8	
生态因素	草地效率 C_1	0.107 2	0.708	—	0.073 9
	植被盖度 C_2	0.181 1	0.029 8	—	0.069 9
	草地利用率 C_3	0.044 3	0.058 8	—	0.044 9
	水资源潜力 C_4	0.083 2	0.039 9	0.08	0.059 3
	草地退化率 C_5	0.172 2	0.05 1	—	0.078 7
经济因素	牲畜总增率 C_6	—	0.150 1	0.105 5	0.098 2
	牲畜商品率 C_7	—	0.159 9	0.109 9	0.104 2
	出栏率 C_8	0.039 9	0.109	0.070 1	0.082 1
	人均畜产品 C_9	0.068 8	0.079 8	0.071	0.075
	草地生产率 C_{10}	0.066 6	0.082	0.059 9	0.073 8
社会因素	乡村能源 C_{11}	0.120 2	0.052 2	0.120 1	0.083 5
	文化教育 C_{12}	0.053 2	0.083 1	0.128 1	0.081 6
	劳动力转移 C_{13}	0.018 3	0.030 1	0.102 2	0.038 4
	人口自然增长率 C_{14}	0.011	0.058 8	0.142 1	0.085

表 9.10 C 层各指标对区域综合功能贡献值（权重）

	C_1	C_2	C_3	C_4	C_5	C_6	C_7	C_8	C_9	C_{10}	C_{11}	C_{12}	C_{13}	C_{14}
C_i/B_1	0.107 2	0.181 1	0.044 3	0.083 2	0.172 2	—	—	0.039 9	0.068 8	0.066 6	0.120 2	0.053 2	0.018 3	0.101 1
C_i/B_2	0.078	0.029 8	0.058 8	0.039 9	0.051	0.150 1	0.159 9	0.109	0.079 8	0.082	0.052 2	0.083 1	0.030 1	0.058 8
C_i/B_3	—	—	—	0.08	—	0.105 5	0.109 9	0.070 1	0.071	0.059 9	0.120 1	0.128 1	0.102 1	0.142 1
C_i/A	0.073 9	0.069 9	0.044 9	0.059 3	0.078 7	0.098 2	0.104 2	0.082 1	0.075 1	0.073 8	0.083 5	0.081 6	0.038 4	0.085
C_i	0.153 3	0.160 3	0.089 1	0.123 5	0.174 4	0.177 6	0.188 4	0.155 9	0.148 9	0.146	0.174 5	0.158 3	0.073 7	0.173 8

9.3.2 畜牧业生态区综合功能评价

根据综合评价指标，分区统计那曲地区各指标所对应的要素值，以相对值表示，实现区际间的可比性，然后按各小区畜牧业生态区要素相对值的大小进行排序，并依序号赋相应分值。如草地效率共分 1、2、3、4、5 等，分别赋予 100 分、80 分、60 分、40 分、20 分，依此类推，将各要素分值与权重对应相乘，然后依生态、经济和社会三大功能分区按类加总，最终得出各分区畜牧业生态区三大功能总分（见表 9.11）。

表 9.11 那曲地区畜牧业生态区三大功能权分

畜牧业生态区	生态功能	经济功能	社会功能	分区合计
那曲（I_1）	54.29	35.23	68.25	157.77
嘉黎（I_2）	50.51	21.55	50.65	122.71
索县、巴青（I_3）	53.26	31.51	54.59	139.36
聂荣（I_4）	60.03	31.23	48.35	139.61
安多（I_5）	34.02	57.16	57.47	148.65
申扎（I_6）	31.91	50.55	45.21	127.67
班戈（I_7）	393.04	37.59	43.7	120.33
尼玛（I_8）	45.84	34.25	39.98	120.07
全区平均值	46.11	37.38	51.03	134.52

资料来源：西藏统计年鉴 2012 年（西藏自治区统计局）；西藏草地数据集（西藏自治区畜牧局，1992，内部资料）。

将各分区三大功能权分值点绘于坐标图中，构成各畜牧业生态区是社会、经济、生态三大功能图像（图 9.1），直观而形象地反映各畜牧业区的优劣及区域综合功能的宏观组合状况。

根据图 9.1，各分区综合功能类型可按所构成的三大功能图像划分。由于那曲地区尚属不发达地区，同时为生态脆弱区，因此保护区域生态、发展区域经济是首要任务，故在兼顾经济和生态功能前提下，将那曲地区畜牧业生态区划分为三大类：即 A 型（生态功能角朝上），B 型（经济功能角朝上）和 C 型（社会功能角向上）。结果表明：全区各分区的经济功能都较差，仅安多（I_5）、申扎（I_6）、班戈（I_7）属 B 型，这三个县草地生态系统功能评价中经济功能略大于社会功能和生态功能，同时生态功能表现为严重下陷，说明

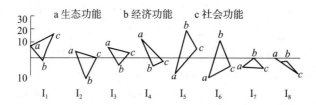

图 9.1　那曲地区畜牧业生态区综合功能三角形图像

这些地区经济功能的提高是以牺牲生态功能为前提的，区域发展的持续性受到约束，未来发展必须强调生态功能的提高，同时，对于生态极度脆弱区可考虑异地搬迁，从而促进区域生态良性转化；嘉黎（I_2）、比如、索县、巴青（I_3）、聂荣（I_4）、尼玛（I_8）为 A 型，说明这几个地区生态功能相对较好，可持续发展潜力较大，但区域经济功能与生态功能协调方面还需要进一步加强，即在生态功能基本优化的前提下，依赖生态经济和环境经济理念，以牧户行为选择为核心，通过提供生态建设项目的社会经济价值和经济产出，提高牧户的参与率，有效提升区域社会、生态和经济效益的协同，其中尼玛县由于受自然条件限制，生态系统脆弱性大，未来开发中必须加强生态系统的保护；那曲（I_1）为 C 型，说明区内社会功能较高，这与该区是地区行署所在地有关，但区内经济、生态功能并不理想，未来发展途径应在保护生态前提下综合发展经济。通过比较，在当前情况下综合考虑经济、生态功能，结合社会功能的逐渐提高，则那曲地区各分区综合功能的优势排序为 $I_1 > I_4 > I_3 > I_6 > I_5 > I_2 > I_7 > I_8$。

9.4　西藏自治区畜牧业发展多目标优化方案

在上述抽样局部地区研究的基础上，借助于西藏统计年鉴数据，以西藏地区全区畜牧业发展为研究对象，以多目标优化方案为研究方法，探索西藏地区草地畜牧业发展途径。

多目标规划（multiple objectives programming）是数学规划的一个分支。研究多于一个目标函数在给定区域上的最优化，又称多目标最优化。通常记为 VMP。在很多实际问题中，例如经济、管理、军事、科学和工程设计等领域，衡量一个方案的好坏往往难以用一个指标来判断，而需要用多个目标来比较，而这些目标有时不甚协调，甚至是矛盾的。因此有许多学者致力于这方面的研究。1896 年法国经济学家 V. 帕雷托最早研究不可比较目标的优化问题，之后，J. 冯·诺伊曼、H. W. 库恩、A. W. 塔克尔、A. M. 日夫里翁等数学家做了深入的探讨，但是尚未有一个完全令人满意的定义。求解多目标规划的方法大体上有以下几种：一种是化多为少的方法，即把多目标化为比分层序列法，即把目标按其重要性给出一个序列，每次都在前一目标最优解集内求下一个目标最优解，直到求出共同的最优解。对多目标的线性规划除以上方法外还可以适当修正单纯形法来求解；还有一种称为层次分析法，是由美国运筹学家沙旦于 20 世纪 70 年代提出的，这是一种定性与定量相结合的多目标决策与分析方法，对于目标结构复杂且缺乏必要的数据的情况更为实用。研究中兼顾多个目标的关系，寻求最大限度的满足所有目标的非劣解（noninferior solution）或者有效解（efficient solution）（Willigers. J，2011；Kiyoshi Kobayashi，1997；Chia-Lin Chen2011）。

本研究中约束条件包括畜群结构优化、牧业生产、草畜动态平衡、社会经济收益和生态环境保护 5 个方面（表9.12，决策变量 $X = \{x_{ij}\}$ 为西藏自治区 j 地区 i 畜种的存栏量，其中 $i = 1，\cdots，3$（分别代表牦牛、绵羊、山羊）；$j = 1，\cdots，7$（分别为拉萨市、山南地区、日喀则地区、那曲地区、山南地区、昌都地区、林芝地区、阿里地区）。

表 9.12   决策变量意义

	牦牛存栏量	绵羊存栏量	山羊存栏量
拉萨市	X_{11}	X_{21}	X_{31}
山南地区	X_{12}	X_{22}	X_{32}
日喀则地区	X_{13}	X_{23}	X_{33}
那曲地区	X_{14}	X_{24}	X_{34}
昌都地区	X_{15}	X_{25}	X_{35}
林芝地区	X_{16}	X_{26}	X_{36}
阿里地区	X_{17}	X_{27}	X_{37}

9.4.1 目标函数

（1）畜牧业产值目标

西藏自治区作为我国典型的高寒牧区和全国五大牧区之一，畜牧业发展在西藏社会经济发展中有着举足轻重的作用，故该模型的第一个目标追求畜牧业产值最大化。表达式为：

$$Y = \max PX_{ij}$$

式中，P 表示各地市不同畜种（绵羊、山羊和牦牛）价值系数矢量。

（2）草地资源合理利用目标

根据西藏高原生态安全屏障及生态系统服务功能，草地资源合理利用目标为在保证区域生态功能系统充分发挥的基础上，区域可利用的草地资源面积（万公顷）。

$VW = \min \sum Vx_{ij}$，其中 V 表示单位羊单位的草地资源利用系数矢量，不同地区由于草地资源类型不同，其草地资源利用系数矢量也不同。

（3）目标函数系数

设 P_i 是 i 畜种单位产值系数［单位：元/（头、只、匹）］，即畜牧业产值与牲畜饲养量比（$P_i = i$ 畜种 2012 年产值/i 畜种 2012 年饲养量），根据西藏自治区七地市畜牧业发展数据计算 i 畜种单位产值系数为：

$$P_{ij} = \begin{Bmatrix} P_{11} & P_{21} & P_{31} \\ P_{12} & P_{22} & P_{32} \\ P_{13} & P_{23} & P_{33} \\ P_{14} & P_{24} & P_{34} \\ P_{15} & P_{25} & P_{35} \\ P_{16} & P_{26} & P_{36} \\ P_{17} & P_{27} & P_{37} \end{Bmatrix} = \begin{Bmatrix} 1.38 & 1.97 & 8.78 \\ 1.18 & 2.49 & 5.10 \\ 1.47 & 1.68 & 14.27 \\ 1.42 & 2.26 & 6.25 \\ 1.27 & 1.84 & 6.97 \\ 1.53 & 3.13 & 8.03 \\ 1.98 & 2.26 & 7.50 \end{Bmatrix}$$

V_i 是七地市 i 畜种每天牧草需求量，即 2012 年 i 畜种单位存栏量与该畜种每日再生产所需牧草的乘积。

$$V_{ij} = \begin{Bmatrix} V_{11} & V_{21} & V_{31} \\ V_{12} & V_{22} & V_{32} \\ V_{13} & V_{23} & V_{33} \\ V_{14} & V_{24} & V_{34} \\ V_{15} & V_{25} & V_{35} \\ V_{16} & V_{26} & V_{36} \\ V_{17} & V_{27} & V_{37} \end{Bmatrix} = \begin{Bmatrix} 8\,523.85 \\ 22\,677.9 \\ 8\,077.47 \\ 20\,202.20 \\ 27\,747.27 \\ 7\,718.68 \\ 4\,306.24 \end{Bmatrix}$$

9.4.2　约束条件

（1）畜群结构约束

$$\sum_1^7 V_{ij} Y_{ij} \leqslant W_j$$

式中，V_{ij} 为不同畜种出栏产品的价格，分别代表牦牛、绵羊、山羊等；Y_{ij} 为对应的各种畜种的饲养量；W_j 为区域畜牧业发展利润最大化值。

（2）牧业生产约束

$$\sum_1^7 q_{ij} Y_{ij} \leqslant Q_j$$

式中，q_{ij} 为不同畜种出栏产品的综合产量，分别代表牦牛、绵羊、山羊等的肉、奶、毛等；Y_{ij} 为对应的各种畜种的饲养量；Q_j 为区域畜牧业发展产量最大化值。

（3）草畜动态平衡约束（草地资源约束）

所有牲畜存栏量必须满足区域能够提供的保障牲畜营养并保护草地可持续利用的可食性牧草生产量。

$$\sum_1^7 X_{ij} \leqslant S_j$$

式中，$\sum_1^7 X_{ij}$ 为西藏自治区全区各类牲畜需要的牧草量；S_j 为全区在保障生态安全前提下能够提供的牧草量，即在生态环境保护前提下能够提供的供畜牧业持续发展的牧草量。

（4）社会经济收益约束

$$\text{VPR}_n = \frac{\partial V_G / \partial Z_n}{\omega_n} = 1 \qquad (n = 1,\ 2,\ \cdots,\ 7)$$

式中，VPR_n 为西藏自治区各地区生产要素的边际产品价值—要素价格比；该值等于 1 说明畜牧业生产投入为过量，单位投入的边际收益为 0，即畜牧业发展中投入与产出处于最佳比例。

（5）生态环境保护约束

该条件与草畜动态平衡约束条件相类似，即牲畜生长需要的牧草量除要低于草地可持

续发展能够供给的牧草量之外，还必须给野生动物留下足够的食物，即

$$\sum_{1}^{7} X_{ij} \leqslant S_j - s_j$$

式中，$\sum_{1}^{7} X_{ij}$ 为西藏自治区全区各类牲畜需要的牧草量；S_j 为全区在保障生态安全前提下能够提供的牧草量，即在生态环境保护前提下能够提供的供畜牧业持续发展的牧草量；s_j 为保障区域野生动物健康成长需要的牧草量。

9.4.3　约束条件系数

（1）草地资源约束

该模型是建立在西藏自治区可利用草地资源的基础上，草地资源为畜牧业发展提供了基础和保障，同时也是西藏高原生态安全屏障的重要组成部分，还是野生动物生存的基础，必然约束全区畜牧业发展。本模型构建中，第一个草地资源约束条件即为西藏牧草除满足本地畜牧业发展需要外，还要有足够的牧草量以满足西藏逐渐增长的野生动物对牧草的需求以及生态保护中需要的草场。在模型设定中，野生动物数量和种类根据西藏自治区野生动物资源普查报告，并预留食草性野生动物自然增长速率带动下的牧草需求增长，将全区牧草植物净生产量扣除食草性野生动物牧草需求量以及实现区域生态服务功能需要的牧草生长量，西藏自治区畜牧业发展应在草地资源约束范围之内。

（2）完全牧草供给约束

根据牲畜生长过程中牧草需求量，假设西藏畜牧业发展依赖本地牧草，即在畜牧业发展中不从区外购入饲料，各地区畜牧业发展牧草需求量在其草地可提供的牧草供应量范围之内，各地区各类牲畜存栏牧草需求量小于各类草地产草总量（表9.13）。

表9.13　约束指标及其意义

指标	草地资源供应量（可放牧草地面积）w/km^2		总畜种存栏量 $s/$万绵羊单位	
拉萨市	w_1	1 647.86	s_1	411.00
山南地区	w_2	40 575.50	s_2	1 103.73
日喀则地区	w_3	25 373.36	s_3	373.85
那曲地区	w_4	99 362.32	s_4	905.02
昌都地区	w_5	141 474.17	s_5	1 302.03
林芝地区	w_6	127 222.69	s_6	325.96
阿里地区	w_7	12 675.49	s_7	213.32

数据来源：西藏统计年鉴2013年计算得到。

（3）产值规模约束

畜牧业是西藏经济发展的重要支柱产业，截至2012年末，全区有可放牧草地46.32万 km^2，占西藏国土总面积的1/3以上；草地载畜量5 035.57万羊单位，全区大牲畜存栏量664.77万头，羊1 311.08万只；羊毛9 789.85t，牛肉19.72万t，羊肉7.82万t，奶类31.51万t，畜牧业

在西藏经济中地位重要。

本研究中的产值规模的形成重点考虑两个方面：其一，在现有的生产状况下，根据历年（2000年以来）产值变化量，结合区域经济发展速度以及草地资源承载力，综合考虑草地资源综合开发利用投入力度（包括草地灌溉、病虫害防治、人工种草、草地管护等），在保证西藏自治区农牧民生活中肉、奶及毛皮等需求以及区域粮食安全的基础上，参考已有的研究成果，本模型中产值规模约束上、下限分别选取2000年以来西藏自治区肉、奶、毛皮年最高值增加8%、最低值减少8%（表9.14）。

表9.14 约束指标及其意义

指标	牛肉/t	羊肉/t	奶类/t	羊毛/t	羊皮/张	牛皮/张
上限	207 010. 807 5	82 118. 91	330 883. 2	10 279. 34	5 412 590. 4	1 622 307. 4
下限	187 295. 492 5	74 298. 07	299 370. 5	9 300. 358	4 897 105. 6	1 467 801. 9

数据来源：西藏统计年鉴，2000—2013。

9.4.4 多目标模型求解

这里需要指出的是，方案优化结果并不唯一，其目标是寻求合适的畜牧业饲养结构，西藏自治区畜牧业多目标优化方案结果如表9.15、表9.16所示。

表9.15 多目标优化方案一 单位：万头（只、匹）

	牦牛存栏量	山羊存栏量	绵羊存栏量
拉萨市	0. 55	0. 52	0. 32
山南地区	68. 62	3. 63	8. 45
日喀则地区	2. 87	3. 34	4. 76
那曲地区	19. 64	65. 76	89. 07
昌都地区	64. 42	44. 08	81. 78
林芝地区	0. 34	13. 68	5. 44
阿里地区	1. 19	0. 01	0. 01

表9.16 多目标优化方案二 单位：万头（只、匹）

	牦牛存栏量	山羊存栏量	绵羊存栏量
拉萨市	0. 58	0. 22	0. 44
山南地区	68. 87	1. 52	9. 29
日喀则地区	3. 10	1. 40	5. 54
那曲地区	24. 22	27. 62	104. 32
昌都地区	67. 49	18. 51	92. 01
林芝地区	1. 29	5. 75	8. 61
阿里地区	1. 19	0. 00	0. 01

方案一中，大牲畜（牦牛、犏牛等）主要由昌都和山南供给，在产业发展中结合这两地农业发展水平，大力促进农区畜牧业发展，山羊、绵羊等由那曲草地资源相对较丰富的区域供给，通过农业发展来促进农区大牲畜的饲养量，尽量减少天然草地压力；方案二与方案一相比，更倾向于经济价值较高的大牲畜饲养，依托农区经济发展水平高、有利于提高畜牧业生产专业化水平的前提下，各地区相对于方案一，农区畜牧业结构较为丰富，依托种植业的畜牧业发展具有较大前景。

由表 9.17 可知，方案一畜牧业总产值略低于方案二，草地资源使用量却仅为方案二的 2/3 左右，故从草地资源的利用效益角度分析，方案一显然优于方案二。

表 9.17　多目标优化方案的对比分析

项目	畜牧业总产值/万元	草地资源总需求量/万 t
方案一	3 115.4	384.1
方案二	4 379.1	674.0

9.5　主要结论

本章通过牧户行为调查、典型区生态服务功能评价以及多目标模型求解，探索西藏地区草地畜牧业发展途径与战略，主要结论如下：

（1）在市场经济不发达的地区，牧户的牲畜出栏率较低，牧户之间多为物物交换，这些区域牧户更多地追求牲畜数量型发展，严重超载，超载令草地失去休养生息的机会，劣质牧草、杂毒草占据优势，导致草地退化。可以说，交通越闭塞，市场经济发育越滞后，牧户的生产决策越不利于环境与生态的有效改善。

（2）牧户行为受自身特征以及生活水平的影响与制约，当前西藏高原有限的草地资源难以为牧户提供更高的生产价值，同时牧户盲目的扩大生产又进一步降低了草地的质量，导致了恶性循环，使经济欠发达地区的牧户陷入收入陷阱之中。

（3）国家新政策的实施为西藏高原草地资源管理与管护提供了借鉴，但这些措施需要考虑牧户的微观行为模式，本研究认为，交通通达性、户主受教育程度、家庭收入等能有效影响牧户选择生态友好型发展模式。

（4）根据三角形法判断那曲地区草地畜牧业生态服务功能，可以看出，全区各小区的经济功能都较差，仅安多（I_5）、申扎（I_6）、班戈（I_7）属经济服务功能相对较好的区域，但生态功能较差，说明这些地区经济功能的提高是以牺牲生态功能为前提的，区域发展的持续性受到约束，未来发展必须强调生态功能的提高，同时，对于生态极度脆弱区可考虑异地搬迁，从而促进区域生态良性转化；嘉黎（I_2）、比如、索县、巴青（I_3）、聂荣（I_4）、尼玛（I_8）为生态功能相对较好，可持续发展潜力较大，其中尼玛县由于受自然条件限制，生态系统脆弱性大，未来开发中必须加强生态系统的保护；那曲（I_1）区内社会功能较高，这与该区是地区行署所在地有关，但区内经济、生态功能并不理想，未来发展途径应在保护生态前提下综合发展经济。通过比较，在当前情况下综合考虑经济、生态功能，结合社会功能的逐渐提高，则那曲地区各分区综合功能的优势排序为 $I_1 > I_4 > I_3 > I_6 > I_5 > I_2 > I_7 > I_8$。

（5）畜种结构调整的效益和产业组织的合理化程度直接关系到经济的持续发展，因此畜牧业畜群结构调整成为经济发展过程中的一个重要内容。在环境保护、生态安全的背景下，在可持续发展的理念指导下，畜牧业经济的发展、畜群结构的调整必须与生态系统相协调。将草地资源以可供给牧草量的形态引入畜群结构调整中，提出基于草地资源约束情况下，畜群结构调整方案，对保证西藏自治区畜牧业可持续发展是一个有益尝试。如能在调整方案中综合考虑更多的条件，如生态服务功能减退、人口就业情况等，将可以寻求更为适宜的畜群结构调整方案，有助于西藏自治区畜牧业实现经济、社会、环境、资源的可持续发展。

第 10 章

西藏地区重点地区优化调控研究

内容提要：基于西藏地区产业发展的资源优势和基础条件约束，结合矿产资源、草地资源和水资源开发利用潜力及生态脆弱性，以西藏"一江三河"经济密集区为典型区，分析产业发展现状、潜力，探讨资源环境约束下产业结构调整方向、发展规模及空间布局，构建以产业集聚、经济繁荣、生态保护、功能协调、人口集中为核心的区域经济优化调控方案。

西藏经济密集区主要集中在雅鲁藏布江中游及其支流拉萨河、年楚河、雅砻河、尼洋河，行政区划上包含日喀则、拉萨、山南、林芝等四个地区（市）的部分县（合计 20 个县市），是西藏经济最发达、人口最稠密、交通最便捷、各项事业发展最迅速的区域，更是西藏社会、经济、文化、政治中心，区域内既有西藏最大的城市拉萨市，又有历史悠久的文化名城日喀则市，泽当镇、八一镇更是西藏通往南亚和内地的交通枢纽。

从流域范围看，拉萨河流域中堆龙德庆县、城关区、曲水县、达孜县，年楚河流域日喀则市、白朗县、江孜县，雅砻河流域琼结县、乃东县，尼洋河流域工布江达县、林芝县等是西藏县域经济发展实力最强的区域，为流域经济发展核心区，是主体功能区划中的重点开发区，具备实施特色生态城镇建设、净土健康产业集群建设、藏民族文化传承与保护、清洁能源建设等工程的基础，有利于推行低碳绿色循环发展理念。目前主要建设项目包括综合产业园区、特色农牧业生产基地建设、产城一体化示范区建设、特色小城镇及智慧城市建设等。同时这些县域经济发展水平较高、人口密集，部分地区亟待实施污水及固体废弃物无害化处理、环境重点污染源在线监测等工程，是高原美丽家园建设的主要区域。另一方面，西藏经济密集区是西藏地区"十三五"期间唯一的一个国家级开发区，未来发展方向是将该区建设成为西藏经济、文化、政治的核心区，我国战略性矿产资源基地，"西电东输"能源接续地以及我国未来水资源战略基地。无论是地理位置、资源禀赋还是地缘政治，西藏"一江三河"经济密集区在我国经济发展中都起到重要作用，更是西藏民主富强、民族团结、长治久安的根本保障，研究经济密集区优化调控方案具有重要的战略意义。

截至 2012 年年底，上述经济密集区 20 个县市实现国内生产总值 122.19 亿元，占西藏自治区总量的 56.09%，其中工业产值 85.21 亿元，占西藏自治区全区的 84.53%。同时，这一区域又是西藏重要的粮油基地，是西藏粮食安全保障区域，区域内农作物播种面积 11.10 万 hm²，占西藏全区的 45.68%，粮食产量 42.87 万 t，占全区总量的 45.31%。

10.1 西藏经济密集区人口与就业

10.1.1 区域人口总体状况

（1）人口规模

"一江三河"经济密集区社会经济基础相对较好，区域内人口密度较大，截至 2010 年（人口普查数据，与统计年鉴数据略有出入，下同），这一地区共有常住人口 116.57 万人，占西藏自治区总人口的 38.43%（表 10.1）。

表 10.1 "一江三河"经济密集区人口分布及性别特征

县（区、市）	常住人口/万人	男/万人	女/万人	占常住人口比重%	
				男	女
城关区	27.91	14.44	13.47	51.74	48.26
墨竹工卡县	4.47	2.3	2.17	51.45	48.55
达孜县	2.67	1.38	1.3	51.69	48.69
堆龙德庆县	5.22	2.73	2.5	52.30	47.89
曲水县	3.19	1.62	1.56	50.78	48.90
尼木县	2.81	1.43	1.39	50.89	49.47
林周县	5.02	2.51	2.51	50.00	50.00
乃东县	5.96	3.03	2.93	50.84	49.16
扎囊县	3.55	1.76	1.79	49.58	50.42
贡嘎县	4.57	2.31	2.26	50.55	49.45
桑日县	1.73	0.88	0.85	50.87	49.13
琼结县	1.71	0.83	0.88	48.54	51.46
日喀则市	12.04	6.17	5.87	51.25	48.75
南木林县	7.49	3.93	3.57	52.47	47.66
江孜县	6.35	3.18	3.17	50.08	49.92
白朗县	4.26	2.22	2.03	52.11	47.65
拉孜县	4.93	2.52	2.4	51.12	48.68
谢通门县	4.23	2.2	2.02	52.01	47.75
林芝县	5.47	2.84	2.63	51.92	48.08
工布江达县	2.99	1.51	1.48	50.50	49.50
一江三河地区	116.57	59.79	56.78	51.29	48.71
西藏全区总人口	303.30	155.29	148.01	51.20	48.80

资料来源：根据 2010 年第六次人口普查数据整理。

（2）人口年龄

"一江三河"经济密集区人口无论与全国比较还是与西藏自治区内部比较，都处于年轻型，其少儿抚养比为26.18%，远高于全国22.17%的比重，尽管低于西藏自治区的平均水平（西藏自治区为34.55%），但主要是因为城关区、乃东县、林芝县等行政中心外来劳动力较多的原因造成的，从县域差异看，城关区少儿抚养比仅为12.29%，同时劳动力比重高达85.94%，表现出很强的年轻型、生产型人口特征。墨竹工卡县、堆龙德庆县、林周县、琼结县、南木林县、白朗县、拉孜县、谢通门县等县市少儿抚养比都在35%以上，表明这些县未来人口再生能力很强，未来发展中面临着劳动力就业问题（表10.2）。

表10.2　"一江三河"经济密集区人口年龄结构　　　　　　　　单位:%

	14岁以下	15～19岁	21～45岁	46～64岁	65岁以上	少儿抚养比	老年抚养比	劳动力抚养比	15～64岁人口比重
城关区	10.57	7.16	60.35	18.44	2.97	12.29	3.46	15.75	85.94
墨竹工卡县	24.97	7.12	42.98	18.36	5.41	36.48	7.91	44.39	68.46
达孜县	21.82	7.72	45.77	18.67	4.92	30.24	6.82	37.06	72.17
堆龙德庆县	24.51	8.39	41.99	17.67	6.18	36.01	9.08	45.10	68.05
曲水县	19.91	8.27	48.66	18.27	4.03	26.47	5.36	31.83	75.21
尼木县	23.31	7.71	44.63	19.13	4.44	32.61	6.21	38.82	71.47
林周县	25.49	9.95	43.02	15.88	4.73	37.03	6.87	43.89	68.85
乃东县	16.72	8.01	50.53	19.96	4.01	21.29	5.11	26.40	78.50
扎囊县	21.70	9.64	41.84	19.88	5.83	30.41	8.17	38.58	71.37
贡嘎县	21.67	9.38	44.43	18.43	4.95	29.99	6.85	36.84	72.25
桑日县	21.53	9.60	44.93	18.35	4.54	29.54	6.22	35.76	72.88
琼结县	24.77	7.52	43.60	18.77	4.47	35.44	6.39	41.83	69.89
日喀则市	19.82	9.17	48.30	18.10	3.84	26.47	5.08	31.31	75.57
南木林县	26.58	10.46	40.83	16.69	4.51	39.10	6.63	45.73	67.97
江孜县	23.48	9.13	42.05	19.94	4.44	33.02	6.24	39.27	71.11
白朗县	27.84	10.46	40.59	16.33	3.87	41.32	5.75	47.07	67.38
拉孜县	26.57	10.44	40.49	17.31	4.28	38.94	6.27	45.22	68.23
谢通门县	24.75	10.13	41.67	17.90	4.60	35.52	6.60	42.11	69.69
林芝县	16.16	9.28	54.45	16.77	2.73	20.08	3.39	23.47	80.50
工布江达县	26.37	8.23	45.39	15.45	3.75	38.18	5.42	43.60	69.07
一江三河地区	19.74	8.67	48.65	18.07	4.05	26.59	5.38	31.56	75.39
西藏全区总人口	24.37	n. a.	n. a.	n. a.	5.09	34.55	7.22	41.77	70.53
全国平均水平	16.6	n. a.	n. a.	n. a.	8.87	22.17	11.84	34.01	74.89

资料来源：根据2010年第六次人口普查数据整理，n. a. 表示缺少相关数据。

（3）人口受教育程度

"一江三河"经济密集区大专及以上文化程度人口比重为9.26%，高于全国平均值8.73%的水平，其中城关区这一比重为20.52%，乃东县11.55%，林芝县18.48%，表现出很强的高素质人才向城市集聚的特征，这种状况为区域劳动力就业及产业发展奠定了基础。但区域内受教育程度不平衡，人才分布的城市集聚特征明显，对于一些相对偏远的县市，如曲水县、尼木县、江孜县、白朗县、拉孜县、谢通门县等，大专及以上的人口比重不到3%，仅为全国平均值的1/4，是西藏地区平均值的1/2（表10.3），呈现出人才流出地特征，人才分布的不均衡不利于区域发展，也加大了低文化水平劳动力就业的机会成本。

表 10.3　"一江三河"经济密集区人口教育结构　　　　单位:%

	大专及以上	高中和大专	初中	小学
城关区	20.52	13.63	24.39	25.90
墨竹工卡县	5.16	5.08	24.40	66.47
达孜县	4.37	4.03	13.07	40.65
堆龙德庆县	6.65	7.20	18.00	46.05
曲水县	2.97	3.17	11.27	21.39
尼木县	3.62	2.10	18.02	51.01
林周县	3.51	3.96	13.78	44.83
乃东县	11.55	9.33	16.88	45.40
扎囊县	4.13	5.60	12.34	56.88
贡嘎县	5.76	4.63	9.63	47.17
桑日县	3.53	5.01	15.24	40.52
琼结县	5.79	5.42	17.20	51.61
日喀则市	8.10	8.63	17.73	38.77
南木林县	1.93	1.72	10.58	42.28
江孜县	2.95	3.73	10.37	48.32
白朗县	2.01	1.86	11.10	38.22
拉孜县	2.92	2.23	16.58	43.35
谢通门县	2.78	2.41	15.04	32.99
林芝县	18.48	10.86	20.33	32.41
工布江达县	3.94	2.55	13.37	47.98
"一江三河"地区	9.26	7.16	17.09	38.47
西藏全区总人口	5.51	4.36	12.85	36.59
全国平均水平	8.73	13.72	37.92	26.18

资料来源：根据2010年第六次人口普查数据整理。

10.1.2　劳动就业状况

为进一步探讨本地劳动力就业状况，在西藏自治区农村调查队协助下，2010—2011 年开始对研究区进行了三次大规模抽样调查，共调查 1 480 户农村住户，调查户常住人口为 8 474 人，劳动力共 5 444 人，占总人口的 64.24%，其中整劳动力 4 335 人，半劳动力 1 109 人，调查发现共有 739 人有外出务工经历，主要以男性劳动力为主，共有 577 人。通过对调查问卷的分析，发现本地劳动力就业有以下特征。

（1）外出务工人员年龄结构集中在青壮年

主要以青壮年为主，尤其是 31～40 岁年龄段的本地劳动力外出就业较多，占全体外出就业劳动力的 32.88%；其次为 41～50 岁的劳动者，占外出就业劳动者的 23.55%；26～30 岁年轻劳动者占 16.24%，23～25 岁劳动者占 11.37%（图 10.1）。

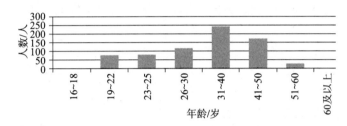

图 10.1　"一江三河"经济密集区外出务工人员年龄结构

西藏"一江三河"经济密集区本地劳动力外出就业的年龄段主要集中在 31～50 岁，占外出就业劳动力比重的 56.43%，其次为 26～30 岁的较年轻的劳动力。结合该区域劳动力年龄结构可以看出，未来区域内劳动力外出就业的潜力较大，区域发展面临着为本地劳动力提供充分就业途径的挑战。综合区域劳动力就业特征可以看出，区域内 40 岁以下务工人员比例大，数据显示 40 岁以下有外出务工经历人员占总外出务工人员总数的 69.18%，40 岁以上的占有外出务工经历人员总数的 30.82%，30 岁以下占 37.58%，80 后、90 后农民工逐渐成为外出务工人员的主体。

（2）外出务工人员文化素质较低，技能培训滞后

从外出务工人员文化程度看，当前"一江三河"经济区劳动力文化素质普遍较低，在被调查的外出就业的劳动力中，具有大专及以上文化程度的人，其比重仅有 1.22%，而文盲和小学文化程度所占比重为 88.7%（图 10.2）。较低的文化素质导致本地劳动力就业途径狭窄，仅能从事低水平的体力劳动，在劳动力市场上难以获得有效的保障，即使在非农产业部门获得就业，也因为劳动力技能的限制，造成收入有限。结合当前西藏的发展战略，尤其是中央援助型发展战略的推行，需求专业技能高的劳动力，这样本地劳动力的就业途径日益狭窄，与外来汉族劳动力之间的收入差距也不断增大，造成了劳动力之间的收入差距，不利于本地劳动力在区域发展过程中参与性的有效提高，阻遏了独特民族地区的有效发展。

劳动者技能培训滞后是限制本地劳动力就业的另一个因素。从调查中可以看出，研究区所有具有外出务工经历的劳动者中，仅有 11.77% 的务工人员参加过培训，7.71% 的务工人员曾经参加过非农技术培训（图 10.3），没有相关领域技术的务工人员在就业

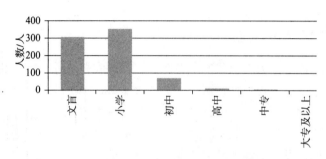

图 10.2 "一江三河"经济密集区外出务工人员学历结构

市场上很难有竞争力，致使很多农牧民在外就业中从事纯粹的体力劳动。而随着资本密集型和技术密集型产业的发展，尤其是矿产资源开采的大型化、机械化，本地劳动力更难以获得有效的就业途径，如同缅甸的孟宿红宝石矿区，墨竹工卡县因矿业开采，加大了本地劳动力与外来劳动力的收入差距，不利于区域的协调发展，也加大了资源富集区面临"资源诅咒"的风险。

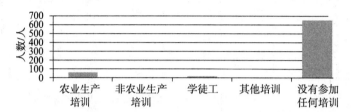

图 10.3 "一江三河"经济密集区外出务工人员的技能培训情况

另一方面，这些外出务工者由于没有专门的技术，也没有经过专业技能培训，因此在非农就业中就业种类单一，主要集中在建筑业中。调查发现外出务工人员多数从事的是相对简单的操作工和服务性工种。数据资料显示，外出务工人员主要从事建筑业，这一比例达到了89.72%（图10.4），行业就业人数排名第二的是交通运输业，这一比例达到了4.6%，外出务工人员也有继续从事第一产业的，这一比例为2.3%，其他行业务工人员比例都未达到1%。近些年来，随着"十二五"规划的开展，西藏基础设施建设投入巨大，因此行业务工需求非常大，且工种技能要求低，因此大量的务工人员选择建筑这一行业。另外，随着最近几年旅游市场呈现井喷式的发展加上地区地广人稀，对交通要求越来越大，因此越来越多的务工人员开始从事运输行业。

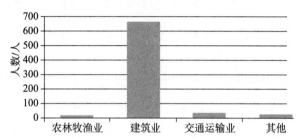

图 10.4 "一江三河"经济密集区外出务工人员外出从事行业分布

在建筑业领域从事非农就业的劳动力分为两个方向，分别为具有传统技艺的工匠和纯粹的杂工。传统技艺的工匠因为藏式建筑的推广而得到较多的就业机会，同时也有效提高了收入，但这些工匠的就业受政策影响较大，只有基于传统文化的产业得到大规模发展，这些传统技艺的工人才能有较宽广的就业途径。因此当前以中央援助型为主的产业发展政策对于传统工匠的就业有一定的制约。

（3）外出务工人员就业半径短

从外出务工人员的工作地区来看，当前"一江三河"经济密集区外出就业半径普遍较短。由于这些外出务工人员文化素质低、劳动力技能难以适应当前西藏推行的资本和技术密集型产业，因此本地劳动力的非农就业半径很短，主要集中在本县内。在所调查的769人外出就业的劳动力当中，务工地区主要以乡外县内或者县外区内流动为主，在本县从事非农就业的劳动力占调查者的49.53%，仅有2.44%的本地劳动力到省会城市就业（图10.5）。但调查也发现，极少数具有精湛传统技艺的劳动力由于国家就业优惠政策而到了北京、上海等地就业，他们在这些地区主要从事藏文化传播及传统歌舞表演等。

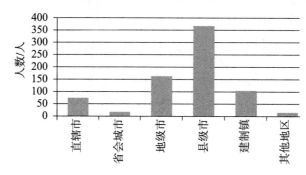

图10.5　"一江三河"经济密集区外出务工人员的工作地区分布

（4）外出务工劳动者收入较低，社会福利不健全

由于西藏本地劳动力在非农就业过程中不具备较高的文化素质，因此这些务工者月均收入较低。调查发现，这些外出务工人员平均月收入为1 373元，平均总收入为5 810元/年，大多数人的月收入在800～2 400元，其中1 600～2 400元的比例最高。有半数以上的外出务工人员没有签订劳动保障合同，工伤保险、失业保险、生育保险、住房公积金等福利比例还不到1%（图10.6）。

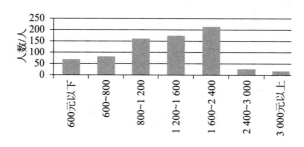

图10.6　"一江三河"经济密集区外出务工人员收入情况

（5）企业用工本土化程度低，不利于本地劳动力非农就业

为分析西藏"一江三河"经济密集区现行发展战略对本地劳动力的吸纳程度，研究中选择林芝地区、日喀则地区、拉萨市、山南地区共51家企业进行访谈，发放企业用工状况问

卷（其中回收 43 家企业的问卷调查，问卷回收率 84.31%）。调查的本地企业涵盖一般企业、事业单位、专业合作社三种性质的单位，产业涵盖矿业企业开采、民族手工业制造、食品饮料等轻工业、科技以及贸易服务业以及水泥、建筑等重工业，问卷重点调查企业现有员工状况、来源以及企业未来用工意愿，重点分析企业雇佣员工中本地劳动力比重。各单位用工见表 10.4。

表 10.4　"一江三河"经济密集区企业用工特征

选项	数量/个	总员工数/人	本地员工数/人	员工本地化率/%
所有用人单位	43	6 810	3 255	47.80
矿产企业	22	2 828	457	16.16
事业单位	3	543	328	60.41
有合作社背景的企业	4	282	268	95.04
科技型企业	4	945	557	58.94
食品饮料企业	4	805	628	78.01
水泥企业	1	1 144	902	78.85
贸易公司	3	17	10	58.82
建筑公司	2	246	105	42.68

数据来源：根据"一江三河"地区企业调查数据整理。

①企业员工本地化率较低

从表 10.4 可以看出，50 家用人单位，总共用人 6 810 人，本地员工共 3 635 人，用人单位员工本地化率 53.37%。在一个经济欠发达地区，这样的本地化员工比率是比较低的，倡导员工本地化，对于企业来说可以减少成本，对于当地经济社会来说可以帮助促进就业和增加收入。但实际上看，目前企业对于员工本地化这样的行为并不是很热衷，阻碍他们培养本地员工最大的障碍在于过于庞大的培养费用。由于内地劳动力可以自由流动到西藏，针对一些技术性要求较强或者效率要求较高的职位，企业便倾向于招收内地员工。但企业并不是不愿意招收本地员工，在我们与企业座谈的过程中，相当一部分企业表示非常愿意优先招收本地员工，原因除了一部分是政府制订了鼓励企业员工本地化的政策，另外一部分在于企业为了降低用工成本以及为了企业用工的稳定性，会更倾向于招收本地员工。但受制于本地劳动力劳动技能水平较低，无法适应企业的用工需求，除了针对简单的岗位，企业可以分配少量资金进行劳动者技能培训外，一些技能要求高的岗位或者管理岗位，企业没有大量的培养经费以及培养时间，便放弃了招收本地员工的想法。归根结底，一方面因为劳动者自身素质较差，相比外来劳动者缺乏竞争力，另一方面专门针对本地员工的技能培训或者管理岗位培养政策缺失，企业又无力对劳动者进行培养，导致本地员工就近就业的严重缺失（李祥妹，2012）。

②劳动密集型企业有利于本地劳动力就业

从表 10.4 可以观察出不同类型企业员工本地化率是不同的，雇用本地员工率最高的是有合作社背景的四家企业，这一数值高达 98.53%。这四家企业分别是山南地区乃东县地毯厂、乃东县泽当镇民族哗叽手工编织专业合作社、拉萨市城关区地毯厂、林芝地区南迦巴瓦食品有限公司，在这次调研的过程中，这些企业的前身或者现在都具有合作社的背景，参与者皆为本地农牧民或者居委会成员。

另外，用工本地化率较高的还有事业单位、食品饮料企业和水泥企业，分别为60.41%、84.07%、78.84%。事业单位这次主要考察的是在编、临时、公益性岗位，这类性质的岗位门槛不高，很多无需培训即可上岗，但是这类性质的岗位太少，无法解决大量的就业问题；在做调查的四家食品饮料企业中，员工本地化的倾向非常大，例如拉萨青稞啤酒有限公司与职业技术学校签订合作协议，定向招收员工。

贸易型企业与科技型企业用工本地化率较低，分别只有58.82%和58.94%。这类性质的企业对于技术与能力要求过高，短时间内难以成为吸纳本地劳动力的主要企业，若希望发挥这类企业的吸纳就业的能力，需要政策上从长计议，大力发展本地教育事业，培养高素质人才。

在本次调研的企业中，矿产企业占据了非常大的部分，共占总调研企业的44%。矿产企业是西藏的支柱产业，吸纳本地劳动力就业非常多，但是从我们的调查中发现，矿产企业员工本地化率非常低，仅有21.47%。这类性质的企业解决本地劳动力就业的潜力巨大，若就业政策跟上，对于提高本地劳动力就业具有非常重大的意义。

10.1.3　本地劳动力供给分析

西藏"一江三河"经济密集区地区生产总值372.05亿元，占西藏自治区全区的73.31%，既是西藏的重要经济带，又是人口的主要集聚区，在《西部开发"十二五"规划》中，这一地区首次列入国家级重点开发经济区，规划中将这一区域定位为"全国重要的农林畜产品生产加工、藏药产业、旅游、文化和矿产资源基地，水电后备基地"。在国家层面"十三五"规划和远景发展目标中，"一江三河"经济密集区是我国拓展南亚战略的主要依托地，更是我国构建陆上经济高地、发挥大国经济优势的后备资源保障地。规划指出这一地区未来发展中应进一步发挥资源、能源优势，在促进区域经济内部协调的基础上与周边地区形成良性互动，促进西藏地区社会经济综合生产能力的提升。基于此，从人口发展的角度出发，预测区域劳动力供给。

（1）劳动力供给预测模型

为进一步探讨区域劳动力发展态势及就业特征，本研究基于人口增长模型预测"一江三河"经济密集区劳动力增长及供给状况。

研究中，将时刻 t 年龄小于 r 的人口记作人口分布函数 $F(r, t)$，其中 t，r（$r \geq 0$）均为连续变量，函数 F 为连续的、可微分的，t 时刻人口总数为 $N(t)$，最高年龄为 r_m（$r_m \rightarrow \infty$），函数 $F(r, t)$ 有 $F(0, t) = 0$ $F(r_m, t) = N(t)$。

则 t 时刻年龄在区间 $[r, r+dr]$ 内的人数为 $p(r, t) dr$，有公式：

$$p(r, t) = \frac{\partial F}{\partial r} \tag{10.1}$$

设 $\mu(r, t)$ 为时刻 t 年龄 r 的人的死亡率，则 $\mu(r, t) p(r, t) d_r$ 为 t 年龄在 $[r, r+d_r)$ 单位时间内死亡人数。时刻 t 年龄在 $[r, r+d_r)$ 内的人到时刻 $t+dt$ 时，活着的

人的年龄将变成 $[r+d_t, r+d_r+d_t)$，在 dt 时段内死亡的人数为 $\mu(r,t)p(r,t)drdt$，根据区域人口数量的动态平衡，有：

$$[p(r+d_t,t+d_t)-p(r,t+d_t)]+[p(r,t+d_t)-p(r,t)]drdt=-\mu(r,t)p(r,t)drdt$$

(10.2)

将式（10.2）求导，有：

$$\frac{\partial p}{\partial r}+\frac{\partial p}{\partial t}=-\mu(r,t)p(r,t)$$

(10.3)

方程（10.3）为人口密度函数 $p(r,t)$ 的一阶偏微分方程，其中死亡率 $\mu(r,t)$ 为已知函数，其定解条件初始密度函数——婴儿出生率 $p(0,t)=f(t)$ 由人口普查资料获得，为已知函数，因此方程（10.3）的定解条件可以写作：

$$\begin{cases} \dfrac{\partial p}{\partial r}+\dfrac{\partial p}{\partial t}=-\mu(r,t)p(r,t), & t,r>0 \\ p(r,0)=p_0(r) \\ p(0,t)=f(t) \end{cases}$$

(10.4)

方程（10.4）描述了人口演变的过程，从这个方程确定出人口密度函数 $p(r,t)$ 滞后，很容易得到人口分布函数：

$$F(r,t)=\int_0^r p(s,t)ds$$

(10.5)

在社会安定局面下，死亡率与时间无关，因此能近似假设 $\mu(r,t)=\mu(r)$，则方程（10.4）的解为

$$p(r,t)=\begin{cases} p_0(r-t)e^{-\int_{r-t}^r \mu(s)ds}, & 0\leqslant t\leqslant r \\ f(t-r)e^{-\int_0^r \mu(s)ds}, & t>r \end{cases}$$

人口预测模型主要有：

①一元线性模型

一元线性回归模型如下：

$$P(t)=a+bt$$

式中，t 为年份，$P(t)$ 为 t 年的人口数量，a 与 b 都是模型参数。一元线性模型的求解非常简单，根据历史数据（样本）用最小二乘法（OLS）。

②马尔萨斯模型

英国人口学家马尔萨斯（Malthus）于 1798 年提出了马尔萨斯人口模型，其建模思路如下：在简单情况下，人口的（相对）增长率是常数，人口预测采用指数增长函数。假定 r 为人口增长率，$P(t)$ 为 t 年的人口数，则有：

$$\frac{P(t+\Delta t)-P(t)}{P(t)}=r\Delta t$$

假定变量连续，求导得其微分形式为：

$$\frac{dP(t)}{dt}=rP(t)$$

假定 r 为人口增长率，$P(t)$ 为 t 年的人口数，则有：

$$r\Delta t = P(t + \Delta t) - P(t) / P(t)$$

马尔萨斯模型的求解，过程中首先通过数学变换将模型转化为线型形式：

$$\ln P(t) = \ln P_0 + rt$$

然后采用最小二乘法（OLS）进行线性回归运算即可求出参数 P_0 和 r。

③GM（1，1）模型

全世界或某个国家的人口发展具有较明显的规律性，但对于某个地区来讲，其人口发展趋势不一定能用线性或简单非线性曲线来显示（李祥妹，陈亮，2012）。此类无规律可寻或资料不全的情况下可以用灰色预测模型 GM（1，1）来进行预测，它所需的信息量少，最少只要 4 个数据便可进行预测，具有思路简单、数据单纯、运算简便等特点，对改善数据随机性、提高预测精度有着较显著的优越性和合理性。

上述三种模型的预测结果见表 10.5，各个模型预测值的比较见表 10.6。

表 10.5　三种模型在三种样本下的预测方程

模型	样本模型	数据序列	预测方程	可决系数	F 统计量	相对误差率
一元线性模型	模型 I	1991—2010	$P_t = -2.6 \times 10^7 + 13276.65t$	0.960 3	460	1.126 9%
	模型 II	2001—2010	$P_t = -3.7 \times 10^7 + 18974.9t$	0.950 3	173	0.846 1%
马尔萨斯模型	模型 I	1991—2010	$P_t = (1.184\ 96 \times 10^{-6}) e^{0.013\ 7t}$	0.972 2	665	0.068 1%
	模型 II	2001—2010	$P_t = (8.46\ 556 \times 10^{-11}) e^{0.018\ 5t}$	0.956 6	199	0.058 9%
GM(1,1)模型	模型 I	1991—2010	$x^{(1)}(t) = 60\ 469\ 739$ $e^{0.013\ 9(t-1)} - 59\ 625\ 521.73$	—	—	1.056 4%
	模型 II	2001—2010	$x^{(1)}(t) = 48\ 678\ 142$ $e^{0.019\ 4(t-1)} - 47\ 724\ 823.5$	—	—	0.687 5%

表 10.6　三种模型预测结果的比较

年份	一元线性	马尔萨斯	GM(1,1)	平均值	环比平均年净增长
相对误差率/%	0.846 1	0.058 9	0.687 5	—	—
2011	1 129 750	1 133 346	1 143 262	1 135 453	—
2015	1 205 650	1 220 223	1 230 054	1 218 642	1.783 38
2020	1 300 524	1 338 245	1 355 597	1 331 455	1.786 47
2025	1 395 399	1 467 682	1 493 954	1 452 345	1.753 33
2030	1 490 273	1 609 638	1 646 432	1 582 114	1.726 38
差值率	2.723 5	0.724 2	2.073 5	—	—

（2）主要结果

由表 10.5、表 10.6 可以看出，各个模型的规律基本上得到了反映，预测结果基本上体现了各模型的特性。总结上述模型各自优点和不足，可以发现：

1）从模型的统计检验结果以及相对误差率的大小来看，三种预测模型均可用作为

2011—2030年西藏自治区"一江三河"地区人口预测模型,因此本章取三种有效模型预测结果的平均值作为预测结果。结果显示西藏自治区"一江三河"地区2030年总人口将达到158.21万人。

2)本研究选取两种不同的样本进行比较,三种模型的运行结果都显示时间序列越短,模型的预测精度就越高。

3)从模型的精度检验来看,三个预测模型的预测精度均极高,其中马尔萨斯预测模型Ⅱ的相对误差率最小,仅为0.058 9%,一元线性预测模型Ⅱ的相对误差率最大,但也仅为0.846 1%,意味着使用马尔萨斯预测模型Ⅱ预测最为准确。

4)从模型对2030年"一江三河"地区总人口的预测结果来看,一元线性模型的预测最为谨慎,仅为149.03万人,GM(1,1)模型的预测最为乐观,高达164.64万人,马尔萨斯模型预测较为适中,为160.96万人。

5)从三种模型的预测结果与平均值的差值率来看,马尔萨斯模型的差值率最小,仅为0.724 2,方差最小,一元线性模型的差值率最大,达到2.723 5%,方差也最大,GM(1,1)模型的差值率为2.073 5%。

6)从各个模型的适用范围来看,一元线性模型简单直观、易于操作,在短期适用,但从中长期预测上来看,存在预测精度低的问题。马尔萨斯模型也是一种比较简单实用的模型,在区域人口增长率比较稳定的时期,可用来进行短期和中期预测,在本例中也表现出相对误差率最大的情况。采用一元线性模型和马尔萨斯模型进行长期预测显然是不合适的,在长期中,人口增长显然要受到资源与环境的约束,Logistic模型考虑了这一问题,在中长期预测中,是比较理想的人口预测模型。波动性和随机性较大的情形,可使用GM(1,1)模型,灰色预测模型特别适用于那些因素众多、结构复杂、涉及面广而层次较高、综合性较强、互相性较好的社会经济指标的趋势预测,在本章中灰色预测模型的适用性较马尔萨斯预测模型稍差些,但要好于一元线性预测模型。

7)从本书表10.6预测结果的平均值可以看出,西藏自治区"一江三河"地区2030年总人口预测将会达到158.21万人,相比2010年净增长48.38万人,平均年增长率达到1.761 3%。这里总结出目前"一江三河"地区会遇到的两种情形:

①面临总人口规模的压力。以五年为一个时间节点(2012—2015年为一个节点),算出两个时间节点之间的平均净增长,结果显示2012—2015年平均年净增长为20 797人,2016—2020年为22 562人,2021—2025年为24 177人,2026—2030年为25 953人。从数值上分析,平均年净增长呈现递增的趋势,预示在未来20年里,"一江三河"地区人口依然以递增的态势增加。

②年均增长率趋向下降。在四川大学人口研究所何景熙、李艾琳所撰写的期刊论文当中详细介绍了西藏在2010—2030年处于"人口红利期",年均增长率趋向下降意味着"人口红利期"效应开始下降,"人口红利期"在年均增长率为零时结束,在他们的研究中发现这一时期将出现在2050年左右。

基于西藏资源与环境的制约,尤其是西藏高原独特的生态价值,未来西藏发展中应采取相应的人口政策,避免因人口过量增长而加重区域环境与生态压力。基于抓好"人口红利期"发展当地经济的目的,西藏需以新的改革、发展思路迅速提高人口,特别是农牧区人口的文化教育素质,从而促进人口向人力资源转化。

10.2 经济密集区政策与农牧民收入增加

10.2.1 政府援助型发展战略对农牧民收入的影响

(1)第一阶段建模过程

西藏"一江三河"经济密集区是中央援助型发展战略集中实施的主要区域,为测度中央援助政策对西藏农牧民收入的影响,本研究以中央西藏工作会议精神为时间节点,通过两阶段模型对两个变量依次进行 ADF 检验。通过检验发现,RJSR(农牧民人均纯收入)检验中 t =3.885,P=1,农牧民纯收入与财政支农之间存在平稳相关性,说明财政收入尤其是财政支农能够有效促进农牧民收入的提高(表10.7)。二者之间的长期稳定关系为:

$$RJSR_t = 229.711\ 7 + 0.000\ 184 \times CZZZC_t + 0.801678 \times RJSR_{t-1}$$

表 10.7 农牧民人均纯收入与中央援助型产业发展总支出相关性分析

Dependent Variable:RJSR

Method:Least Squares

Date:10/08/12   Time:10:18

Sample (adjusted):1991 2011

Included observations:21 after adjustments

Variable	Coefficient	Std. Error	t – Statistic	Prob.
C	229.711 7	93.237 23	2.463 734	0.024 1
CZZZC	0.000 184	4.82E – 05	3.815 567	0.001 3
RJSR(–1)	0.801 678	0.100 239	7.997 698	0.000 0
R – squared	0.994 410	Mean dependent var		1 930.952
Adjusted R – squared	0.993 789	S. D. dependent var		1 155.448
S. E. of regression	91.060 52	Akaike info criterion		11.992 49
Sum squared resid	149 256.3	Schwarz criterion		12.141 71
Log likelihood	– 122.921 1	F – statistic		1 601.053
Durbin – Watson stat	1.600 951	Prob(F – statistic)		0.000 000

(2)第一阶段模型估计结果

从表10.7可以看出,中央对农业发展的援助型财政支出力度,可以促进农牧民增收。对于家庭经营性收入 JTJY、工资性收入 GZSR、财产性和转移性收入 CCHZY、中央援助型发展战略中支援农业生产支出 NYSC、农业基本建设支出 NYJS、农业科技三项支出 KJSX、农村社会事业发展支出 NCSY 和农户补贴 NHBT 这些时间序列数据也需要进行平稳性检验。

　　经检验,家庭经营性收入 JTJY、支援农业生产支出 NYSC、农村社会事业发展支出 NCSY 三个变量为 2 阶差分稳定;而其余变量如工资性收入 GZSR、财产性和转移性收入 CCHZY、农业基本建设支出 NYJS、农业科技三项支出 KJSX 和农户补贴 NHBT 为 1 阶差分稳定(表 10.8)。

表 10.8　家庭经营性收入的对数与相关变量之间关系

Dependent Variable：Y1

Method：Least Squares

Date：10/08/12　　Time：16；06

Sample：1990 2011

Included observations：22

Variable	Coefficient	Std. Error	t – Statistic	Prob.
C	0. 656 052	0. 754 608	0. 869 394	0. 397 5
X1	0. 679 938	0. 154 427	4. 402 977	0. 000 4
X2	− 0. 102 974	0. 037 305	− 2. 760 347	0. 013 9
X3	− 0. 778 676	0. 287 202	− 2. 711 248	0. 015 4
X4	0. 267 265	0. 120 336	2. 220 991	0. 041 1
X5	0. 199 450	0. 107 125	1. 861 847	0. 081 1
R – squared	0. 948 284	Mean dependent var		7. 058 306
Adjusted R – squared	0. 932 122	S. D. dependent var		0. 472 067
S. E. of regression	0. 122 989	Akaike info criterion		− 1. 126 436
Sum squared resid	0. 242 022	Schwarz criterion		− 0. 828 879
Log likelihood	18. 39 079	F – statistic		58. 675 87
Durbin – Watson stat	2. 036 478	Prob(F – statistic)		0. 000 000

　　上述分析结果充分说明,西藏"一江三河"经济密集区产业发展及农户收入和行为变化过程中,中央财政援助起着主要作用,尤其是家庭经营性收入与中央财政支出之间的相关性很高,这从一方面说明区域经济发展的内生动力还较弱,受外界影响尤其是政策影响较大,如果中央财政支出有所浮动,则西藏地区经济密集区发展速度和发展能力都会受到较大威胁,经济稳定性和应激性较弱。未来发展中,为进一步促进区域社会、经济、生态的良性发展,应以促进本地再生能力尤其是本地劳动力的就业与创业为基础,逐步降低区域经济的对外依赖性,形成具有较强自身发展能力的区域。

（3）第二阶段建模过程

为进一步定量分析区域经济发展关系与中央财政援助政策之间的关系，本节通过二阶段建模和回归进一步分析。由于不同变量的单整阶数存在差异，给建模带来了困难，这里采用的解决方法是对这8个变量取对数，这样做的目的在于取对数可以将间距很大的数据转换为间距较小的数据，这样经过转换的对数序列更容易趋于稳定，同时还能够消除异方差。因此，创建了新的变量，其表达与含义如下：

$$X1 = \ln(NYSC)：支援农业生产支出的对数；$$
$$X2 = \ln(NYJS)：农业基本建设支出的对数；$$
$$X3 = \ln(KJSX)：农业科技三项支出的对数；$$
$$X4 = \ln(NCSY)：农村社会事业发展支出的对数；$$
$$X5 = \ln(NHBT)：农户补贴的对数；$$
$$Y1 = \ln(JTJY)：家庭经营性收入的对数；$$
$$Y2 = \ln(GZSR)：工资性收入的对数；$$
$$Y3 = \ln(CCHZY)：财产性和转移性收入的对数；$$

同样对转换之后的新的8个变量进行 ADF 检验，结果表明，这些变量均为1阶单整序列，即为1阶差分稳定。

依次探索 $Y1$、$Y2$ 和 $Y3$ 分别与 $X1$、$X2$、$X3$、$X4$、$X5$ 之间是否存在协整性。

建立 $Y1$ 和 $X1$、$X2$、$X3$、$X4$、$X5$ 之间的 OLS 回归，Eviews 的输出结果为表 10.9。

对输出残差进行检验后发现残差是平稳的，因此变量 $Y1$ 和 $X1$、$X2$、$X3$、$X4$、$X5$ 之间的协整性存在，即自变量和因变量之间存在切实联系，根据表 10.9 写出回归方程：

$$Y1_t = 0.656 + 0.68X1_t - 0.103X2_t - 0.78X3_t + 0.267X4_t + 0.199X5_t$$

即 $X1$、$X2$、$X3$、$X4$、$X5$ 对 $Y1$ 的长期弹性分别为 0.68、-0.103、-0.78、0.267 和 0.199，即支援农业生产支出 $NYSC$ 对农牧民人均家庭经营性收入起到了最主要的促进作用，农业生产支出每增加1%，农牧民家庭经营性收入增加0.68%；而农业科技三项支出 $KJSX$ 阻碍了家庭经营性收入的增加。对此本研究给出的解释是，科技转化为生产力是需要一定时间的，因此科技投入对农牧民从事家庭经营活动的积极影响并不会在当期表现出来，同时，由于科技三项支出的增加，减少了能够快速影响农牧民家庭经营性收入的其他农业支出，从而在当期表现为负作用。

同理，$Y2$ 和 $X1$、$X2$、$X3$、$X4$、$X5$ 的回归方程的残差也是平稳的：

$$Y2_t = -3.413 - 0.591 \times X1_t + 0.024 \times X2_t + 0.252 \times X3_t + 1.234 \times X4_t - 0.071 \times X5_t$$ 即 $X1$、$X2$、$X3$、$X4$、$X5$ 对 $Y2$ 的弹性分别为 -0.591、0.024、0.252、1.234 和 -0.071，其中农村社会事业发展支出对农牧民工资性收入的弹性最大，农村社会事业发展支出每增加1%，工资性收入增加1.234%，究其背后的促进动力，本研究认为这部分的资金主要是支持农村教育、卫生、文化等事业，而教育、卫生和文化等事业的繁荣必然导致越来越多的人通过为他人提供相关的劳动获得报酬，因此这种促进关系是切合实际的。同样地，农业基本建设支出和农业科技三项支出的增加也能够促进当期的雇佣关系，从而增加农牧民的工资性收入。

由于财产性和转移性收入都属于非生产、非劳动所得的收入，与家庭经营性收入和工资性收入相比具有一定的特殊性,再结合用于农业的财政支出的各个部分的内涵,研究认为最能够影响财产性和转移性收入的变量是"农户补贴",因此将针对变量 Y3 和 X5 建立二者之间的计量关系,回归结果见表 10.9。

表 10.9　农户补贴与财产性收入和转移性收入之间的关系

Dependent Variable：Y3

Method：Least Squares

Date：10/09/12　Time：09：14

Sample：1990 2011

Included observations：22

Variable	Coefficient	Std. Error	t－Statistic	Prob.
C	－0.004 774	0.318 441	－0.0149 93	0.988 2
X5	0.507 293	0.031 755	15.97 536	0.000 0
R－squared	0.927 329	Mean dependent var		4.997 178
Adjusted R－squared	0.923 695	S. D. dependent var		0.985 786
S. E. of regression	0.272 307	Akaike info criterion		0.322 734
Sum squared resid	1.483 021	Schwarz criterion		0.421 920
Log likelihood	－1.550 073	F－statistic		255.212 1
Durbin－Watson stat	1.967 894	Prob(F－statistic)		0.000 000

对该回归方程的残差进行检验,不存在自相关且平稳,因此两变量之间的长期均衡关系是确实存在的:

$$Y3_t = -0.004\ 8 + 0.507 \times X5_t$$

该方程很好地拟合了 X5 与 Y3 之间的长期均衡,Y3 关于 X5 的弹性为 0.507,即农户补贴支出每增加 1%,西藏农牧民的财产性和转移性收入就增加 0.507%。

(4)主要结果

根据西藏相关研究,未来农牧民增收的主要途径依然在财产性和转移性收入方面。如果到 2020 年区域财产性收入比重达到 2.6%,转移性收入比重为 12.4%,则农民收入会显著提高。

10.2.2　中央财政援助对农牧民消费结构的影响

(1)消费结构现状

采用回归模型,以 1990 年以来数据为基础,分析中央财政援助项目对研究区农牧民家庭平均每人生活消费支出的影响,分析结果如表 10.10 所示,并且在表的最右侧计算出了同年的恩格尔系数。

表 10.10　农牧民家庭平均每人生活消费支出　　　　　单位:元

年份	生活消费支出	食品	衣着	居住	家庭设备用品及服务	医疗保健	交通通信	文教娱乐用品及服务	其他	恩格尔系数/%
1990	341	253	43	20	19	0	0	2	5	74.19
1991	381	268	43	43	14	2	2	2	3	70.34
1992	544	387	51	77	19	1	2	2	4	71.14
1993	624	498	56	34	22	6	6	6	6	79.81
1994	775	553	75	83	39	5	7	6	7	71.35
1995	873	644	93	45	62	6	8	9	9	73.77
1996	744	475	104	35	71	16	14	11	18	63.84
1997	805	533	106	51	64	16	13	8	13	66.21
1998	791	523	134	42	50	15	8	10	9	66.12
1999	767	531	99	37	53	17	10	8	12	69.23
2000	1 117	886	87	47	40	16	15	11	14	79.32
2001	1 124	750	116	112	67	41	14	11	13	66.73
2002	1 194	759	126	111	79	40	25	34	20	63.57
2003	1 025	667	114	86	53	21	37	32	15	65.07
2004	1 233	703	158	118	76	29	89	38	22	57.02
2005	1 562	942	222	96	83	49	106	26	38	60.31
2006	1 940	1028	206	321	113	43	139	51	39	52.99
2007	2 167	1082	234	371	124	61	161	64	60	49.93
2008	2 149	1091	248	365	136	53	148	55	52	50.77
2009	2 451	1175	276	463	148	76	205	55	53	47.94
2010	2 502	1287	317	308	174	75	219	51	71	51.44
2011	2 742	1385	331	328	186	66	349	41	56	50.51

数据来源:根据西藏自治区历年统计年鉴整理。

（2）建模过程

创建新的变量:

XFZZC,生活消费支出;

ENGEL,恩格尔系数。

与上文相同,本研究首先也对变量 CZZZC(财政支农总支出)和 XFZZC(生活消费支出)和 ENGEL(恩格尔系数)进行平稳性检验,结果表明三变量的单整阶数存在差异,为了消除

这种差异,也对三者进行对数处理,得:

lnCZZZC,财政支农总支出的对数;

lnXFZZC,生活消费支出的对数;

lnENGEL,恩格尔系数的对数。

新变量全部为 1 阶单整序列,下面进行 ln CZZZC(财政支农总支出的对数)和 ln XFZZC(生活消费支出的对数)的协整分析,二者之间的 OLS 回归模型见表 10.11。

表 10.11 财政支农总支出对数与生活消费总支出对数的 OLS 相关性

Dependent Variable:LNXFZZC

Method:Least Squares

Date:10/15/12   Time:16:10

Sample (adjusted):1991 2011

Included observations:21 after adjustments

Variable	Coefficient	Std. Error	t − Statistic	Prob.
C	0. 604 704	0. 346 324	1. 746 065	0. 097 8
lnCZZZC	0. 222 578	0. 107 025	2. 079 686	0. 052 1
lnXFZZC(−1)	0. 485 844	0. 221 773	2. 190 727	0. 041 9
R − squared	0. 952 343	Mean dependent var		7. 034 414
Adjusted R − squared	0. 947 047	S. D. dependent var		0. 552 988
S. E. of regression	0. 127 251	Akaike info criterion		− 1. 153 753
Sum squared resid	0. 291 469	Schwarz criterion		− 1. 004 535
Log likelihood	15. 114 41	F − statistic		179. 847 9
Durbin − Watson stat	1. 946 601	Prob(F − statistic)		0. 000 000

(3)主要结果

从表 10.11 可以看出,二者之间的协整关系为:

$$\ln XFZZC = 0.605 + 0.223 \times \ln CZZZC + 0.486 \times \ln XFZZC(-1)$$

即长期内,ln XFZZC 关于 ln CZZZC 的弹性为 0.223/(1 − 0.486) = 0.434,财政支农总支出每增加 1%,西藏农牧民的生活消费支出将增加 0.434%。同时,这一协整关系也与经济理论相吻合,消费者的消费水平与前期消费习惯有着密切的联系。

10.3　本地劳动力供给与区域经济发展

10.3.1　收入结构状况

为探讨研究区本地劳动力供给与区域经济发展的关系,2010 年开始对该地区农户进行入户调查(表 10.12,图 10.7)。

表 10.12 "一江三河"地区农牧民收入来源

年份	农牧民人均纯收入/元	工资性收入/元	家庭经营收入/元	财产性和转移性收入/元	工资性收入增长率/%	家庭经营收入增长率/%	财产性和转移性收入增长率/%
1990	447	23	394	30	−36.11	14.53	76.47
1991	706	32	616	59	39.13	56.35	96.67
1992	830	47	744	38	46.88	20.78	−35.59
1993	890	37	782	61	−21.28	5.11	60.53
1994	976	51	854	71	37.84	9.21	16.39
1995	1 200	79	1 022	99	54.9	19.67	39.44
1996	1 353	123	1 135	96	55.7	11.06	−3.03
1997	1 195	135	1 021	39	9.76	−10.04	−59.38
1998	1 231	93	1 045	93	−31.11	2.35	138.46
1999	1 309	98	1145	67	5.38	9.57	−27.96
2000	1 331	232	989	110	136.73	−13.62	64.18
2001	1 404	133	1 080	191	−42.67	9.2	73.64
2002	1 521	235	1 104	182	76.69	2.22	−4.71
2003	1 691	480	1 050	161	104.26	−4.89	−11.54
2004	1 861	530	1 103	228	10.42	5.05	41.61
2005	2 078	549	1 267	262	3.58	14.87	14.91
2006	2 435	568	1 505	362	3.46	18.78	38.17
2007	2 788	611	1 735	442	7.57	15.28	22.1
2008	3 176	701	1 976	499	14.73	13.89	12.9
2009	3 532	753	2 193	586	7.42	10.98	17.43
2010	4 139	891	2 613	635	18.33	19.15	8.36
2011	4 904	1 008	3 139	757	13.13	20.13	19.21

数据来源：根据西藏统计年鉴历年统计报表整理。

从表 10.12 可以看出，"一江三河"经济密集区农牧民的收入结构主要经历了两个时期的重大转变，即 2000 年和 2003 年，而从分别表示家庭经营性收入和工资性收入的两条曲线走向来看，造成收入结构发生变化的主要根源就在于工资性收入的增加所导致的家庭经营性收入占总收入比例的下降。其中 2000 年工资性收入大幅度提高，涨幅为 136.73%，这也是过去 20 多年中农牧民工资性收入涨幅最大的一次，工资性收入的增加直接导致农牧民的家庭经营性收入占总收入的比例从之前的 90% 左右下降到 75% 左右，下降幅度超过 10%。而在此前，1990—1999 年研究区农牧民的收入绝大部分来源于家庭经营性收入。工资性收入的上涨也拉大了其与财产性和转移性收入之间的差距，2000 年农牧民的财产性和转移性收入为 110 元，仅为工资性收入的一半。

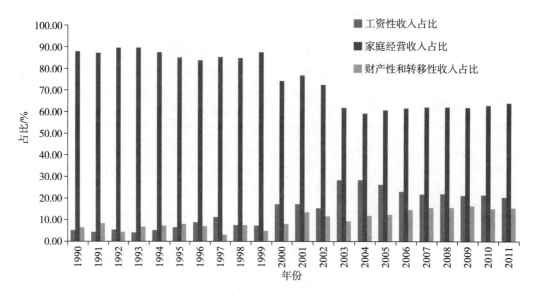

图 10.7　1990—2011 年"一江三河"地区农牧民人均收入结构

另一方面,区域农牧民工资性收入波动较大,导致农牧民家庭收入结构也存在不稳定性,其主要原因是中央援助型发展战略存在短期投资性,而本地企业没有得到有效培育,农户从中央援助型的以基础设施建设为主体的发展中获得工资性收入,但一旦项目结束,农户的收入立即跌入原来的水平,不利于农户收入的稳定,这也从一个方面验证了本研究的假说:中央援助型发展战略在吸纳本地劳动力就业及提高农牧民收入方面具有波动性,以资金和技术密集型为主体的发展战略不利于本地企业的发育,不利于本地劳动力的有效就业。

10.3.2　农业吸收劳动力就业的状况分析

截至 2011 年末,研究区劳动力第一产业就业比重仍高于 75%(图 10.8),表明第一产业劳动力生产效率较低,劳动力非农转移力度不大,劳动力处于半失业状态;另一方面,由于区域内有效吸收本地劳动力的企业很少,这些没有充分发挥生产潜力的劳动力难以找到更有效地发挥个人价值的途径,离开了第一产业的农牧民一般处于半失业状态,不利于区域的稳定和社会经济的持续发展。

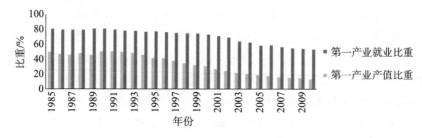

图 10.8　"一江三河"经济密集区第一产业就业、产值比重变化

通过分析研究区非农产业发展与劳动力就业关系可以看出,尽管改革开放以来,研究区非

农产业得到了较大的发展空间,但非农产业对本地劳动力的吸纳程度依然有限,调查中发现当前非农产业中吸纳本地劳动力仅占这些产业劳动力需求比重的20.21%(图10.9),大量的非农产业发展中需要的劳动力由区外劳动力弥补,这种状况导致两个结果:一方面,本地劳动力因为非农就业困难而只有作为限制劳动力从事较低效率的农业生产,无论从劳动力本身成长还是个人价值实现方面都无法适应当前快速发展的社会,同时由于不能够充分就业,劳动力的收入有限;另一方面,大量外来劳动力的进入及定居形成了本地居民与外来移民之间的收入差距,外来劳动力的就业溢出效益没有充分发挥,加剧了区域矛盾。可见,制定有效措施,促进本地劳动力非农就业,尤其是在提高劳动力劳动技能和教育水平的基础上,引导本地劳动力非农就业,不仅能有效增加本地农户的收入,而且对于区域产业发展协调、区域内生能力提升以及未来发展战略的制定有着重要意义。劳动力非农就业尤其是本地劳动力非农转移是实现"一江三河"经济密集区转型和发展的主要方向。

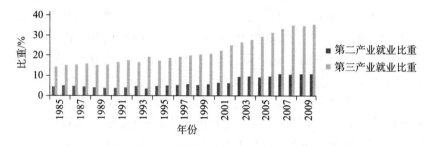

图10.9 "一江三河"经济密集区第二、第三产业就业比重

研究区非农产业发展中,第二产业吸纳劳动力占总就业人员的10.9%,第三产业吸纳劳动力占总就业人员的35.5%,第二、第三产业吸纳劳动力的比重不断在提高。但从这些劳动力的从业结构看,14%的非农就业人员工作不稳定,从业方向不明确,另有21%的非农就业人员集中在批发和餐饮业中(图10.10)。这些小微企业发展缺少有效的激励措施,很容易受到外界影响,由于这些非农就业岗位对劳动力技能的需求度低,在一定程度上也阻碍了劳动力技能提升的积极性,很多劳动力更倾向于在这些非正规部门做短暂的动作,赚取少量收益,对于个体乃至家庭的长远发展缺少有效规划,不利于区域经济的持续、协调与发展。同时,调查中还发现这些从业者都是小规模经营,无论是抗风险能力还是盈利能力都存在较大缺陷,这些非农就业途径不能给本地大量闲置的农村劳动力提供足够的就业前景。

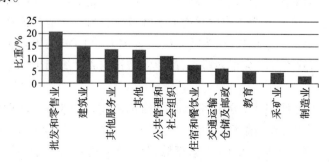

图10.10 2011年"一江三河"经济区农牧民非农就业结构

对于"一江三河"地区这样有着较大矿产资源的区域,具有较大的非农产业发展空间,随着矿产资源的有效开采,以餐饮、服务为主的第三产业将得到较大的发展空间,而这一行业中,吸纳劳动力就业的弹性较大,是未来基于本地劳动力就业的发展重点。

但调查中发现,现有第三产业的从业者主要为外来劳动者,一般为四川人或者甘肃、青海人。其中批发、零售业全部被青海、甘肃的回民垄断,形成了家族式商贸点;而餐饮业由四川人垄断,形成了以川菜为特色的餐饮优势。偶尔有本地劳动力在这些部门从业,但都是作为学徒或者是帮工,无论是收入还是地位都与外来劳动者之间存在较大差距,区域发展中本地劳动力福利保障方面需要制度创新。

10.3.3　促进本地劳动力就业的区域主导产业选择

通过实地调研和计量分析发现,研究区现行的中央援助型发展战略在促进本地劳动就业、增加农牧民收入等方面有一定的局限性,主要表现在本地闲置的农村剩余劳动力难以发挥自己的技术优势,在个人价值实现、能力提升等方面受到约束,加上传统习俗和文化的影响,本地劳动力在社会融入方面存在障碍,当以矿产开采为主要支柱产业发展后,本地劳动力的就业途径将更加狭窄,如果不能与之配套形成有利于本地劳动里个人价值实现的产业,区域发展中"资源诅咒"现象将蔓延,不利于民族地区的长治久安。

为探讨研究区产业发展与劳动力就业之间的关系,研究中借鉴结构偏离度指数来分析资金密集型产业发展中产值和劳动力吸纳的结构偏离度,探讨研究区未来产业发展与就业结构的协调关系。

结构偏离度一般指就业比重与产业比重之差,即:结构偏离度 = 就业比重 − 产值比重,反映产业产值比重与就业比重的平衡性及产业对劳动力的吸纳或排挤,结构偏离度增大意味着相关产业发展具有吸纳剩余劳动力的潜力,反之亦然。结构偏离度 <0 表明就业比重小于产值比重,劳动生产率较高,产业发展对劳动力素质的要求高,此时的产业一般为资本或者技术密集型产业;结构偏离度值在 0 ~ 1 时,表明就业构成百分比大于产值构成百分比,劳动生产率低,产业发展水平低,存在剩余劳动力,结构偏离度越大表明产业部门存在越多的亟待转移的劳动力;结构偏离度为 0 时,就业构成百分比等于产值构成百分比,表明产业结构与就业结构处于平衡状态。

根据库兹涅茨等学者关于产业结构演进规律研究结果,区域发展中当人均 GDP 不断增加时,第一产业的结构偏离度趋向于零,同时第二、第三产业负偏离度向零靠拢,三次产业的劳动生产率逐渐趋同,第一产业产值比重逐渐下降,第二、第三产业产值比重不断上升,农村剩余劳动力向第二、第三产业转移,认为随着区域各国人均 GDP 的提高,一国或一地区的就业结构与产业结构的偏离程度会得到矫正,产业的结构偏离度绝对值越来越小,并逐渐向零靠拢。

结合研究区历年统计报表,分析各产业结构偏离度,其中第一产业结构偏离度如图 10.11 所示,从图中可以看出,偏离度 >0,并且接近于 35% ,表明该产业就业结构大于产值结构,劳动力集聚在第一产业,劳动生产效率低,第一产业劳动力处于半失业状态。

从图 10.11 可以看出,1985 年以来,西藏"一江三河"经济密集区第一产业结构偏离度一直维持在 35% 左右,其中 2002 年高达 44.3% ,2004 年为 42.5% ,2010 年依然为 40.1% ,

反映区域第一产业发展中劳动力就业不充分,存在剩余劳动力,具备劳动力转移的需求。

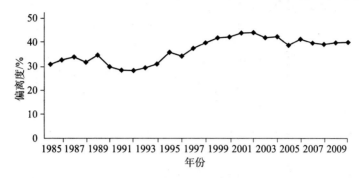

图 10.11　第一产业结构偏离度

研究区第二产业结构偏离度如图 10.12 所示,从图中可以看出,1985 年以来研究区第二产业结构偏离度一直为负值,其中 2009 年以来下降较快,2010 年达到 21.47%,小于 -25%,这从一个侧面反映区域中央援助型产业发展的特点,即大部分产业为资本密集型和技术密集型,对劳动力尤其是本地劳动力的吸纳能力有限。

第二产业较高的结构偏离度还反映了区域产业发展中,相对于本地劳动力具有较高的技术门槛,在产业发展中,技术进步的贡献远大于劳动力数量的增加,技术替代性明显,这种趋势进一步阻碍了农村剩余劳动力向该产业的转移。

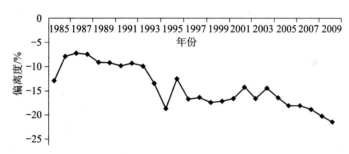

图 10.12　研究区第二产业结构偏离度

区域第三产业结构偏离度如图 10.13。从图中可以看出,第三产业结构偏离度波动较大,1995—2001 年以下降为主,说明这一时期第三产业发展中劳动力就业水平较低;2004 年以来开始上升,表明产业发展中吸纳的劳动力不断增加,在促进劳动力就业中具有一定的优势。

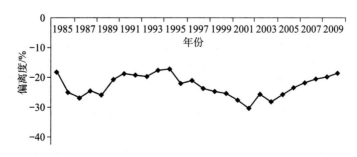

图 10.13　第三产业结构偏离度

10.3.4 研究区域产业发展的就业弹性

为进一步分析区域产业发展与劳动力就业之间的关系,本研究分析各个产业的就业弹性,通过就业弹性指标,结合结构偏离度,分析区域产业发展中对劳动力的吸纳度。就业弹性指在影响经济增长的其他因素不变时,经济增长或减少一个百分点时,所引起的就业数量变化的百分比,一般用对数关系进行回归:

$$\ln CYJY_i = \alpha_i + \beta_i \ln CYCZ_i$$

式中,$CYJY_i$ 为第 i 产业的就业人数;$CYCZ_i$ 为第 i 产业的产值;B_i 即表示第 i 产业的就业人数对第 i 产业产出的弹性,即该产业就业对产值的敏感程度。

(1)研究区劳动力就业弹性分析

研究基于 1980—2011 年统计报表数据,观察研究区 31 年来产业发展、产值增加以及这一过程中劳动力就业对经济增长的敏感度,从而探讨哪种产业更具备就业吸纳能力,各变量回归结果如表 10.13 所示。

表 10.13 变量的线性回归结果

因变量	自变量	弹性系数 β	检验值 t	R^2	$\overline{R}^2$	检验值 F
$\ln CYJY_1$	$\ln CYCZ_1$	0.012 6	3.661 4	0.258 4	0.331 7	13.406
$\ln CYJY_2$	$\ln CYCZ_2$	0.340 4	12.502 2	0.876 9	0.861 3	64.404
$\ln CYJY_3$	$\ln CYCZ_3$	0.357 6	22.222 9	0.983 6	0.951 7	493.857 4

从表 10.13 可以看出,三次产业发展的弹性系数 B_i 的显著性均能够通过 T 检验,三次产业的就业人数对产值增长的弹性都显著,其中第二、第三产业回归模型的调整系数超过了 85%,具有较强的就业吸纳力。其中第三产业就业人数对该产业的产值弹性最大为 0.357 6,第二产业其次为 0.340 4,第一产业最小为 0.012 6,说明在产业发展过程中,第一产业对劳动力的吸纳能力较少,而第三产业的劳动力吸纳能力高于第二产业,第一产业的劳动力吸纳能力最弱。

与全国产业发展就业弹性比较看(表 10.14),研究区第一产业发展的就业弹性高于全国水平,表明其产业发展阶段低于全国水平,这与现实一致。另一方面,墨竹工卡县第二产业就业弹性高于国家平均水平,这说明与全国水平相比,研究区第二产业发展能够吸纳较多的劳动力,这也充分表明该县第二产业发展还处于初级阶段,未来产业发展具有较大的劳动力吸纳空间;从第三产业就业弹性看,全国平均水平远远高于研究区,这说明与全国相比,研究区第三产业发展过程中吸纳的劳动力数量还较少,产业发展水平较低。在实地调查中也发现,墨竹工卡县第三产业主要为小规模的餐饮业、商贸业,没有成形的第三产业发展体系,这说明该县第三产业发展空间还较大,未来需要政府扶持这一产业,使其成为吸纳农村剩余劳动力的主力军。

表 10.14 劳动力就业弹性与全国平均水平的比较

产业	因变量	自变量	墨竹工卡就业弹性	全国就业弹性
第一产业	ln CYJY$_1$	ln CYCZ$_1$	0.012 6	不显著
第二产业	ln CYJY$_2$	ln CYCZ$_2$	0.340 4	0.160 3
第三产业	ln CYJY$_3$	ln CYCZ$_3$	0.357 6	3.377 3

(2) 促进本地劳动力就业的区域城镇体系建设方案

随着研究区工业及旅游业的发展,以拉萨市及各个县乡所在地为核心的城镇体系建设将得到有效发展,加上中央新型城镇化战略的有效推行,以城镇体系建设为基础的发展方案能够有效吸纳本地劳动力,这主要表现为:一方面,城镇体系建设有利于农牧民的集中居住和社会分工。限制研究区本地劳动力充分就业的主要原因之一是农村居民居住分散,闲置劳动力进城务工的就业半径较大,不利于农村剩余劳动的转移。另一方面,由于居住分散,农牧民生活多为自给自足型,社会分工较少,限制了本地劳动力的就业。

未来建设中,立足中央新型城市化战略,以小城镇建设与完善为契机,一方面促进散居农牧民的集聚,另一方面通过提高区域分工实现劳动力的分类就业,最终促进区域经济的综合提升以及经济实力的腾飞。

(3) 基于本地劳动力就业的主导产业选择

劳动力就业需要产业发展来带动,从已有的分析看,研究区当前面临的主要资源基础是拥有丰富的资源,而且第二产业发展处于初级阶段,有较大的发展空间,同时又具备较多的劳动力资源,为劳动密集型产业发展奠定了基础。基于此,本研究从区位商出发,探讨研究区基于本地劳动力就业的产业选择。

区位商考察国民经济各行业在空间上的相对分布特征,一般用 i 地区 j 行业的产出占该地区所有行业产出的比重表示,研究中假定该地区产业结构与上一级地区一致,相互之间具有可比性(蔡昉,2011;陈彦光,2009;达瓦次仁,2011)。

与传统的主导产业选择方法相比,区位商理论增加了各行业空间上的相对性,当考虑了就业的时候,能够有效克服传统的主导产业选择中注重产值的缺陷,能很好地反映区域比较优势的内涵。

针对研究区资源、劳动力现状以及产业发展的特殊性,研究中建立以下原则来选择区域主导产业:①有较高的产值区位商,表现出较强的区域外向性;②有较高的就业区位商,表现出具有较强的吸纳本地劳动力就业的能力;③在西藏自治区乃至全国范围内生产总值占有一定的比重,能够在一定程度上引导区域经济发展的方向和水平(根秋登子,2010;刘爱军,2011,2010;王娜,2010;郑洲,2011);④有较高的产业关联度,能够带动区内产业发展。

根据上述原则,分别设置产值区位商 a 和就业区位商 b,其公式为:

$$a = (C_{ij}/C_i)/(C_j/C), b = (J_{ij}/J_i)/(J_j/J)$$

式中,C_{ij} 与 J_{ij} 分别是 j 地区 i 产业的产值与行业从业人数;C_i 与 J_i 分别是 j 地区 i 工业总

产值与工业部门从业人数;C 与 J 分别是全国工业总产值与工业部门从业人数。产值区位
商 a 大于 1 表明该行业在全国具有比较优势,符合社会分工和专业化生产的要求,具有扶持
和培育的意义的产业部门。就业区位商 b 大于 1 表明该行业在吸纳就业上具有比较优势,
符合劳动密集型产业的发展,适合农村剩余劳动力多、人口红利明显的区域。根据墨竹工卡
县统计报表,考虑产业数据的完整性与可获得性,设定主导产业选择标准见表 10.15,同时基
于区位商计算公式,该县各产业区位商计算结果见表 10.16。

表 10.15 基于本地劳动力就业的主导产业选择基准

选择条件	产值比重>5%	产值比重<5%
区位商 a>1,区位商 b>1	一级主导产业	二级主导产业
区位商 a<1 或者区位商 b>1	非主导产业	非主导产业

表 10.16 研究区主导产业选择结果

指标行业	区位商 a	区位商 b	行业产值比重/%	行业就业比重/%
有色金属矿采选业	28.17	13.95	17.17	12.49
非金属矿物制品业	4.76	2.59	24.49	20.55
自来水生产和供应业	11.76	3.48	2.15	2.54
非金属矿采选业	4.61	3.57	2.29	2.75
餐饮业	1.07	3.45	0.97	6.96
商贸业	1.05	1.10	2.20	3.46
农副食品加工业	0.77	1.00	4.30	5.55
专用设备制造与维修业	0.00	0.02	0.01	0.08
纺织服装、鞋、帽制造业	0.07	0.26	0.15	1.68

数据来源:根据西藏自治区县域统计报表 2012 年计算得到。

研究区主导产业共 9 种,这 9 类产业具备技术优势或者资源优势,在区域竞争中具有竞
争力和发展的潜力,其中餐饮业和商贸业在就业区位商方面具有优势,而服装、鞋帽制造业
也在就业区位商中有意义,因此基于本地劳动力就业,本研究区未来发展中应以矿产资源开
采为依托,大力发展劳动密集型服务业和制造业,从根本上吸纳本地剩余劳动力,实现区域
经济的持续发展。

参考文献

[1] 蔡昉. 中国的人口红利还能持续多久[J]. 经济学动态,2011,6:3-7.

[2] 畅慧勤,徐文勇,袁杰,等. 西藏阿里草地资源现状及载畜量[J]. 草业科学, 2012, 29:1660-1664.

[3] 陈彦光. 人口与资源预测中 Logistic 模型承载量参数的自回归估计[J]. 自然资源学报,2009,24(6):1105-1112.

[4] 陈仲新,张新时. 中国生态系统效益的价值[J]. 科学通报, 2000, 45(1):17-22.

[5] 达瓦次仁,次仁. 西藏昌都地区生态建设与可持续发展探讨[J]. 中国藏学,2011,4:90-97.

[6] 达瓦次仁. 分析西藏传统民族手工业对跨越式发展的推动作用[J]. 西藏研究,2011(6):47-53.

[7] 邓楠. 中国的可持续发展与绿色经济——2011 中国可持续发展论坛主旨报告[J]. 中国人口·资源与环境,2012,22(1):1-3.

[8] 丁国栋,李素艳,蔡京艳,等. 浑善达克沙地草场资源评价与载畜量研究——以内蒙古正蓝旗沙地区为例[J]. 生态学杂志,2005,24:1038-1042.

[9] 杜军,胡军,周保琴. 西藏一江两河流域作物气候生产力对气候变化的响应[J]. 干旱地区农业研究,2008,26(1):141-145.

[10] 段兴武,谢云,刘刚. 黑龙江省粮食生产对气候变化影响的脆弱性分析[J]. 中国农业气象,2008,29(1):6-11.

[11] 高吉喜. 可持续发展理论探索——生态承载力理论、方法与应用[M]. 北京:中国环境科学出版社,2002.

[12] 高涛,杨泽龙,魏玉荣,等. 数值模拟气候情景下未来 30 年内蒙古三种主要粮食作物的单产趋势预估[J]. 中国农业气象,2013,34(6):685-695.

[13] 根秋登子,白玛英珍. 藏族手工艺及其开发前景[J]. 西南民族大学学报,2010(4):6-11.

[14] 韩俊宇. 西藏水资源开发的经济战略思考——中国 21 世纪的水问题与决策[J]. 上海大学学报(社会科学版),2011:102-114.

[15] 郝文渊,等. 西藏农业可持续发展研究[J]. 边疆经济与文化,2012,9:10-11.

[16] 何勤勇. 西藏农牧区改革开放三十年来的回顾及其主要经验[J]. 西藏大学学报,2014,23:96-101.

[17] 黄勇. 全球气候变化影响农业发展——访中国农业科学研究院农业环境与持续发展研究所所长林而达. http://www.zhb.gov.cn/hjyw/200206/t20020618_79909.htm. 2002-06-18.

[18] 靳芳,鲁绍伟,余新晓,等. 中国森林生态系统服务功能及其价值评价[J]. 应用生态学报,2005,16(8):1531-1536.

[19] 鞠正山. PSR 框架下 1991—2001 年全国土地利用/覆被时空特征变化研究[D]. 北

京：中国农业大学,2003.

[20] 李芳利.西藏发展新型工业经济的对策研究[J].西藏发展论坛,2011,2:25-27.

[21] 李祥妹,陈亮.不同预测模型下西藏自治区人口发展状况及对策分析[J].西北人口,2012,33(4):58-62.

[22] 梁天刚,冯琦胜,夏文韬,等.甘南牧区草畜平衡优化方案与管理决策[J].生态学报,2011,31:1111-1123.

[23] 林波,谭支良,汤少勋,等.草地生态系统载畜量与合理放牧率研究方法进展[J].草业科学,2008,25:91-99.

[24] 刘爱军,李祥妹.西藏自治区人口较少民族发展问题研究[J].西北人口,2011,32(4):23-27.

[25] 刘爱军,李祥妹.西藏第二产业发展现状分析[J].中国人口·资源与环境,2010,20(2):129-133.

[26] 刘忠杰,等.西藏旅游资源优势及其开发与可持续发展[J].西藏科技,2013,9:30-32.

[27] 卢良恕.中国农业发展理论与实践[M].南京:江苏科学技术出版社,2006.

[28] 倪邦贵,等.试论走有中国特色、西藏特点发展路子的辉煌成就——兼述西藏和平解放60年变迁的西藏经济社会发展成就[J].中国藏学,2011,2:47-57.

[29] 潘扎荣,阮晓红,徐静.河道基本生态需水的年内展布计算法[J].水利学报,2013:119-126.

[30] 钱拴,毛留喜,侯英雨,等.青藏高原载畜能力及草畜平衡状况研究[J].自然资源学报,2007,22:389-397.

[31] 沈宏益,毛阳海.西藏发展绿色经济路径探讨[J].生态经济,2013,6:72-74

[32] 石岳,马殷雷,马文红,等.中国草地的产草量和牧草品质:格局及其与环境因子之间的关系[J].科学通报,2013,58:226-239.

[33] 孙霞,文启凯,尹林克,等.层次分析法在塔里木河中下游退耕适宜性评价中的应用[J].干旱区资源与环境,2004:72-75.

[34] 汪诗平.天然草原持续利用理论和实践的困惑[J].草地学报,2006,14:188-192.

[35] 王海鹰,张新长,康停军.基于 GIS 的城市建设用地适宜性评价理论与应用[J].地理与地理信息科学,2009:14-17.

[36] 王家骥,姚晓红,李京荣,等.黑河流域生态承载力估测[J].环境科学研究.2000,13(2):44-48.

[37] 王景升,李文华,任青山,等.西藏森林生态系统服务价值[J].自然资源学报,2007,22(5):831-841.

[38] 王娜.西藏产业结构与就业结构的演变及关联性分析[J].西藏发展论坛,2010,4:25-28.

[39] 王涛,沈渭寿,欧阳琰,等.1982—2010 年西藏草地生长季 NDVI 时空变化特征[J].草地学报,2014,22:46-51.

[40] 王秀兰,包玉海.土地利用动态变化方法探讨[J].地理科学进展,1999,18(1):

81 - 87.

[41] 魏凤英.现代气候统计诊断与预测技术[M].北京:气象出版社,2007.

[42] 吴珊珊,等.西藏农村生物质能利用与可持续发展对策[J].安徽农业科学,2011, 39(17):10356 - 10358.

[43] 西藏年鉴编辑委员会.西藏年鉴 2009[M].拉萨:西藏人民出版社,2010.

[44] 西藏统计局,国家统计局西藏调查总队.西藏统计年鉴 2012[M].北京:中国统计 出版社,2012:105.

[45] 肖方仁,孙霞云.科学发展观视域下的西藏发展——基于对中央第五次西藏工作 座谈会精神的理解[J].西藏民族学院学报(哲学社会科学版),2011,2:1 - 5.

[46] 肖寒,欧阳志云,赵景柱,等.森林生态系统服务功能及其生态经济价值评估初 探——以海南岛尖峰岭热带林为例[J].应用生态学报,2000(4):481 - 484.

[47] 谢高地,鲁春霞,冷允法,等.青藏高原生态资产的价值评估[J].自然资源学报, 2003,18(2):189 - 196.

[48] 谢云.中国粮食生产对气候资源波动响应的敏感性分析[J].资源科学.1999,21 (6):13 - 17.

[49] 徐爱燕,等.论西藏生态产业体系及发展重点[J].西藏大学学报(社会科学版), 2010,25(4):28 - 31.

[50] 徐敏云,贺金生.草地载畜量研究进展:概念、理论和模型[J].草业学报,2014,23: 313 - 324.

[51] 徐瑶,等.西藏农牧业生态环境现状与可持续发展对策[J].广东农业科学,2011, 13:147 - 149.

[52] 徐志高,王晓燕,宗嘎,等.西藏羌塘自然保护区野生动物保护与牧业生产的冲突 及对策[J].中南林业调查规划,2010,29:33 - 37.

[53] 薛世明.浅析西藏草地资源的利用与建设[J].四川草原,2005,19:43 - 45.

[54] 杨改河.西藏"一江两河"牧草载畜量与开发潜力研究[J].西北农业大学学报, 1995,23:59 - 63.

[55] 杨晓波.论推动西藏在科学发展轨道上实现跨越式发展——从西藏社会面临的 "两对基本矛盾"说起[J].西部发展评论,2011:140 - 149.

[56] 杨正礼,杨改河.中国高寒草地生产潜力与载畜量研究[J].资源科学,2000,22: 72 - 77.

[57] 姚玉璧,张秀云,朱国庆,等.青藏高原东北部天然草场植物气候生产力评估[J]. 中国农业气象,2004,25(1):32 - 34.

[58] 袁玉婷,等.西藏农业科技产业化发展问题浅谈[J].西藏农业科技,2010,32.

[59] 袁媛,狄方耀.生态文明视域下以发展生物经济为抓手推动西藏经济可持续发展 问题研究[J].西藏民族学院学报(哲学社会科学版),2013,34(1):47 - 50.

[60] 张明阳,王克林,陈洪松,等.喀斯特生态系统服务功能遥感定量评估与分析[J]. 生态学报,2009:5891 - 5901.

[61] 郑洲.西藏人口东向流动与民族关系再构建研究[J].民族学刊,2012(4):21 - 32.

［62］ 中国科学院可持续发展战略研究组.中国可持续发展战略报告——水:治理与创新［M］.北京:科学出版社,2007.

［63］ 中国科学院学部.关于加速西藏农牧业结构调整与发展的建议［J］.地球科学进展,2003,18:165－167.

［64］ 钟祥浩,刘淑珍,王小丹,等.西藏高原国家生态安全屏障保护与建设［J］.山地学报,2006,24:129－136.

［65］ Bolund P, Hunhammar S. Ecosystem services in urban areas［J］. Ecology Economy, 1999, 29(2): 293－301.

［66］ Chia LC, Hall P. The Impacts of High-speed Trains on British Economic Geography: a Study of the UK's Inter City 125/225 and Its Effects［J］. Journal of Transport Geography, 2011(19): 689－704.

［67］ Costanza R, Arge R, Groot R, et al. The value of the world's ecosystem services and natural capital［J］. Nature,1997,386:253－260.

［68］ Daily G. What are ecosystem services ［M］. Washingt on, DC: Island Press,1997:1－10.

［69］ Dasmann W. A method for estimating carrying capacity of rangeland［J］. J Forest, 1945, 43:400－402.

［70］ Duan, Wu, Weakening trend in the atmospheric heat source over the Tibetan Plateau during recent decades. Part I: observations J. Clim., 2008(21):3149－3164.

［71］ Fan Ji, et al. Discussion on sustainable urbanization in Tibet［J］. Chinese Geographical Science, 2010,20(3):258－268.

［72］ Fang XM, Han YX, Ma JH, et al. Dust storms and loess accumulation onthe Tibetan Plateau: a case study of dustevent on 4 March 2003 in Lhasa［J］. Chinese Science Bulletin 49, 953－960.

［73］ Fischer, Andrew Martin. Subsistence and Rural Livelihood Strategies in Tibet under Rapid Economic and Social Transition ［J］. Journal of the International Association of Tibetan Studies, 2008, 4:1－49.

［74］ Foggin PM, Torrance ME, Dorje D, et al. Assessment of the health status and risk factors of Khan Tibetan pastoralists in the alpine grasslands of the Tibetan plateau ［J］. Social Science and Medicine, 2006, 63:2512－2532.

［75］ Fox JL, Mathiesen P, Yangzom D, et al. Modern wildlife conservation initiatives and the pastoralist/hunter nomads of northwestern Tibet［J］. Rangifer Special Issue, 2004, 15: 17－27.

［76］ Gao Q Z, Wan Y F, Xu H M, et al. Alpine grassland degradation index and its response to recent climate variability in Northern Tibet, China［J］. Quatern Int, 2010, 226: 143－150.

［77］ Goldstein M., Beall C. Nomads of Western Tibet: The Survival of a Way of Life ［M］. Berkeley, University of California Press,1990.

[78] Goldstein M. , Beall C. M. , Cincotta, R. P. Traditional Nomadic Pastoralism and Eco-logical Conservation on Tibet's Northern Plateau. – National Geographic Research, 1990, 6: 139 – 156.

[79] Goldstein, M. , Beall C. , Change and Continuity in Nomadic Pastoralism on the West-ern Plateau. – Nomadic Peoples,1991, 28: 105 – 122.

[80] Goldstein, M. , Geoff C, Puchung Wangdui. "Going for Income" in Village Tibet: A Longitudinal Analysis of Change and Adaptation, 1997 – 2007 [J]. Asian Survey 2008: 48(3): 514 – 34.

[81] Harris R B. Rangeland degradation on the Qinghai-Tibetan plateau: a review of the ev-idence of its magnitude and causes[J]. J Arid Environ. , 2010, 74: 1 – 12.

[82] Hua Liu, et al. Emergy footprint analysis of Gannan Tibet an autonomous prefecture ecological economic systems [M]. Ecosystem Assessment and Fuzzy Systems Manage-ment Advances in Intelligent Systems and Computing,2014,254:53 – 61.

[83] Hunt E R, Miyake B A. Comparison of stocking rates from remote sensing and geospa-tial data [J]. Rangeland Ecol Manage, 2006, 59: 11 – 18.

[84] Jay Gao. et al. Geomorphic – centered classification of wetlands on the Qinghai-Tibet Plateau, Western China[J]. Journal of Mountain Science,2013, 10(4) :632 – 642.

[85] Kiyoshi K, Makoto O. The Growth of City Systems with High-speed Railway Systems [J]. The Annals of Regional Science, 1997, 31(1):39 – 56.

[86] Li H, Wang L, Shen L, et al. Study of the potential of low carbon energy development and its contribution to realize the reduction target of carbon intensity in China[J]. En-ergy Policy, 2012, 41, 393 – 401.

[87] Li X, Zhang J, Xu L. An evaluation of ecological losses from hydropower development in Tibet [J]. Ecological Engineering, 2014, DOI: 10. 1016/j. ecoleng. 2014. 03.034.

[88] Liu J, Wang S, Yu S, et al. Climate warming and growth of high-elevation inland lakes on the Tibetan Plateau [J]. Global and Planetary Change, 2009, 67(34) :209 – 217.

[89] Lu Wen, et al. The effects of biotic and abiotic factors on the spatial heterogeneity of alpine grassland vegetation at a small scale on the Qinghai – Tibet Plateau (QTP), China[J]. Environmental Monitoring and Assessment,2013, 185(10):8051 – 8064.

[90] Luo T X, Li W H, Zhu H Z. Estimated biomass and productivity of natural vegetation on the Tibetan Plateau[J]. Ecol Appl, 2002, 12:980 – 997.

[91] Ma R, Tanzen Lhundup. Temporary Migrants in Lhasa in 2005[J]. Journal of the In-ternational Association of Tibetan Studies, 2008, 4:16 – 25.

[92] Miguel A. Salazar. Rurality, Ethnicity, and Status: Hukou and the Institutional and Cultural Determinants of Social Status in Tibet [J]. The China Journal, 2008. 60: 1 – 21.

[93] Oelke C, Zhang TJ. Modeling the active – layer depth over the Tibetan Plateau [J].

Arctic, Antarctic, and Alpine Research, 2007. 39, 714 – 722.

[94] Pech RP, Arthur AD, Zhang YM, et al. Population dynamics and responses to management of plateau [J]. Journal of Applied Ecology, 2007. 44, 615 – 624.

[95] PENG C, LI X. An Analysis of Labor Resources "One River and Two Tributaries" Region in Tibet [J]. Wuhan University Journal of Natural Science, 2007; 12(4) 751 – 758.

[96] Peng, J Liu Z H, Liu Y H, et al. Trend analysis of vegetation dynamics in Qinghai – Tibet Plateau using Hurst Exponent[J]. Ecol Indic, 2012, 14:28 – 39.

[97] Perrement M. Resettled Tibetans "can't live on charity forever". China Development Brief. www. chinadevelopmentbrief. com/node/573 (accessed 04. 05. 06).

[98] Qing-zhu Gao. et al. Adaptation strategies of climate variability impacts on alpine grassland ecosystems in Tibetan Plateau[J]. Mitigation and Adaptation Strategies for Global Change, 2014, 19(2):199 – 209.

[99] R. B. Harris, Rangeland degradation on the Qinghai-Tibetan plateau: A review of the evidence of its magnitude and causes [J]. Journal of Arid Environments, 2010, 74: 1 – 12.

[100] Roach M E. Estimating perennial grass utilization on semidesert cattle ranges by percentage of ungrazed plants [J]. J Range Manage, 1950, 3:182 – 185.

[101] Unruh J D. An Acacia-based design for sustainable livestock carrying capacity on irrigated farmlands in semi-arid Africa [J]. Ecol Eng, 1993, 2: 131 – 148.

[102] Willigers J, Wee B. High-speed Rail and Office Location Choices: A Stated Choice Experiment for the Netherlands [J]. Journal of Transport Geography, 2011(19):745 – 754.

[103] Zhang Y L, et al. Spatial and temporal variability in the net primary production of alpine grassland on the Tibetan Plateau since 1982 [J]. Journal of Geographical Sciences, 2014, 24(2):269 – 287.

[104] Xu L, Yu B, Li Y, et al. Ecological compensation based on willingness to accept for conservation of drinking water sources[J]. Frontiers of Environmental Science & Engineering, 2014, DOI: 10. 1007/s11783 – 014 – 0688 – 3.

[105] Yu L, Zhou L, Liu W, et al. using remote sensing and GIS technologies to estimate grass yield and livestock carrying capacity of alpine grasslands in Golog Prefecture, China[J]. Pedosphere, 2010, 20: 342 – 351.

[106] Zhang J, Xu L. Embodied carbon budget accounting system for calculating carbon footprint of large hydropower project[J]. Journal of Cleaner Production, 2013, DOI: 10. 1016/j. jclepro. 2013. 10. 060.

[107] Zhang J, Xu L, Yu B, et al. Environmentally feasible potential for hydropower development regarding environmental constraints. Energy Policy, 2014, 73:552 – 562.

[108] Zhang Y L, Gao J G, Liu L S, et al. NDVI-based vegetation changes and their re-

sponses to climate change from 1982 to 2011: A case study in the Koshi River Basin in the middle Himalayas[J]. Global Planet Change, 2013, 108:139 – 148.

[109] Zhou W, Gang C C, Zhou L, et al. Dynamic of grassland vegetation degradation and its quantitative assessment in the northwest China[J]. Acta Oecol, 2014, 55:86 – 96.